MW00719595

Der Pilz, der John F. Kennedy zum Präsidenten machte

Bernard Dixon

Der Pilz, der John F. Kennedy zum Präsidenten machte

und andere Geschichten aus der Welt der Mikroorganismen

Aus dem Englischen übersetzt
von Alfred Hansel

Spektrum Akademischer Verlag · Heidelberg · Berlin · Oxford

Originaltitel: Power unseen: how microbes rule the world
Aus dem Englischen übersetzt von Alfred Hansel

Englische Originalausgabe bei W. H. Freeman / Spektrum Oxford · New York ·
Heidelberg
© 1994 Bernard Dixon

Die Deutsche Bibliothek – CIP-Einheitsaufnahme

Dixon, Bernard:
Der Pilz, der John F. Kennedy zum Präsidenten machte und andere Geschichten aus der
Welt der Mikroorganismen / Bernard Dixon. Aus dem Engl. übers. von Alfred Hansel. –
Heidelberg ; Berlin ; Oxford : Spektrum, Akad. Verl., 1995
   Einheitssacht.: Power unseen <dt.>
   ISBN 3-86025-289-5

© 1995 Spektrum Akademischer Verlag GmbH Heidelberg · Berlin · Oxford

Es konnten nicht sämtliche Rechteinhaber von Abbildungen ermittelt werden. Sollte
dem Verlag gegenüber der Nachweis der Rechtsinhaberschaft geführt werden, wird das
branchenübliche Honorar nachträglich gezahlt.

Lektorat: Frank Wigger/ Regine Zimmerschied, Marion Handgrätinger (Ass.)
Redaktion: Marianne Mauch
Produktion: Susanne Tochtermann, Brigitte Trageser
Einbandgestaltung: Kurt Bitsch, Birkenau
Druck und Verarbeitung: Franz Spiegel Buch GmbH, Ulm

Das Titelbild zeigt Fruchtkörper des Schimmelpilzes *Aspergillus niger* (Gießkannen-
schimmel) in einer rasterelektronenmikroskopischen Aufnahme. (Photo: Science Photo
Library/Focus.)

Spektrum Akademischer Verlag Heidelberg · Berlin · Oxford

EIN VERLAG DER   *SPEKTRUM FACHVERLAGE GMBH*

Für Kath, in Liebe

Inhalt

7

Inhalt

Verzeichnis
der Bildtafeln

Danksagung

Viele Leute haben über Jahre hinweg – bewußt oder unbewußt – meine Begeisterung für das Leben der Mikroorganismen gefördert. Folgenden Personen möchte ich allerdings besonders für ihre Unterstützung bei der Arbeit zu dem vorliegenden Buch danken: Professor Eberhard Bock vom Institut für Allgemeine Botanik in Hamburg; Professor John Beringer von der Universität Bristol; Dr. Roy Fuller aus Reading; Dr. Keith Holland von der Universität Leeds; Professor Alex Kohn aus Rehovot, Israel; Philip Milsom von Sturge Biochemicals in Selby; Professor Richard Moxom von der Universität Oxford; Dr. Ian Porter aus Ballater; Professor Colin Ratlege von der Universität Birmingham; Dr. David Turk aus Sheffield und Dr. Milton Wainwright von der Universität Sheffield. Ganz speziell hervorheben möchte ich Professor John Postgate wegen der gewissenhaften Durchsicht des Textes, seiner nachsichtigen Bemerkungen und wichtigen Korrekturen von fatalen Fehlern im Originalmanuskript.

Verschiedene Personen haben mir freundlicherweise Photographien von unterschiedlichen Organismen für die Bildtafeln überlassen, die eine Art Porträtgalerie aus der Welt der Mikroben darstellen. Mein besonderer Dank gilt Barry Dowsett und Professor Jack Melling vom Public Health Laboratory Service's Centre for Applied Microbiology and Research in Porton Down, Wiltshire. Von ihnen stammen allein sieben der gezeigten elektronenmikroskopischen Aufnahmen. Dr. Nick Brewin vom John Innes Institute in Norwich, Tony Davison von Zeneca Bio Products in Billingham, Professor Jim Lynch von der Universität von Surrey in Guildford, Professor Gareth Morris vom University College of Wales in Aberystwyth, Dr. Terry Sharp von Marlow Foods in Marlow, Dr.

15

Gordon Stewart von der Universität Nottingham und Dr. Tony Walsby von der Universität Bristol haben Photographien von einzelnen Organismen zur Verfügung gestellt. Auch ihnen sei herzlich gedankt.

Einige der Porträts sind bereits in verkürzter Form in der englischen Tageszeitung *The Independent* in meiner Kolumne „Mikrobe des Monats" erschienen. Ich bedanke mich daher bei dem Leiter der Wissenschaftsredaktion, Dr. Tom Wilkie, und bei den Herausgebern der Zeitung für die Genehmigung, die Texte hier noch einmal verwenden zu können. Einige Beschreibungen beruhen zum Teil auf meinen Beiträgen in der Zeitschrift *Bio/Technology* und im *British Medical Journal*. Auch hier danke ich den Herausgebern der Zeitschriften, Doug McCormick und Dr. Richard Smith, für die Erlaubnis, die Texte für das Buch übernehmen zu dürfen. Weiterhin bin ich Jonathan Fenby, Herausgeber des *Observer*, für die Zustimmung dankbar, drei Texte in verlängerter Version hier noch einmal veröffentlichen zu können, die bereits im Magazin dieser Zeitung erschienen waren.

Schließlich gebührt meinem Freund Dr. Michael Rodgers tiefer Dank, und zwar nicht nur für die verlegerische Betreuung dieses Buches, sondern auch für seine (normalerweise ungenannte) Mitwirkung bei vielen guten populärwissenschaftlichen Veröffentlichungen der letzten 20 Jahre.

Einführung

Jeder Bereich der menschlichen Gesellschaft und jeder Teil der belebten Welt ist – negativ oder positiv – von der Tätigkeit winzig kleiner, unsichtbarer Mikroorganismen betroffen, seien es Bakterien, Viren, Pilze oder Protozoen. Sie versorgen uns Menschen und alle Tiere auf verschiedenen Wegen mit der täglichen Nahrung, wobei ganz besondere Stämme für die Erzeugung gastronomischer Genüsse wie zum Beispiel gute Weine oder leckeren Käse zuständig sind. Bakterien waren der Ursprung der unermeßlichen Rohölvorkommen unseres Planeten. Sie sind aktiv an der Reinigung von Abwasser beteiligt, das sie durch Abbau giftiger und schmutziger Bestandteile in sauberes Trinkwasser umwandeln. Ebenso wirken Mikroorganismen entscheidend bei der Zersetzung toter tierischer und pflanzlicher Zellen und der Rückführung ihrer Bestandteile in den Stoffkreislauf mit, und auch bei der Verarbeitung der unermeßlichen Flut an giftigen Ausflüssen der modernen Industriegesellschaft tragen sie die Hauptlast.

Doch Mikroben verursachen auch grauenhafte Epidemien – von den Pocken und der Pest der vergangenen Jahrhunderte über die noch heute weltweit verbreitete Cholera bis hin zur derzeitigen Welle von AIDS, die in Afrika inzwischen extrem besorgniserregende Ausmaße annimmt. Sie sind verantwortlich für einige der schlimmsten aller menschlichen Qualen. Sie haben ganze Armeen vernichtet und dadurch große militärische Feldzüge effektiver vereitelt, als die Taktik von Generälen oder die Intrigen von Politikern es je vermocht hätten. Mikroben sind Opportunisten: Sie lauern immer auf eine Gelegenheit, Veränderungen im menschlichen Verhalten und in der belebten Umwelt für sich auszunutzen, und lösen so Krankheiten wie zum Beispiel die Legionärskrankheit aus.

Die biotechnologische Industrie benutzt Mikroorganismen heute für die Herstellung lebensrettender Antibiotika und anderer nützlicher Produkte. In vielerlei Hinsicht haben Mikroben die Werkzeuge und die Ideen geliefert, die das beinahe unbegrenzte Wachstum der Biowissenschaften in den vergangenen fünf Jahrzehnten ermöglicht haben. Sie wiesen den Weg in Richtung Gentechnik und dienen heute als Instrument für genetische Veränderungen. Die Existenz von Mikroorganismen im Boden ist Voraussetzung für das Leben selbst. Kurzum, ihr Einfluß auf unsere Geschichte und die unseres Planeten, ihr Beitrag zur Erhaltung unserer Umwelt und zur Verbesserung unseres Lebensstandards kann nicht hoch genug eingeschätzt werden. In der Zukunft könnten Mikroorganismen eine noch weit wichtigere Rolle als Motoren wesentlicher Veränderungen spielen als in der Vergangenheit.

Das vorliegende Buch will in einer Reihe von 75 Porträts, von denen jedes einen einzelnen Organismus und sein spezielles Verhalten beschreibt, die unzähligen Aktivitäten von Mikroben aufzeigen – in der Vergangenheit, in der Gegenwart und in der Zukunft. Die Beschreibungen sind in fünf große Abschnitte gruppiert: Der erste Teil beleuchtet jene Mikroben, die unsere Welt formten und gestalteten; der zweite beschreibt diejenigen, die auf die eine oder andere Weise überraschende Effekte hervorgerufen haben; der dritte befaßt sich mit Mikroben, die uns noch immer bedrohen; der vierte beschreibt solche, von denen wir (in vielen Fällen sogar unser Überleben) abhängen; im fünften Teil schließlich sind Mikroorganismen porträtiert, deren Leistungen nützlich für die Gestaltung unserer Zukunft sein könnten.

Das Buch soll kein vollständiger Führer durch den gesamten Mikrokosmos der Bakterien, Viren, Pilze und Protozoen sein, die uns in der Biosphäre begegnen – nicht einmal all derer, die Einfluß auf menschliche Angelegenheiten nahmen, nehmen oder nehmen werden. Es soll vielmehr, obwohl bestimmt die meisten der besonders nützlichen und der besonders bösartigen Mikroorganismen in ihm vorkommen, in Form einer Sammlung von Porträts einen repräsentativen Querschnitt durch die erstaunliche Vielfalt der Welt der Mikroben darstellen. Es ist kein Lehrbuch, obwohl Studenten und Dozenten das enthaltene Material als sinnvolle Ergänzung zu notwendigerweise formaleren Darstellungen in mikrobiologischen Lehrbüchern ansehen mögen. Einige Leser werden es bevorzugen, sich einzelne Kapitel herauszupicken; diejenigen jedoch, die den Text vom Anfang bis zum Ende lesen, mögen den roten Faden, der sich durch das Buch zieht, zu schätzen wissen.

Einige Worte zu den Namen der Mikroorganismen, über die Sie in diesem Buch lesen werden. Genau wie Tiere und Pflanzen sind die meisten Mikroben nach dem binären Nomenklatursystem benannt, das der schwedische Arzt und Naturforscher Carl von Linné im 18. Jahrhundert eingeführt hat. *Salmonella typhi* ist zum Beispiel der komplette Name für das Bakterium, welches Typhus hervorruft (Seite 178); *Salmonella* ist die Gattung, *typhi* kennzeichnet die Art. Die Gattung *Salmonella*, die mit *S.* abgekürzt werden kann, ist eine relativ große Gruppe, die viele verwandte Arten umfaßt. Zu ihnen zählen auch solche, die Lebensmittelvergiftungen hervorrufen, wie zum Beispiel *S. typhimurium* (Seite 186) und *S. enteritidis* (Seite 190).

Zwei weitere Hauptgruppen von Mikroorganismen werden ebenfalls nach dem binären System benannt: zum ersten die Protozoen, die unter anderem verschiedene Arten des Malariaerregers *Plasmodium* einschließen (Seite 170), zum zweiten die Pilze (zum Beispiel *Penicillium*, Seite 51), zu denen auch die Hefen, etwa *Saccharomyces cerevisiae* (Seite 222), gehören. Viren haben ebenfalls Doppelnamen, beispielsweise heißt das Mumpsvirus *Myxovirus parotidis*. Diese Namen sind allerdings nicht sehr gebräuchlich und werden daher in diesem Buch nicht verwendet.

Es gibt häufig verschiedene nahe verwandte „Stämme" der gleichen Art einer Mikrobe, die meist durch Labortests voneinander unterschieden werden können. So ermöglicht es beispielsweise die

Unterscheidung zwischen verschiedenen *S. typhimurium*-Stämmen, die Herkunft und die Ausbreitung einer Lebensmittelvergiftung zu verfolgen. Von Zeit zu Zeit tauchen neue Stämme auf, entweder durch Mutation oder durch „Rekombination" von Genen zwischen bereits existierenden Mikroben. Auf diese Art entstehen zum Beispiel neue Influenzaviren, die sich schnell über die gesamte Welt ausbreiten, wenn die Bevölkerung nur wenig oder sogar keine Immunität gegen den neuen Stamm besitzt. In einigen wenigen Fällen sind die Unterschiede zwischen verschiedenen Stämmen einer Art wesentlicher. *Saccharomyces cerevisiae* ist zum Beispiel der Name sowohl für die Bäcker- als auch die Bierhefe, obwohl dies zwei ganz unterschiedliche Stämme sind.

Viele Wissenschaftler sind in den Namen der Mikroorganismen verewigt, mit denen sie sich befaßt haben. *Salmonella* ist nach dem amerikanischen Tierarzt Daniel Salmon benannt, der einen Impfstoff gegen Schweinecholera, die von einer der Arten dieser Gattung hervorgerufen wird, entwickelt hat. *Yersinia pestis* (Seite 34) hat seinen Namen nach seinem Entdecker, dem Schweizer Alexandre Yersin, erhalten. In anderen Fällen trugen die Krankheit, die der Organismus überträgt (wie zum Beispiel bei *Mycobacterium tuberculosis*, Seite 55), oder eine Stoffwechselleistung der Mikrobe (wie bei *Clostridium acetobutylicum*, Seite 59) zur Namensgebung bei.

Zwei kurze Szenarien sollen veranschaulichen, daß die genannten Organismen und ihre Verwandten einen Einfluß auf das Leben haben, der in keinem Verhältnis zu ihrer Größe steht. Betrachten wir zuerst den Gewichtsunterschied zwischen einigen der größten und der kleinsten Geschöpfe auf dieser Erde. Ein kleines Bakterium wiegt etwa 0,000 000 000 001 Gramm, ein Blauwal dagegen 100 000 000 Gramm. Dennoch kann ein Bakterium einen Wal umbringen.

Nach Ergebnissen von Forschungsarbeiten, die im April 1993 veröffentlicht wurden, besiedeln Mikroben unseren Planeten Erde seit 3 465 Millionen Jahren. William Schopf von der Universität von Kalifornien in Los Angeles beschrieb in seiner Publikation in der Zeitschrift *Science* acht verschiedene bis dahin unbekannte fossile Bakteriengruppen aus Gesteinsformationen Westaustraliens. Soviel zur Urgeschichte der Mikroben, die geradezu Äonen weiter zurückreicht als die von *Homo sapiens*. Im Vergleich zum Menschen und zu anderen sogenannten „höheren" Organismen ist die Anpassungsfähigkeit und Vielseitigkeit von Mikroorganismen so groß, daß sie zweifellos noch dann die Erde besiedeln und deren Gesicht verändern werden, wenn wir längst von der Bühne abgetreten sind. Mikroben – und nicht „Makroben" – regieren die Welt.

I. Die Mächtigen

Mikroben, die Geschichte schrieben

Wie wurden der Planet Erde und die menschliche Gesellschaft zu dem, was sie heute sind? Einige der Haupttriebkräfte, die unsere Umwelt und unsere Sozialstrukturen maßgeblich beeinflußt haben, sind gut bekannt. Sie reichen von den Kräften der unbelebten Natur über die Schübe und Einschnitte der Evolution bis hin zum Einfluß von politischen, religiösen oder militärischen Führern und Bewegungen. Der erste Abschnitt in diesem Buch soll zeigen, daß unsere Geschichte und die unseres Planeten allerdings mindestens im gleichen Maße von massiven und mannigfaltigen mikrobiellen Aktivitäten beeinflußt wurden. In den übrigen Abschnitten wird dieses Thema immer wieder auftauchen, da wir die vielen Wege verfolgen wollen, auf denen Mikroorganismen auch heute noch unsere Pläne unterstützen oder durchkreuzen und unsere Existenz erhalten oder bedrohen.

Die Urzelle
– Ursprung des Lebens

Mikroben oder Mikroorganismen sind definitionsgemäß so klein, daß man sie nur mit dem Mikroskop sehen kann. In gewissem Sinne haben wir also genau wie beinahe alle Tiere, Pflanzen und anderen Formen des Lebens auf unserem Planeten unser Dasein als „Mikroben" begonnen. Wie groß und komplex ein vollständig ausgewachsener Organismus auch sein mag – ob Mensch, Elefant oder Baum –, jeder stammt von einer einzelnen, befruchteten Eizelle ab, die mit dem bloßen Auge nicht zu erkennen ist. Einige Arten haben zwar weit größere, sichtbare Eizellen, die meisten jedoch beginnen ihr Leben unterhalb des Auflösungsvermögens des menschlichen Auges. Im Gegensatz dazu sind ausgereifte Tiere und Pflanzen vielzellige Wesen. Sie bestehen aus zahlreichen verschiedenartigen Zelltypen, die alle auf eine bestimmte Funktion spezialisiert sind. Eine der großen Aufgaben der Biologie ist es, herauszufinden, wie solche voll differenzierten Lebensformen als Ergebnis aufeinanderfolgender Teilungen von Zellen, die aus einer einzigen mikrobischen Zelle hervorgehen, entstehen können.

Im allgemeinen wird das Wort Mikrobe natürlich für die Beschreibung von Organismen verwendet, die selbst in ihrem Erwachsenenstadium so winzig sind, daß ein Licht- oder Elektronenmikroskop erforderlich ist, um sie beobachten zu können. Historisch gerieten Mikroorganismen erstmals ins öffentliche Bewußtsein, als sie im Verdacht standen, die Überträger von Krankheiten wie Tuberkulose, Cholera und Milzbrand zu sein. Heute wissen wir, daß viele Mikroben eine wichtige Rolle bei der Erhaltung der Fruchtbarkeit des Bodens und bei der Beschleunigung anderer wichtiger Prozesse spielen, von denen das Leben auf der Erde abhängt. Wir Menschen und die anderen „Makroben" sind letztlich auf die vielfältigen Aktivitäten der unsichtbaren mikrobiellen Welt angewiesen.

Heutzutage neigen Biologen dazu, alle Mikroben, ob gefährlich oder nützlich, als im wesentlichen primitive Geschöpfe zu betrachten. Im Vergleich zu den vielzelligen Tieren, die aus vielen verschiedenen Organen und Geweben bestehen, und zu den Pflanzen mit ihren Blättern, Blüten und teils riesigen Ausmaßen scheinen Mikroben einfache Organismen zu sein. Obwohl diese Unterscheidung in gewisser Weise berechtigt ist, muß sie mit einer wichtigen Einschränkung gemacht werden. Mikroben sind nämlich bei weitem nicht so primitiv, wie vielfach behauptet wird.

Viele Mikroorganismen sind zum Beispiel autonom im Hinblick auf Substanzen wie Vitamine und Aminosäuren (die Grundbausteine von Proteinen), die wir Menschen und auch alle anderen sogenannten höheren Tiere mit der Nahrung aufnehmen müssen. Viele haben zudem ein Geschlechtsleben, das bei weitem vielgestaltiger ist als das von *Homo sapiens*, denn sie können auf unterschiedlichste Art und Weise genetisches Material von einer Zelle zur nächsten übertragen. Schließlich müssen diese angeblich primitiven Lebensformen alle Funktionen, die in einem Vielzeller von den verschiedenen Geweben und Organen erfüllt werden, in eine einzige Zelle packen. Sie haben Methoden zur Ausscheidung von Abfallstoffen durch die Zellhülle in die Umgebung entwickelt, während wir Menschen dafür so spezielle Organe wie die Nieren benötigen.

Tatsächlich werden einige der Funktionen der sogenannten höheren Tiere und Pflanzen von Mikroben ausgeführt, die in oder auf ihnen leben. Ein Beispiel hierfür sind die Cellulose abbauenden Bakterien in den Mägen von Rindern und anderen Wiederkäuern, die diesen Tieren ermöglichen, sich von cellulosehaltigen Nahrungsquellen wie Gras zu ernähren (Seite 234). Die amerikanische Biologin Lynn Margulis geht sogar noch weiter. Sie behauptet, daß einige, wenn nicht gar alle Strukturen innerhalb von Zellen vielzelliger Organismen vor langer Zeit unabhängige Lebensformen waren, die während der Evolution aufgenommen wurden. Die offensichtlichsten Kandidaten für diese Hypothese sind die Chloroplasten in Pflanzenzellen. Diese Organellen, die Chlorophyll enthalten, nehmen durch Photosynthese Lichtenergie auf und wandeln Kohlendioxid in Zucker und Stärke um. Die Mitochondrien, die sowohl in tierischen als auch in Pflanzenzellen Energie erzeugen, waren möglicherweise früher ebenfalls Bakterien, die irgendwann in Zellen integriert wurden.

Auch in einem zweiten Sinne haben wir und alle anderen Lebewesen auf diesem Planeten unser Dasein als „Mikroben" begonnen. Wir stammen allesamt von den allerersten Zellen auf der Erde ab. Obwohl noch immer einige die Evolutionstheorie aufgrund von religiösen Grundsätzen ablehnen, sprechen überwältigend viele Beobachtungen dafür, daß das Leben auf der Erde sich so entwikkelt hat. Es gibt heutzutage weit mehr stützende Belege für die biologische Evolution, als Charles Darwin zur Verfügung hatte, um seine Theorie zu belegen. Der aus Fossilfunden und den Verwandtschaftsverhältnissen heute lebender Organismen abgeleitete, zentrale Pfeiler dieser Theorie ist, daß sich komplexere Lebensformen Schritt für Schritt und vom Zufall gelenkt aus einfacheren entwickelt haben.

Wie aber hat der Prozeß angefangen? Dazu gibt es verschiedene Hypothesen. Einige verlegen (unter dem Begriff Panspermie) den Ursprung des Lebens einfach ins Weltall, von dem aus die Besiedelung der Erde angeblich begann. Weit überzeugender sind die Vorstellungen, die auf die Annahmen des russischen Biochemikers Alexandr Oparin zurückgehen. Er schlug in seinem 1924 erschienenen Buch *The Origin of Life* („Der Ursprung des Lebens") vor, daß der Entstehung lebender Zellen eine rein chemische Evolution voranging. Während dieser Phase lagerten sich Substanzen, die wir heute als „anorganisch" bezeichnen, unter dem Einfluß von natürlichen Phänomenen wie zum Beispiel Blitzen, zufällig zu wesentlich komplizierteren Verbindungen zusammen, die wir heute „organisch" nennen (weil sie in unserer jetzigen Welt untrennbar mit lebenden Zellen verbunden sind). Auf diese Weise entstand eine „Ursuppe" von Stoffen, die dann als Grundbausteine für die ersten lebenden Zellen dienen konnten. An einem gewissen Punkt entstanden, wie Oparin vermutete, sich selbst replizierende ursprüngliche Einheiten – die ersten Lebewesen.

Nach einer gewissen Zeit – es vergingen Milliarden von Jahren für diese Entwicklungen – begannen diese lebenden Einheiten den Zellen zu ähneln, die wir heute kennen und die von einer Membran umhüllt sind. Nachdem ihre Existenz anfänglich von den Molekülen in ihrer Umgebung aufrechterhalten wurde, erlangten sie später, als diese Moleküle zur Neige gingen, die Fähigkeit, die für ihr Überleben notwendigen Substanzen selbst zu synthetisieren. So begannen einzelne Zellen, jene Folgen von chemischen Reaktionen zu entwickeln, die Mikroben, Tiere und Pflanzen heute noch verwenden, um Nährstoffe ab- und neue Zellstrukturen aufzubauen. Möglicherweise sind diese Urzellen, die sich vielleicht von heutigen Zellen gar nicht sehr unterscheiden, im Laufe der Zeit gelegentlich zusammengekommen, um, insofern sie wechselseitig davon profitierten, dauerhafte Einheiten zu bilden. Solche symbiontischen Verbände stellten den ersten Schritt zu den Formen vielzelligen Lebens dar, die wir heute in großer Vielfalt in der belebten Welt kennen und zu denen natürlich auch wir selbst zählen. Unsere frühesten Vorfahren waren allerdings zweifellos Mikroben.

Botryococcus braunii
– woher stammt das Erdöl?

Trotz der Entwicklung der Kernkraft, der Nutzung von Kohle und der wachsenden Bedeutung von regenerativen Energiequellen wie Wind- und Wasserkraft stellt Öl noch immer die wichtigste Energiequelle der Welt dar. Einer der weniger offensichtlichen Verdienste der Mikroben für das menschliche Wohl ist ihr Einsatz bei der Mobilisierung von Ölreserven, die auf andere Weise nicht mehr genutzt werden können. So wird beispielsweise Xanthangummi, eine von dem Bakterium *Xanthomonas campestri* synthetisierte Substanz, mit hoher Effizienz zur Ablösung von fest an Gesteinspartikeln haftendem Erdöl verwendet. Bei einer andere Methode, die immer häufiger Anwendung findet, werden Bakterien direkt in Ölfelder gepumpt, wo sie sich vermehren und Stoffe bilden können, die die Förderung des Öls erleichtern. Sie produzieren beispielsweise Kohlendioxid, welches das Öl nach oben drückt.

Doch woher kommt dieses Öl ursprünglich? Die Erdölvorkommen in den Zwischenräumen des Sedimentgesteins der Erde entstanden nicht einfach von sich aus. Das Öl wurde irgendwie erzeugt, und es ist allgemein anerkannt, daß Mikroorganismen die verantwortliche Kraft hinter diesem Geniestreich natürlicher Biotechnologie waren. Zumindest einige der betroffenen Organismen waren offenbar sogenannte Stromatolithen. Diese Matten filamentöser blaugrüner Algen (Cyanobakterien) hatten ihre erdgeschichtliche Blütezeit als Lebensform in den Weltmeeren des Präkambrium (der Zeit von der Entstehung der Erde vor 4,6 Milliarden Jahren bis vor etwa 590 Millionen Jahren). Fossile Rückstände von Stromatolithen wurden in Gestein gefunden, dessen Alter man auf drei Milliarden Jahre datiert hat. Sie treten sehr zahlreich in den größten bekannten Ablagerungen von Ölschiefer auf – denen der „Green River"-Formation in Colorado-Wyoming in den Vereinigten Staaten.

Mikrobiologen sind sich nicht sicher, wie die Lipide (Fette) aus den Stromatolithen in die Kohlenwasserstoffe, aus denen Rohöl besteht, umgewandelt wurden. Doch durch die Entdeckung von Algenmatten in entlegenen Gebieten der Antarktis vor wenigen Jahren, die den fossilen Stromatolithen stark ähneln, ist die Chance gestiegen, mehr über diese Urprozesse zu lernen. Ihr Lebensraum – der Grund von ganzjährig zugefrorenen Seen – zählt zu den unwirtlichsten auf unserem Planeten. Die Bedingungen in diesem Habitat werden durch die spärliche Lichtmenge (Algen brauchen Licht für ihr Überleben), die den Seegrund erreicht, noch unfreundlicher. Wissenschaftler vom Virginia Polytechnic Institute and State University in Blacksburg, USA, untersuchen diese „Extremophilen", in der Hoffnung, die Geheimnisse der Ölerzeugung in der Natur zu entschlüsseln. In der Tat könnte ihre Forschung dazu beitragen, daß wir, wenn die Förderung aus der Erde unrentabel wird, möglicherweise Öl mit Hilfe von Bakterien herstellen können.

Cyanobakterien haben sicher berechtigte Ansprüche, als die frühesten Wohltäter der modernen Ölindustrie bezeichnet zu werden. Es ist eine Ironie des Schicksals, daß gerade ein spezieller Organismus aus dieser Gruppe – aus ziemlich trügerischen Gründen – Ursache für den Anfang der Ölsuche in einem Land war, dessen Ölreserven bis vor relativ kurzer Zeit als vernachlässigbar galten. *Botryococcus braunii* heißt das Bakterium, das Australiens Ölsucher auf ihren Blindflug schickte. Vor etwa einem Jahrhundert begannen die Unternehmer dort, die 20 bis 30 Jahre lang frenetisch nach Öl gebohrt hatten, ihren teuren Irrtum einzusehen. *Botryococcus* war der Grund für ihren Niedergang, aber es dauerte noch Jahrzehnte, bis klar wurde, welche Rolle der Mikroorganismus wirklich dabei gespielt hat.

Die Geschichte begann im Jahre 1852, als eine Polizeieskorte, die einen Goldtransport aus dem Staat Victoria begleitete, eine seltsame Substanz auf ihrem Weg fand. Die Kolonne zog durch ein flaches Gebiet in der Nähe eines Süßwassersees im Distrikt Coorong in Südaustralien, der nur nach heftigen Regenfällen gefüllt war. Den Grund des Sees bedeckte eine Schicht aus einem rutschigen, teerartigen Material. Es war schwarz und bildete leicht gelbliche Striemen, wenn man daran kratzte. Durchfallendes Licht ließ die Substanz gelb erscheinen. Keiner der Reisenden hatte jemals etwas ähnliches gesehen.

Während der folgenden Jahre wurde dieses seltsame, elastische Material auch in anderen Teilen der Region um Coorong gefunden. Es war trotz seiner außerordentlichen Festigkeit weich genug, um es mit dem Messer schneiden oder um es reißen zu können. Die dadurch entstehende Oberfläche war grünlich braun mit einem harzigen, hellen Glanz. Die Substanz fand man oft an Rändern von Seen und Flutsäumen, wo sie in normalerweise ein bis zwei, manchmal aber auch bis zu 30 Zentimeter dicken Schichten vorlag.

Chemiker begannen, sich für das bis dahin völlig unbekannte Material, das sie „Coorongit" nannten, zu interessieren. Beim Erhitzen in einer Destillierapparatur wurden aus Coorongit Kohlenwasserstoffe freigesetzt, die auch in Rohöl enthalten sind. Nach dieser Feststellung schien die Erklärung für die ersten Beobachtungen auf der Hand zu liegen. Das außergewöhnliche, der Wissenschaft bis dahin nicht bekannte schwarze Material war aus unterirdischen Ölreservoiren an die Oberfläche gesickert.

Diese Beobachtungen und ihre Interpretationen lösten um das Jahr 1860 das Ölfieber in der Region um Coorong aus. Nachdem Spekulanten Gebiete abgesteckt hatten, wurde ein Ölbrunnen nach dem anderen gegraben. Einige Schächte hat man sogar in Gesteinsformationen getrieben, die zwar von Coorongit überdeckt waren, die aber nach Ansicht von Geologen kaum Öl enthalten konnten.

Nachdem sich sämtliche Quellen als trocken erwiesen, machten sich Frustration und Verwirrung breit.

In der Zwischenzeit brachen heftige Diskussionen über die Herkunft von Coorongit aus. Als Biologen das Material unter dem Mikroskop analysierten, fanden sie Sporen, die ihnen von bestimmten Pflanzen und Mikroorganismen bekannt waren. Sie schlossen daher, daß es sich um Ausscheidungsprodukte von lebenden Zellen handeln mußte. Andere Experten bezeichneten die „Sporen" als Kontamination. Sie bestanden darauf, daß Coorongit aus nach oben gesickertem Erdöl hervorging. Diese Theorie wurde offenbar durch eine Analyse von Material, das zur Destillation nach Schottland geschickt worden war, unterstützt. Aus einer Tonne Coorongit ließen sich 318 Liter Paraffin, 59 Liter Paraffinöl und 32 Liter Firnis gewinnen.

Endgültig setzte Ernüchterung ein, als im Jahre 1892 selbst Bohrlöcher von bis zu 275 Meter Tiefe nichts zutage förderten. Als die Forscher allerdings endlich herausfanden, wie Coorongit gebildet wird, waren sie begeistert. Sie entdeckten, daß ein dicker grüner Schaum, der in Lagunen auftrat, später zu dem typischen gummiartigen Material verklumpte. Coorongit besteht vorwiegend aus Kohlenwasserstoffen aus *B. braunii*, die polymerisieren und anderen chemischen Veränderungen unterworfen sind. Damit scheint es sich um eine Vorstufe bei der Entstehung von Ölschiefer zu handeln, die bei der Kohleentstehung dem „Torfstadium" entspricht.

Heute, etwa ein Jahrhundert später, bleibt festzustellen, ob *B. braunii*, wie von Experten erhofft, in Massen kultiviert und zu einer regenerativen Ölquelle werden kann. Genauso ist noch nicht der Nachweis erbracht, ob dieses Bakterium tatsächlich bei der Entstehung der weltweiten Ölreserven von Bedeutung war. Ganz sicher hat es jedoch eine entscheidende Rolle beim Beginn eines wichtigen, wenn auch erfolglosen Kapitels in der Geschichte der Industrialisierung Australiens gespielt. So viel Macht haben Mikroben.

Yersinia pestis
– *Erreger des Schwarzen Todes*

Im Jahr 1347 begann eine Seuche in Europa zu wüten, die innerhalb von nur vier Jahren einem Drittel der damals 75 Millionen
Einwohner des Kontinents den Tod brachte. Die Pest. Sie kehrte in
den folgenden acht Jahrzehnten in Abständen von längstens acht
Jahren wieder und löschte dabei drei Viertel der gesamten Bevölkerung Europas aus. Der Erreger des Schwarzen Todes, wie die
Pest auch genannt wird, ist das Bakterium *Yersinia pestis* (Tafel I).

Allerdings war es nicht das erste Mal, daß *Yersinia pestis* Europa
heimsuchte. Bereits acht Jahrhunderte vorher, während der Herr-
schaft des Kaisers Justinian I. im 6. Jahrhundert nach Christus, trat
die Seuche mit ähnlich verheerenden Folgen auf. Epidemien geringeren Ausmaßes wurden in den beiden folgenden Jahrhunderten
verzeichnet. Charakteristisch für den Schwarzen Tod war jedesmal
die außerordentliche Schwere der Infektion. Kein anderes Bakterium hat einen derartigen Einfluß auf den Verlauf der Geschichte
genommen, kein anderes Ereignis hat einen solch gravierenden
Einschnitt in der Bevölkerungsentwicklung des Mittelalters bewirkt.

Die Beulenpest ist ein schreckliches Leiden, dessen Name sich
von riesigen, schmerzhaften Schwellungen ableitet, die sich in den
Lymphknoten im Nacken, den Achselhöhlen und Schamleisten des
Opfers bilden. Diese Beulen oder Bubonen (die Krankheit heißt im
Englischen *bubonic plague*) treten, ebenso wie das sie begleitende
hohe Fieber ganz plötzlich in Erscheinung, und brechen häufig auf.
Nachfolgende großflächige Blutungen färben die Haut schwarz
und geben der Krankheit ihren Beinamen. Die Befallenen klagen
über Benommenheit, Übelkeit, Schüttelfrost und Kopfschmerzen,
die Hälfte aller Erkrankten stirbt innerhalb einer Woche. Sobald

die Lunge von der Infektion befallen ist und die Betroffenen Blut erbrechen, hat die Krankheit ihr infektiöses Stadium in Form der Lungenpest erreicht und verbreitet sich in Windeseile.

Trotz des Ausmaßes der Seuche und der recht einfach herauszufindenden Ursache blieb die Herkunft der Pest selbst noch lange nach ihrem Verschwinden unklar. Wie wir heute wissen, lebt *Yersinia pestis* im Blut von Ratten und anderen Nagern. Während einige Nager resistent gegen das Bakterium sind, sterben andere innerhalb weniger Tage nach der Infektion. Flöhe, die auf den Nagern parasitieren, nehmen die Erreger mit dem Blut des infizierten Wirtes auf und übertragen sie beim Wechsel auf gesunde Tiere. Sobald eine Nagerpopulation infolge der Krankheit so stark dezimiert ist, daß die parasitischen Flöhe keine geeigneten Wirte mehr finden, wechseln sie auch auf andere Tierarten und auf den Menschen über.

Historiker sind sich heute weitgehend einig, daß der Schwarze Tod seinen Ursprung in Asien hat. Ratten haben *Yersinia pestis* dann offenbar im 14. Jahrhundert in westliche Richtung getragen. Zwei Pestausbrüche im Jahre 1346 in den Karawanenstationen Astrachan am Wolgadelta und Sarai bei Wolgograd am Unterlauf der Wolga sind historisch belegt. Beide Stationen liegen an einer der Seidenstraßen, die Händler seit etwa dem 2. Jahrhundert vor Christus benutzten, um chinesische Seide nach Europa zu importieren. Diese und auch einige andere Fakten sprechen dafür, daß *Yersinia pestis* auf einer dieser Straßen nach Europa gelangt ist.

In Zentralasien heimische Murmeltiere spielten nach einer weitgehend anerkannten Hypothese eine entscheidende Rolle bei der Ausbreitung der Pest. Danach wurden sie von einer starken Epidemie befallen und starben in großer Zahl. Trapper sammelten die Pelze der toten Tiere und verkauften sie an Händler aus dem Westen. Kaum wurden in Astrachan und Sarai einige der Pelzballen geöffnet, sprangen die hungrigen Flöhe aus den Pelzen auf die nächsten erreichbaren Warmblüter. Von dort hat *Yersinia pestis* möglicherweise seine Reise über den Don zum Schwarzmeerhafen Kaffa fortgesetzt. Die dort ankernden Segelschiffe und die auf ihnen hausenden Rattenvölker boten ideale Bedingungen für die europaweite Ausbreitung des Bakteriums. Im Dezember 1347 hatte die Pest bereits Messina auf Sizilien, Konstantinopel und die meisten anderen Häfen, die Kaffa und den norditalienischen Hafen Genua verbinden, erreicht.

Im folgenden Jahr war der Schwarze Tod bis nach Frankreich vorgedrungen, und dort hat offenbar ein mit Rotwein beladenes Schiff *Yersinia pestis* nach England gebracht. Im Mai 1349 verließ ein Schiff London, um die Hafenstadt Bergen in Norwegen anzulaufen, wo es wenige Tage später vor der Küste gesichtet wurde. Einheimische, die zu dem herrenlos treibenden Schiff hinausruderten, fanden die gesamte Besatzung tot vor. Bei ihrer Rückkehr zur Küste brachten sie einige Ballen Wolle aus der Schiffsladung mit – und damit auch die Flöhe mit dem todbringenden Bakterium, das sich schlagartig über das Land ausbreitete. Nachdem die Bevölkerung von Deutschland und Dänemark bereits stark dezimiert war, gelangte *Yersinia pestis* 1351 nach Polen, und im Jahr darauf schloß sich der tödliche Kreis in Europa, als die Pest nach Rußland zurückkehrte.

Der Historiker und Geistliche Francis Aidan Gasquet zeigte in seinem 1893 erschienen Buch *The Great Pestilence* („Die große Pest"), wie der Schwarze Tod religiöse und politische Umwälzungen, die während des 14. Jahrhunderts begannen, verstärkte und somit das Ende des Mittelalters und den Beginn der Neuzeit einläutete. Andere Forscher haben später seine Sichtweise bestätigt, allerdings mit einer wichtigen Ergänzung: Die Verwüstungen, die *Yersinia pestis* angerichtet hatte, schufen in Europa eine Gesellschaft, in der weit weniger um Nahrung, Arbeit und Sicherheit gekämpft wurde. Selbst die Menschen in niederen sozialen Schichten konnten wie nie zuvor ihre Stellung verbessern, während die Reichen durch Zugewinn der Besitztümer ihrer verstorbenen Verwandten noch reicher wurden. Auf diese Weise entstanden die Bedingungen für ein Zeitalter, das eine Vorahnung von der Struktur und dem Wesen des heutigen Europa gab – die Renaissance.

Dieser Strukturwandel trat ungeachtet weiterer Ausbrüche der Pest ein. In London wurde beispielsweise die letzte Epidemie im Jahre 1665 verzeichnet. Sie endete im Jahr darauf nach der größten Feuersbrunst, die je in der englischen Hauptstadt wütete. Ob das Feuer für das Ende der Seuche verantwortlich war, ist unter Experten umstritten. Mit der Zeit begannen außerdem weniger virulente *Y. pestis*-Stämme die gefährlicheren Erreger zu verdrängen. Die Frage bleibt, warum der Schwarze Tod zum Ende des Mittelalters so viel verheerender als frühere und spätere Pestausbrüche war. Untersuchungen zeigten, daß vermutlich eine einzige Mutation in den Genen, die *Y. pestis* seine Virulenz verleihen, für die erhöhte Pathogenität verantwortlich war.

Heute ist eine Behandlung der Pest mit Antibiotika so erfolgreich, daß *Y. pestis*, auch wenn aus Teilen Afrikas, Südamerikas und dem Südwesten der USA immer wieder Krankheitsfälle gemeldet werden, sich wohl nie mehr in großem Maße ausbreiten wird. (Auch der Pestausbruch in Indien im Jahre 1994 blieb begrenzter, als viele befürchtet hatten.) Es ist jedoch bis heute nicht klar, warum einige Nagerpopulationen gegen *Y. pestis* resistent sind, andere dagegen nicht. Die Pest birgt also noch immer manches Rätsel.

Phytophthora infestans
– ein Ire wird Präsident der Vereinigten Staaten

Ein mikroskopisch kleiner Pilz, *Phytophthora infestans*, nahm im Jahre 1845 Einfluß auf den Verlauf der Geschichte, indem er die wichtigste Nahrungspflanze Irlands, die Kartoffel, vernichtete. Infolge des Ernteausfalls, den der Kartoffelmehltau durch den Befall zuvor gesunder Kartoffelpflanzen verursacht hatte, verhungerten etwa eine Million Iren, doppelt so viele verließen das Land und wanderten nach Australien oder in die Neue Welt aus. Nur so konnte es später zur Wahl des aus einer irischen Familie stammenden John F. Kennedy zum Präsidenten der Vereinigten Staaten kommen – und damit auch zu dessen Konfrontation mit Nikita Chruschtschow im Oktober 1962 über die Stationierung sowjetischer Raketen auf Kuba.

Die abwesenden irischen Gutsherren, die meist aus der Ferne agierten, schufen für den Pilz ideale Bedingungen für eine schnelle Ausbreitung über die gesamte Insel. Sie beanspruchten nämlich die eingefahrene Getreideernte fast vollständig für den Export und ließen ihren Untergebenen nur wenig Land für den Eigenbedarf. Diese waren daher gezwungen, eine Nutzpflanze mit einem möglichst hohen Ertrag anzupflanzen. Dafür bot sich die Kartoffel an. Etwas anderes zu essen konnten sie sich kaum leisten.

Das normale jährliche Einkommen eines Arbeiters und seiner Familie in Ballinamore (wo die Bedingungen nicht die schlechtesten im Lande waren) wurde im Jahre 1845 in der *Times* veröffentlicht. Der Arbeiter konnte etwa sechs Monate im Jahr Gelegenheitsarbeit auf dem Feld verrichten, wofür er sechs Pennies pro Tag erhielt. Die jährliche Miete für sein Haus betrug zwei Pfund und zehn Shilling, die Pacht für sein Land noch einmal die gleiche

Summe. Er hielt ein Schwein, das er für etwa vier Pfund verkaufen konnte. Nach den Berechnungen der *Times* konnte ein solcher Arbeiter ungefähr fünf Tonnen Kartoffeln auf seinem Grund ernten, wodurch er für sich und seine Familie über das Jahr verteilt 32 Pfund Kartoffeln pro Kopf täglich zur Verfügung hatte. Der Autor E. C. Large betonte allerdings viele Jahre später in seinem 1940 erschienenen, klassischen Werk *The Advance of the Fungi* („Der Vormarsch der Pilze"), daß diese Rechnung auf sehr optimistischen Annahmen beruhte. Seiner Ansicht nach war der Ertrag aufgrund des kargen Bodens und der damals verfügbaren Kartoffelsorten, noch geschmälert durch Fäulnisverluste, in Wirklichkeit weit geringer.

»Bisweilen besuchten die auswärtigen Gutsbesitzer ihre irischen Besitzungen und waren erstaunt über die Horden abgemagerter, schmutziger und elender Gestalten, die, wie es schien, aus dem Nichts auftauchten «, schrieb Large.

> »Es ist nicht die Schuld dieser unglücklichen Menschen, die Regierung sollte etwas unternehmen, um ihnen zu helfen. Man sollte sie erziehen, sie aus ihrer Trägheit herausreißen, sie dazu ermutigen, ihre Situation zu verbessern ... Wenn sie nur die neuen Methoden der Landwirtschaft annehmen und etwas mehr Ehrgeiz zeigen würden, einen jährlichen Fruchtwechsel durchzuführen, statt Jahr für Jahr Kartoffeln auf dem gleichen Acker anzubauen, und wenn sie während des Winters an ihrem Besitz und ihren Häusern arbeiten würden, statt sich selbst an ihren Torffeuern zu räuchern – um wie vieles würde es ihnen besser gehen!«

Doch die Bauern, gefangen in einem Dasein, aus dem sie keinen Ausweg sahen, machten weiter wie bisher und waren nicht zu mehr fähig, als mit ihrem Schicksal zu hadern. Eines ihrer besonderen Probleme war eine rätselhafte Krankheit, die vereinzelt die Blätter und Knollen ihrer Kartoffeln befiel. Im Jahre 1844 schlug sie mit besonderer Macht zu. Bei kalter, nasser Witterung ließ der unsichtbare Pilz Kartoffelpflanzen im gesamten Land verwelken, vergilben und absterben. Da Kartoffeln die einzige Nahrungsquelle für die meisten Familien waren, setzte eine Katastrophe ein. Im folgenden Winter verhungerten viele Menschen. Ein Jahr später kam es noch schlimmer: Die Bevölkerung wurde zusätzlich durch typhusartiges Fieber und Ruhr gepeinigt. Diese Infektionen trafen ausgemergelte Menschen, deren Widerstandskraft durch die Unterernährung gebrochen war.

Einige Fachleute gaben der Auslaugung des Bodens die Schuld an der großen Hungersnot, die der Ernteausfall bei Kartoffeln nach sich zog. Bestimmt war der Boden tatsächlich übermäßig beansprucht und die Nährstoffe erschöpft. Andere vermuteten Teufelswerk oder Gottes Strafe für die Verschwendungssucht in den Jahren der Fülle. Ein Kleriker äußerte die Meinung, daß Dampflokomotiven, die mit einer Geschwindigkeit von über 30 Stundenkilometern durch die Landschaft donnerten, zerstörerische elektrische Pulse in Richtung der Äcker ausgesandt hatten. Und einige Leute glaubten schließlich an die üblen Machenschaften des „Kleinen Volkes".

Es gab auch zahllose Vorschläge, um aus den verfaulten Kartoffeln noch eßbare und nahrhafte Teile zu gewinnen. »Die Kartoffeln sollten mit Kalk entwässert oder in Salz gelegt werden; sie sollten in Scheiben geschnitten und im Ofen getrocknet werden«, schrieb E. C. Large, »und die Bewohner sollten sich sogar Vitriol, Mangandioxid und Salz besorgen und ihre Kartoffeln mit Chlorgas behandeln, das man durch Mischung eben dieser Substanzen gewinnen kann«. Doch während die Monate vergingen, brachte keiner dieser und auch keiner der vielen weiteren Vorschläge einen praktischen Nutzen zur Lösung des Problems. Die einzige konkrete Wirkung war, daß die Bevölkerung vor den Gefahren von Chlorgas in der Wohnung gewarnt werden mußte.

Die richtige Lösung für das Rätsel der irischen Kartoffelfäule fand etwa ein Jahr nach der Katastrophe der englische Priester und Amateur-Naturforscher Miles Berkeley aus einer Pfarrgemeinde bei King's Cliffe in Northamptonshire. Er betrachtete ein Blatt einer infizierten Kartoffelpflanze unter dem Mikroskop und entdeckte dabei das, was wir heute als *Phytophthora infestans* bezeichnen. Berkeley behauptete, daß Massen winziger Fäden die Pflanzen umschlungen und erwürgt hatten. Viele verwarfen damals seine Idee als Unsinn. Doch um das Jahr 1860/61 konnte der deutsche Pflanzenpathologe Anton de Bary die Richtigkeit von Berkeleys Beobachtung beweisen. De Bary zeigte auch, daß die Infektion durch winzige Sporen von Pflanze zu Pflanze, von Acker zu Acker und von Land zu Land getragen wurde. Bei feuchter Witterung keimen die Sporen und schicken lange Pilzfäden, sogenannte Hyphen, in die Kartoffelblätter, um ihren wertvollen Nahrungsstrom anzuzapfen und die Pflanzen innerhalb weniger Wochen zu vernichten.

Eine teuflische Ironie ist die Tatsache, daß der Ausbruch der Kartoffelfäule auf eine sehr gute Ernte im Vorjahr folgte. So warfen die Bauern im Frühling des Jahres 1844 überschüssige Kartoffeln der Vorjahresernte – von denen einige infiziert waren – einfach auf die Äcker. *P. infestans* ist nicht in der Lage, im Freien zu überwintern, und konnte nur so auf die Felder gelangen und die neuen Pflanzen befallen.

Bevor diese Tatsachen bekannt waren, hatte bereits ein verzweifelter Exodus eingesetzt. Im Jahre 1845 war Irland mit acht Millionen Einwohnern eines der am dichtesten besiedelten Länder Europas. Wenige Jahre später waren nur noch fünf Millionen übrig, während sich Massen kranker und notleidender Menschen auf der sechswöchigen Passage in die Neue Welt oder der noch längeren Reise nach Australien befanden. Unter den Tausenden, die den Atlantik überquerten, waren auch zwei komplette Familien – die Fitzgeralds aus Kerry und die Kennedys aus der Grafschaft Wexford. Und so kam es, daß John Fitzgerald Kennedy, 1917 geboren, im Jahre 1960 zum Präsidenten der Vereinigten Staaten gewählt wurde (und zwei Jahre später seine härteste Prüfung gegen die

Macht der Sowjetunion zu bestehen hatte). Er konnte diese Aufgabe nur übernehmen, weil seine Vorfahren mit *Phytophthora infestans* in Konflikt gerieten.

Rickettsia prowazeki
– *ein Mikroorganismus durchkreuzt Napoleons Pläne*

Ein Kapitel in Hans Zinssers Klassiker *Rats, Lice and History* („Ratten, Läuse und die Geschichte") von 1935 trägt die Überschrift „Über die relative Bedeutungslosigkeit von Generälen". Diese schöne Formulierung rückt die Menschen und ihre mikrobiellen Feinde in die richtigen Relationen. Zinsser war der erste, der am Beispiel des epidemischen (klassischen) Fleckfiebers zeigte, daß Mikroben bei vielen Gelegenheiten auf Richtung und Ausgang militärischer Feldzüge einen weit größeren Einfluß ausübten als so manche Generäle mit all ihren Strategien und Intrigen.

Der Auslöser des Fleckfiebers (auch Flecktyphus genannt) *Rikkettsia prowazeki*, wird von Läusen übertragen. Daher begünstigen Ansammlungen von Menschen, wie sie in Kriegszeiten bei der Mobilisierung von Truppen, in Folge des Zusammenbruchs der zivilen Ordnung oder bei der Wanderung von Flüchtlingen üblich sind, die Übertragung der Krankheit. Der Erreger gehört in die Gruppe der Rickettsien, die viele Ähnlichkeiten mit anderen Bakterien aufweisen (nicht zuletzt ihre Empfindlichkeit gegenüber Antibiotika), aber auch einiges mit den Viren gemeinsam haben, und zwar nicht nur die extrem geringe Größe, sondern auch die Notwendigkeit, daß sie für ihre Vermehrung in lebende Zellen eindringen müssen. *Rickettsia prowazeki* ist nach zwei Forschungspionieren benannt, dem Amerikaner Howard Ricketts und dem Tschechen Staniltaus von Prowazek, die übrigens beide an Fleckfieber starben, das sie sich bei ihrer Arbeit zugezogen hatten.

Der Erreger gelangt in den Körper, wenn eine infizierte Laus auf dem Opfer landet und zusammen mit ihren Exkrementen die

Krankheitserreger abgibt. Die Exkremente lösen einen Juckreiz aus, und dieser bewirkt, daß die Betroffenen die gereizte Haut kratzen. Nach einer Inkubationszeit von zehn bis 14 Tagen zeigen sich schlagartig die Symptome der Krankheit. Hohes Fieber und bohrende Kopfschmerzen stellen sich ein, begleitet von Schüttelfrost, Erbrechen und weitreichenden Muskelschmerzen. Die Kopfschmerzen werden immer schlimmer, und ein Hautausschlag bedeckt, ausgehend vom Rumpf, bald den gesamten Körper. Nach zwei oder drei Wochen fällt der Patient entweder in ein Koma oder in ein Delirium. Eine Lungenentzündung kann auftreten, und die Zehen, Finger, Nase, die Ohrläppchen, Penis, Hoden und Schamlippen werden wund. Das Fleckfieber (Flecktyphus; nicht zu verwechseln mit Typhus, Seite 178) ist besonders gefährlich für erkrankte Menschen über 60 Jahre. Es endet bei zehn bis 15 Prozent der Infizierten über 40, aber nur bei weniger als fünf Prozent der Befallenen unter 20 Jahren tödlich.

Wie die meisten Krankheitserreger unter den Mikroben zeigt *R. prowazeki* bei unterernährten Personen und bei solchen, die von anderen Belastungen, wie etwa physischem Streß, betroffen sind, die stärkste Wirkung. Zweifellos haben diese Faktoren bei den Fleckfieberepidemien während militärischer Konflikte über die Jahrhunderte hinweg eine wichtige Rolle gespielt. Die Krankheit geriet in Europa erstmals ins öffentliche Bewußtsein, als spanische Soldaten, die in Zypern gekämpft hatten, im Jahre 1490 von Läusen befallen in ihre Heimat zurückkehrten. Die spanischen Truppen schleppten die Läuse und die Mikroben dann beim Kampf um die Vorherrschaft gegen die Franzosen nach Italien ein.

Im Jahre 1526 mußten sich französische Streitkräfte, die die Stadt Neapel belagerten, in Schmach zurückziehen, als sie von der tödlichen und schwächenden Infektion heimgesucht wurden. Mindestens genauso entscheidend war die Fleckfieberepidemie, die viele Soldaten von Maximilian II. von Deutschland im Jahre 1566 dahinraffte. Er bereitete sich gerade mit einer Armee von 80 000

Männern auf eine Schlacht gegen den Ottomanenkaiser Süleyman den Großen in Ungarn vor, als ein äußerst heftiger Ausbruch der Seuche ihn zwang, seine aggressiven Absichten aufzugeben.

Seit dieser Zeit waren Fleckfieberepidemien, sowohl für die Armee als auch in öffentlichen Institutionen wie Gefängnissen und Armenhäusern, eine ständig wiederkehrende, drakonische Geißel. Während des ersten Weltkrieges forderten sie zwei bis drei Millionen Menschenleben, während des zweiten Weltkriegs grassierten sie in den Konzentrationslagern. Selten jedoch hat sich der Einfluß von *R. prowazeki* auf menschliche Angelegenheiten so deutlich gezeigt wie bei den Napoleonischen Kriegen. Beim Zug von Napoleons Truppen kreuz und quer durch Europa kamen mehr Männer durch Fleckfieber und zum Teil auch andere Infektionen um als bei den Kämpfen, in die sie verwickelt waren.

Ein besonders genauer Beobachter der Wirkungen von Fleckfieber bei Napoleons Rußlandfeldzug im Jahre 1812 war der Truppenarzt J. R. L. Kerckhove. Er beschreibt, daß die Krankenhäuser in Magdeburg, Berlin und in anderen Städten mit der Behandlung der Erkrankungen, die trotz einer Ansammlung von etwa 500 000 Soldaten in den Lagern von Norddeutschland bis Italien anfänglich nur in geringer Zahl auftraten, zunächst keinerlei Probleme hatten. Sobald die Armee jedoch in Bewegung war, verschlechterte sich die Lage abrupt. Kerckhove berichtet von der Armut und der Erbärmlichkeit der Menschen und den grundsätzlich schlechten Bedingungen, welche die Truppen bei ihrem Einmarsch in Polen vorfanden. Da die Dörfer aus Hütten bestanden, die bis unters Dach von Insekten befallen waren, mußten die Soldaten Lager aufschlagen. Die Tage waren heiß, die Nächte kalt und das Essen schlecht – ideale Voraussetzungen für *R. prowazeki*.

Die ersten Fälle von Fleckfieber traten auf, begleitet von Lungenentzündungen und anderen Infektionen, als Napoleons Soldaten Ende Juni den Nieman überschritten. Die Krankheit befiel, zusammen mit der Ruhr, immer größere Truppenteile, während diese sich durch die Wälder und die von den Russen verlassenen Einöden Litauens kämpften. Nach der Schlacht von Ostrau gegen Ende Juli waren mehr als 80 000 Männer krank; Kerckhoves Korps von anfänglich 42 000 Männern hatte sich halbiert, als die Armee im September die Moskwa erreichte. Obwohl es einige gut ausgestattete Krankenhäuser in Moskau gab, waren diese bald mit Verwundeten und Dahinsiechenden überfüllt. Die Stadt war von Bomben sowie von Feuern, die angeblich der Gouverneur der Stadt, Rostoptchin, angeordnet hatte, zum größten Teil zerstört. Nahrung gab es kaum, und die kranken Soldaten waren gezwungen, außerhalb der Stadt zu lagern und sich in unzureichenden Quartieren zusammenzudrängen.

»Von diesem Zeitpunkt an«, schrieb Hans Zinsser in seinem Buch, »waren Fleckfieber und Ruhr die wichtigsten Feinde Napoleons. Zu Beginn des Rückzugs aus Moskau am 19. Oktober 1812 waren gerade noch 80 000 Männer dienstfähig. Der Marsch nach Hause wurde zur Flucht, die erschöpften und kranken Soldaten wurden vom Feind ständig verfolgt und überfallen. Es wurde sehr kalt, und zahlreiche Männer – entkräftet durch Krankheit und Strapazen – erfroren … In Wilna waren die Krankenhäuser überfüllt, die Männer lagen auf faulendem Stroh, in ihrem eigenen Schmutz, hungrig und frierend, ohne Pflege. Sie wurden dazu getrieben, Leder und selbst Menschenfleisch zu essen. Die Krankheiten, allen voran Fleckfieber, breiteten sich über die Städte, die Dörfer und das Umland aus … Die noch lebenden Soldaten der aus Rußland flüchtenden Armee waren fast ohne Ausnahme mit Fleckfieber infiziert«.

Es ist unbegreiflich, daß die grausigen Ereignisse Napoleon nicht davon abhielten, im Folgejahr eine neue Armee von 500 000 Mann aufzustellen. Doch genau wie vorher waren seine frühen Verluste zum größten Teil auf Fleckfieber und andere Krankheiten zurückzuführen: *Rickettsia prowazeki*, und nicht die Genialität seiner militärischen Widersacher, brach Napoleons Macht in Europa.

Das Tollwutvirus
– Glück und der Beginn von Impfungen

Ein Nichtmediziner verwendet Material unbekannter Zusammensetzung und Toxizität und behandelt damit Patienten, darunter ein Kind, die möglicherweise an einer tödlichen Krankheit leiden. Er versucht nicht einmal, das Einverständnis seiner Patienten zu erhalten, sondern veröffentlicht ihre Namen und Adressen, um einige erstaunliche Behauptungen bekannt zu machen. Darüber hinaus hält der Betroffene, wie es Kurpfuscher gemeinhin tun, Einzelheiten der Behandlung geheim, so daß ihr Sinn und Wert nicht unabhängig beurteilt werden kann. Das vielleicht Schlimmste von allem ist, daß diese skrupellose Person Menschen eine außerordentlich virulente Mikrobe injiziert, ohne zuvor Tests an Tieren durchgeführt zu haben. Einige Patienten sterben, und ein an den Experimenten beteiligter Mediziner distanziert sich von den Machenschaften seines Mitarbeiters.

Der Mann, der diese Risiken in Kauf nahm, um sich dann für seinen Erfolg bei der Bekämpfung der Tollwut lautstark feiern zu lassen, war Louis Pasteur. Der große französische Chemiker hatte eine Menge Glück in diesem Falle, genau wie bei etlichen seiner anderen Pionierarbeiten, mit denen er nachwies, daß Infektionen speziell durch Mikroben verursacht werden. Pasteur verletzte bei seiner Tollwutforschung etliche ethische Grundsätze. Seine Arbeit begann damit, daß er postulierte, der Erreger müsse im Rückenmark sitzen, obwohl die für die Infektion verantwortliche Mikrobe bis dahin noch nicht bekannt war. Pasteurs Ansicht nach konnte er möglicherweise „abgeschwächt" werden, indem man Rückenmarksgewebe aus infizierten Hasen entfernte und einfach „altern" ließ. Die veränderte Mikrobe aus solch einem Gewebe, so hoffte

Pasteur, würde nach Injektion einen Menschen vor zukünftigen Angriffen der Erreger schützen, ohne daß die Krankheit selbst nach der Impfung ausbricht.

Im Juli 1885 verabreichte er dem kleinen Joseph Meister „gealtertes" Rückenmark, das seiner Meinung nach das abgeschwächte Tollwutvirus enthielt. Erst einen Monat später testete er das gleiche Material an erkrankten Tieren. Die Experimente waren nur teilweise erfolgreich. Pasteur konnte nicht einmal sicher sein, daß das Rückenmarksgewebe überhaupt das Tollwutvirus enthielt. Er vermutete, daß der Junge bei der Impfserie mit Portionen steigender Virulenz am Ende gefährlicheres Material erhalten hatte, als durch den Biß eines tollwütigen Hundes. Andererseits hatte er vorher die Impfung eines gebissenen Kindes mit dem Hinweis verweigert, daß »die Ergebnisse erst durch Versuche an verschiedenen Tierarten bestätigt werden müssen, ehe Therapeuten diese Art der Vorbeugung am Menschen selbst durchführen können«.

Louis Pasteur konnte mildernde Umstände für sich geltend machen. Tollwut war eine besonders scheußliche Krankheit, deren Opfer oft körperlich und geistig völlig zerfielen und nur noch ein zitternder, animalischer Schatten ihrer selbst waren. Die Angst vor Tollwut in der Zeit vor Pasteurs Entdeckung war so groß, daß die Leute freiwillig zu praktisch jeder denkbaren Therapie bereit waren, selbst zu so qualvollen Verfahren wie dem Ausbrennen von Bißwunden mit Feuer oder Säure.

Wichtiger für uns heute ist die ethische Kritik an der Tatsache, daß Pasteurs Impfstoff im Labor entwickelt wurde – im Gegensatz zu dem des praktizierenden englischen Arztes Edward Jenner. Dieser unternahm nämlich im Jahre 1796 ebenfalls ein aus heutiger Sicht sehr fragwürdiges Experiment. Er impfte Lymphe aus einem Kuhpockenbläschen in den Arm eines gesunden Mannes namens James Phipps und verabreichte ihm sechs Wochen später Pockeneiter (Seite 290). Die Kuhpockenlymphe war jedoch natürlichen Ursprungs und Jenners Idee zu dem Experiment fußte auf verschiedenen Beobachtungen zum natürlichen Verhältnis zwischen den beiden Krankheiten: Eine zufällige Infektion mit dem Kuhpockenvirus (Vaccinia-Virus) schützt nämlich vor Pocken. Pasteurs Ansatz war ein ganz anderer. Hier bestand die Gefahr, daß durch seine Manipulationen am vermuteten Tollwutvirus im Labor künstlich eine neue Form der Krankheit entstand.

Doch sowohl Jenner als auch Pasteur hatten Erfolg; ihre Arbeiten legten den Grundstein für die Entwicklung von Impfstoffen gegen ein breites Spektrum an schwächenden und tödlichen Krankheiten. Das große internationale Lob für Pasteur nach seiner Arbeit an der Tollwut führte zur Gründung des Pasteur-Instituts in Paris und zu einer starken Zunahme der Förderung für die medizinische Mikrobiologie weltweit. Seither ist die Immunisierung mit abgetöteten oder geschwächten Erregern zu einer der erfolgreichsten Strategien der modernen medizinischen Forschung geworden, wie die Ausrottung der Pocken im Jahre 1979 zeigt (Seite 75).

Interessant ist es, die Geschichte Louis Pasteurs und seines Tollwutimpfstoffes mit der eines Forschers des 20. Jahrhunderts, Tom Lehner vom Guy's Hospital in London, zu vergleichen. Um 1980 begann Lehner einen neuen Ansatz zur Lösung eines weitreichenden Problems, nämlich Zahnkaries, zu entwickeln. Er postulierte, daß Karies bis zu einem gewissen Grad als Infektion betrachtet und daher entsprechend dagegen geimpft werden könne. Zahnärzte machen die Bildung von Zahnbelag aufgrund des Konsums von Süßigkeiten für die Zahnfäule verantwortlich. Bei diesem Prozeß spielt eine Mikrobe eine zentrale Rolle: Das Bakterium *Streptococcus mutans* lebt auf den Zähnen und wandelt die Zucker aus Süßigkeiten und anderen Nahrungsmitteln in Säure um, welche den Zahnschmelz angreift.

Lehner übernahm die althergebrachten Methoden Pasteurs und entwickelte einen Impfstoff gegen *S. mutans*. Bei Tests in Tieren, bis hin zu Primaten, funktionierte er hervorragend. Doch einige Jahre nach Beginn seiner vielversprechenden Forschungen beschloß Lehner, diese Arbeit aufzugeben. Der einfache Grund war, daß er trotz des Erfolgs in wissenschaftlicher Hinsicht davon ausgehen mußte, daß es nie zu einer regelmäßigen Anwendung eines Impfstoffes kommen würde – speziell eines, der injiziert werden mußte –, der gegen einen kaum lebensbedrohlichen Mikroorganismus gerichtet ist.

Lehner hat sich in jüngster Zeit einer alternativen Bekämpfung von *S. mutans* zur Verhinderung von Karies zugewandt, und zwar der Herstellung monoklonaler Antikörper gegen das Bakterium. Monoklonale Antikörper sind hochreine Antikörper, die alle gegen dasselbe Antigen (zum Beispiel einen Bestandteil der Bakterienzellwand) gerichtet sind. Sowohl bei Primaten als auch bei Menschen konnte Lehner zeigen, daß eine regelmäßige Anwendung der Antikörper die Besiedlung durch das Bakterium stark beeinträchtigt und damit Karies beinahe auf Null reduziert. Anscheinend verhindern die Antikörper die Anheftung von *S. mutans* an ein Speichelprotein auf den Zähnen, so daß das Bakterium von Phagocyten, die unbelebte oder belebte Fremdpartikel verdauen, verschlungen wird.

Es wird sich zeigen, ob Lehners Technik zur Anwendung kommen wird. Die Geschichten von Lehners aufgegebener Forschung und Pasteurs vom Glück begünstigter, doch letztlich überaus nutzbringender Arbeit bleibt in jedem Fall lehrreich. Vielleicht sind unsere in die medizinische Forschung gesetzten Erwartungen bereits zu hoch gesteckt: Wir beanspruchen absolute Sicherheit – eine Forderung, die schlichtweg unmöglich zu erfüllen ist.

Penicillium notatum
– Auslöser der
antibiotischen Revolution

Der Polizeiwachtmeister Albert Alexander lag bereits seit zwei Monaten im Krankenhaus, und sein Zustand galt als hoffnungslos. Er hatte einen kräftezehrenden Kampf gegen eine furchtbare Infektion geführt, die von einer kleinen Wunde in seinem Mundwinkel ausging und dann unbarmherzig sein ganzes Gesicht, seine Augen und seine Kopfhaut befiel. Das linke Auge des Wachtmeisters war bereits eine Woche zuvor entfernt worden. Jetzt hatten die beiden Bakterienarten, die seinen schlimmen Zustand verursacht hatten – Streptokokken und Staphylokokken –, seine rechte Schulter und seine Lungen erreicht. Verschiedene Abszesse, die man bereits chirurgisch geöffnet hatte, eiterten weiterhin. Sulfonamide, die zur damaligen Zeit als wirksame Waffen gegen derartige Infektionen galten, blieben ohne Wirkung. Die mit einem breiten Spektrum grotesker Infektionen vertrauten Ärzte, waren sich einig, daß der Tod die einzige mögliche Erlösung für den Wachtmeister darstellte.

Am 12. Februar 1941 traf der junge Forscher Charles Fletcher, ein Mitarbeiter des Oxforder Medizinprofessor L. J. Witts, den Wachtmeister Alexander in diesem hoffnungslosen Zustand im Radcliffe-Krankenhaus an. Einen Monat zuvor war Fletcher zufällig Zeuge eines Gesprächs zwischen Witts und dessen Kollegen, dem Pathologieprofessor Howard Florey, gewesen. Florey war ein ausgezeichneter australischer Pathologe, er wurde später Präsident der Royal Society. Er suchte nach Unterstützung bei einem Projekt, an dem er mitarbeitete.

Florey und seine Kollegen, unter ihnen Norman Heatley und der deutsch-jüdische Chemiker Ernst Chain, der vor dem Hitler-Regime geflüchtet war, hatten Erfolg bei einem Unterfangen, an dem Alexander Fleming ein Jahrzehnt zuvor gescheitert war. Sie konnten aus einem Mikroorganismus – dem Schimmelpilz *Penicillium notatum* – eine Substanz isolieren und reinigen, die sie für eine „Wunderwaffe" bei der Bekämpfung anderer Mikroben hielten, darunter auch solcher, die Krankheiten übertragen.

Fleming, der am St.-Mary's-Krankenhaus in London arbeitete, hatte entdeckt, daß eine Substanz aus *Penicillium notatum* schädliche Wirkung auf gewisse Bakterien hat. Ihm war aufgefallen, daß Staphylokokkenkolonien auf einer weggeworfenen Nähragarplatte in ihrem Wachstum von irgendeiner Substanz beeinträchtigt wurden, die von einer darauf wachsenden Pilzkolonie aus durch den Agar diffundierte. Allerdings war Flemings Annahme falsch, daß die Substanz reife Bakterien zerstören würde. Tatsächlich hemmt Penicillin, wie wir den Stoff heute nennen, nur wachsende Zellen, indem es deren Zellwandsynthese verhindert. Dadurch wird die Vermehrung der Bakterien unterbunden, sie sterben ab. Ronald Hare konnte Jahre später durch detektivische Kleinarbeit nachweisen, daß die Platte Flemings schon vor dem Beimpfen mit Staphylokokken, deren normales Wachstum von Penicillin beeinträchtigt wird, von dem Pilz kontaminiert gewesen sein muß.

Fleming gelang es trotz seiner ersten Beobachtungen und der Beschreibung in einer wissenschaftlichen Publikation nie, das Penicillin zu reinigen und so seinen „Laborunfall" in ein nützliches Medikament umzuwandeln. Diesen mindestens genauso wesentlichen Durchbruch schafften Howard Florey und seine Mitarbeiter um 1940/41. Was Florey im Februar 1941 nach Tests seiner wertvollen Substanz in Mäusen noch fehlte, war ein menschliches Versuchskaninchen, um Penicillin auch am Menschen als Waffe gegen Krankheiten zu testen.

Aufgrund dieser Geschichte war Fletcher der erste Arzt, der nachwies, daß Penicillin bei der Verabreichung an Menschen nicht toxisch wirkte. Er war auch weltweit der erste, der den Einsatz des

Mittels zur Behandlung eines entsetzlich infizierten, menschlichen Patienten beschrieb. Am 12. Februar 1941 injizierte er Wachtmeister Alexander, für den es zu dieser Zeit keine andere Hoffnung mehr gab, 200 Milligramm des Wirkstoffes. Kleinere Dosen folgten in regelmäßigen Abständen von drei Stunden.

Die Wirkung war verblüffend. Innerhalb von 24 Stunden ging es dem Polizisten deutlich besser. Das Fieber ging zurück, seine eiternden Wunden begannen abzuheilen, sein Appetit kehrte zurück, und fünf Tage später war sein rechtes Auge wieder beinahe normal. Die Wende in der Krankengeschichte des Wachtmeisters erschien allen, die ihn beobachteten, wie ein Wunder. Allerdings hatte dieser Teil der Geschichte kein glückliches Ende. Florey, Heatley und Chain hatten nur eine begrenzte Menge an Penicillin aus *Penicillium notatum* gereinigt, und dieses ging schnell zu Neige. In ihrer Verzweiflung isolierten sie verschwindend kleine Mengen Penicillin aus dem Urin des Patienten, um es ihm erneut zu injizieren. Dadurch wurde weitere Besserung erzielt und Zeit gewonnen. Der Patient erholte sich auch dann noch weiter von den Qualen der Infektion, als nicht mehr genug Penicillin zurückgewonnen werden konnte und daher die Behandlung abgebrochen werden mußte. Doch schließlich siegten die Staphylokokken, Albert Alexander starb am 15. März.

Trotz des Rückschlags bedeuten die Ereignisse des Februars 1941 in Oxford – es war der Höhepunkt der Luftangriffe auf London – einen der spektakulärsten Erfolge der Medizin im 20. Jahrhundert. Heute ist zwar bekannt, daß Cecil Paine in Sheffield schon einige Jahre vorher seinen Patienten rohes Penicillin verabreicht, es aber versäumt hatte, seine Versuche in einer Veröffentlichung zu beschreiben. Die Verbreitung der Information über einen Durchbruch dieser Art ist in der Wissenschaft immer mindestens genauso wichtig wie die Entdeckung selbst. Denn erst die Veröffentlichung der Ergebnisse führte zur kommerziellen Herstellung des Medikaments und zur antibiotischen Revolution.

Die Wirkung von Penicillin bei Krankheiten wie zum Beispiel Syphilis oder bei stark infizierten Kriegsverletzungen war so beachtlich, daß es als das Wundermittel während des Zweiten Weltkrieges und in der Nachkriegszeit galt. Neben anderen Mikroorganismen waren die Erreger von Meningitis und Lungenentzündungen weitere Ziele der Penicillinbehandlung. Sie wurden zuvor von Ärzten wie von Patienten sehr gefürchtet und konnten mit der neuen Waffe erfolgreich bekämpft werden.

Durch Penicillin und die anderen Antibiotika, die bald folgten, wurde die durchschnittliche Lebenserwartung, verglichen mit der Zeit vor ihrer Entdeckung, um eine volle Dekade verlängert. Allein in Großbritannien werden von Ärzten jährlich 25 Millionen Rezepte für Antibiotika – heute ist eine ganze Reihe hochwirksamer Medikamente auf dem Markt, die zu dieser Gruppe zählen – ausgestellt. Obwohl sie inzwischen zu häufig verordnet werden, was zu Problemen mit resistenten Bakterienstämmen führt, sind Antibiotika doch die Hauptursache für eine starke Verminderung von Krankheiten, Elend und Sterblichkeit. *Penicillium notatum* kann fünf Jahrzehnte nach der wundersamen, wenn auch nur vorübergehenden, Erholung des Wachtmeisters Albert Alexander in Oxford als der Mikroorganismus bezeichnet werden, der die antibiotische Revolution auslöste.

Mycobacterium tuberculosis
– das literarische Bakterium

Orwell, Austen, Molière, Balzac, Keats und Browning haben eines gemeinsam – sie alle litten zu einem gewissen Grad an den Auswirkungen von Tuberkulose. Keine andere Infektion hatte einen vergleichbaren Einfluß auf Literatur und Kunst. Dies liegt vielleicht daran, daß *Mycobacterium tuberculosis* auffallend lange Krankheitsphasen verursachen kann, wobei praktisch jeder Körperteil in Mitleidenschaft gezogen wird. Auch wenn Lungentuberkulose akute und dramatische Blutungen der Lunge auslösen kann (wie sie zum Beispiel H. G. Wells in seiner Autobiographie beschreibt), verläuft das Leiden üblicherweise chronisch; der Körper wird unaufhaltsam ausgezehrt und verfällt zusehends.

Tatsächlich ist Tuberkulose die Infektion, an der die meisten Menschen starben. Milliarden von Menschen erlagen den verheerenden Auswirkungen von *M. tuberculosis* in diesem und in allen vergangenen Jahrhunderten. Das Bakterium wird über die Luft von Person zu Person weitergegeben oder durch Milch übertragen und kann beinahe jeden Teil des Körpers angreifen, von den Knochen und Gelenken bis zum Gehirn und zur Haut. Die Lungentuberkulose (Infektion der Lunge) wurde in Literatur und Kunst am häufigsten beschrieben.

Bereits im vergangenen Jahrhundert wurden einige wenige Mißstände beseitigt, anfangs durch eine höhere Qualität der Ernährung und eine Verbesserung der Hygiene, später durch Impfung und Chemotherapie. Einen großen Fortschritt bedeutete die Eliminierung von *M. tuberculosis* aus der Milch durch Pasteurisierung und die Ausrottung der Krankheit in Milchviehherden. Die Einführung von Streptomycin und anderen Medikamenten in den vierziger und fünfziger Jahren ermöglichte die Bekämpfung von *M. tuberculosis* in der Lunge und auch in anderen Geweben. Nachdem die „Weiße Pest" jahrhundertelang die Menschheit verhöhnt hatte (einzige Therapien waren frische Luft und Bettruhe), ist sie seither heilbar. Beinahe über Nacht waren die Heilanstalten leer, mobile Röntgengeräte zur Tuberkulosediagnose der Lunge wurden zu einer historischen Kuriosität. Als Spezialgebiet für junge, ehrgeizige Ärzte verschwand Tuberkulose beinahe spurlos.

Neuerdings kehrt jedoch *M. tuberculosis* mit erstaunlicher Geschwindigkeit in die Rangliste der wichtigsten Krankheiten zurück. Im Jahre 1992 wurden innerhalb von drei Monaten in drei verschiedenen US-Zeitschriften – *Science*, *Journal of the American Medical Association* und *New England Journal of Medicine* – Berichte veröffentlicht, nach denen Tuberkulose wieder zu einer ernsthaften Bedrohung wird. Das Tuberkelbakterium konnte über die Jahre hinweg in Risikogruppen, wie zum Beispiel Alkoholikern in Elendsvierteln, und zu einem gewissen Grad auch in der Umwelt überdauern. Das Bakterium ist außerordentlich unempfindlich gegen Austrocknung und bleibt auch außerhalb des Körpers über Monate lebensfähig, sofern es nicht der direkten Sonne ausgesetzt ist. Heute befindet es sich wieder auf dem Vormarsch.

Die Bedrohung ist besonders akut in den Vereinigten Staaten, wo seit 1985 eine Zunahme der Erkrankungen um 16 Prozent verzeichnet wurde. Damit hat sich der Trend der vergangenen 30 Jahre, mit einem jährlichen Rückgang von sechs Prozent, umgekehrt. Verschiedene Faktoren haben zur Zunahme der Infektionen beigetragen, die hauptsächlich unter Kindern und jungen Erwachsenen, ethnischen Minderheiten, Einwanderern und Flüchtlingen auftaucht. Obdachlosigkeit, Drogenmißbrauch, steigende Einwandererzahlen aus Ländern mit hoher Tuberkuloserate und Überbelegung von Gefängnissen, Unterkünften und Häusern armer Menschen scheinen gleichermaßen von Bedeutung zu sein. Unterernährung, ein geschwächtes Immunsystem und beschleunigte Ausbreitung von *M. tuberculosis* tragen neben den sozialen Faktoren zu der aktuellen Erkrankungswelle bei.

Eine weltweit viel bedeutendere Rolle spielt ein anderer Mikroorganismus: das HIV (*human immunodeficiency virus*), das die Immunschwächekrankheit AIDS verursacht (Seite 206). Obwohl keineswegs alle Menschen, die von *M. tuberculosis* infiziert sind, auch Tuberkulose entwickeln, erhöht eine HIV-Infektion die Chancen für einen Ausbruch der Krankheit drastisch. Prognosen sehen in vielen Teilen der Dritten Welt eine unerbittliche, gleichzeitige Ausbreitung dieser beiden Mikroben mit grausamen Auswirkungen vor. Das Szenario veranlaßte kürzlich die Autoren einer Veröffentlichung in der medizinischen Fachzeitschrift *The Lancet* zu der Frage: »Ist Afrika verloren?«

Doch damit nicht genug der Sorgen, die *M. tuberculosis* auslöst. Der Erreger erweist sich als zunehmend resistent gegen die normalerweise zur Bekämpfung der Krankheit eingesetzten Antibiotika. In vielen Entwicklungsländern wurden die Medikamente gegen Tuberkulose unkontrolliert verteilt und dadurch dieses Phänomen begünstigt. In den Vereinigten Staaten scheint der Grund darin zu liegen, daß viele Patienten die Medikamente nicht über den angesetzten Zeitraum von sechs bis 18 Monaten einnahmen, der notwendig ist, um das sich sehr langsam teilende Bakterium aus dem Körper zu verbannen.

In beiden genannten Situationen sind die Konsequenzen der falschen Medikationen die gleichen. Die Infektion springt nicht nur auf andere Menschen über, auch die Ausbildung von Resistenzen wird begünstigt. Wenn die Zeitspanne, über die hinweg *M. tuberculosis* einer im Prinzip tödlichen Dosis eines Medikaments ausgesetzt ist, zu kurz ausfällt, um die gesamte Bakterienpopulation auszumerzen, haben resistente Organismen die Chance, zu wachsen und sich zu vermehren.

Ein weiteres Charakteristikum des erneuten Auflebens der Tuberkulose beunruhigt die Fachleute im Gesundheitswesen: Die

Krankheit war als die große soziale Geißel der vergangenen Jahrhunderte scheinbar niedergerungen und stellte daher keine Zielscheibe für das Gesundheitswesen und auch keine Herausforderung für die medizinische Forschung mehr dar. Die „Weiße Pest" verschwand so schnell, daß die Pharmaindustrie keinen Anlaß sah, die Medikamente gegen Tuberkulose zu verbessern. Tatsächlich wurde die Herstellung von Streptomycin so stark zurückgenommen, daß es Ende 1990 sogar aus der jeden Monat neu aufgelegten Liste der eingesetzten Medikamente herausfiel. In den Vereinigten Staaten, wo Streptomycin 1943 von Albert Schatz und Selman Waksman entdeckt wurde, konnte man das Antibiotikum kaum mehr kaufen.

Gleichzeitig wurde im Vergleich zu vielen anderen Infektionen wenig unternommen, um herauszufinden, wodurch das Krankheitsbild entsteht, wie *M. tuberculosis* auf bekannte Arzneimittel reagiert und warum manche Stämme resistent werden. Neue Methoden zur Identifizierung der Gene, die für die Krankheit verantwortlich sind, kamen zum Beispiel bei *M. tuberculosis* weit weniger zum Einsatz als bei vielen anderen Organismen.

Die Geschichte der Tuberkulose erteilt uns mehrere Lektionen. Es besteht nicht zuletzt die Gefahr, daß auf Gebieten, in denen die Wissenschaft einen vorübergehenden Aufschub im Kampf gegen eine wichtige Krankheit erreicht hat, unsere Aufmerksamkeit abnimmt und die Grundlagenforschung vernachlässigt wird. Solche Fehler könnten schon bald tragische Folgen haben.

Clostridium acetobutylicum
– *der Begründer Israels*

In Zusammenarbeit mit einem Labor in Manchester gelang einem jungen Chemiker unter Mitwirkung eines Bakteriums ein Durchbruch, der nicht nur die Geburtsstunde der heutigen biotechnologischen Industrie bedeutete, sondern auch radikale Umwälzungen in der politischen Landschaft des Nahen Ostens auslöste. Die Arbeit des Chemikers Chaim Weizmann fußte auf Pasteurs Beobachtung, daß Hefen Zucker in Alkohol umwandeln. *Clostridium acetobutylicum*, Weizmanns Forschungsobjekt (Tafel II), erzeugte ein anderes Produkt von unschätzbarem Wert – Aceton. Diese Entdeckung führte direkt zur Erklärung von Balfour am 6. November 1917, in der Palästina als Heimat für das jüdische Volk anerkannt wurde, und mehr als 30 Jahre später zur Ausrufung des Staates Israel.

Chaim Weizmann, geboren 1874 in dem kleinen Weiler Motol in Westrußland, war gezwungen, seine Heimat zu verlassen, da für junge Juden strikte Zulassungsbeschränkungen an den Universitäten bestanden. Nach seinem Studium in der Schweiz ging er 1904 nach Großbritannien. Er hatte England gewählt, da »es mir als ein Land erschien, in dem ein Jude wenigstens theoretisch ohne Beschränkungen leben und arbeiten kann und möglicherweise ausschließlich nach seinen Verdiensten beurteilt wird«.

Nach einiger Zeit im Osten von London wurde Weizmann, auf ein Empfehlungsschreiben an den ausgezeichneten Chemieprofessor William Perkin hin, in den Mitarbeiterstab der Universität Manchester aufgenommen. Er wurde sehr schnell beliebt und genoß, bei Kollegen und Studenten gleichermaßen, ein hohes Ansehen. Ein anderer großer Chemiker, Sir Robert Robinson, erinnerte sich später:

»Ich war in William Perkins Labor, als er ankam, mit nicht mehr als
der sprichwörtlichen halben Krone in der Tasche. Doch Perkin erzählte mir zwei Tage später, daß wir wohl „jemand ganz Besonderen"
engagiert hatten. Sehr schnell war das allen klar ... Seine Vorlesun-
gen waren brillant und mit seinem speziellen Witz gewürzt, der bei
den Studenten so guten Anklang fand. Er war mehr als nur populär –
er wurde geliebt.«

Anfang 1915 sprach der Herausgeber des *Manchester Guardian*,
C. P. Scott, mit dem Kriegsminister David Lloyd George. Diesen
beschäftigte zu der Zeit gerade ein empfindlicher Mangel an Aceton, das zur Herstellung des hochexplosiven Kordits, einer Mischung aus Nitroglyzerin und Nitrocellulose, benötigt wurde. Aceton, das durch Holzdestillation gewonnen wurde, war besonders
knapp, da zum Abfeuern von Geschossen aus den 30-Zentimeter-
Geschützen der ersten „Dreadnought"-Schlachtschiffe große Mengen an Kordit verbraucht wurden. Überraschenderweise hatte Scott
einen Lösungsvorschlag für den Minister: »An der Universität
Manchester gibt es einen bemerkenswerten Chemieprofessor, der
seine Dienste sicher gern dem Staat anbieten würde«, meinte er.
»Allerdings ist er irgendwo in der Nähe der Weichsel geboren, und
ich bin nicht sicher, auf welcher Seite. Sein Name ist Weizmann.«
Ob Weizmann eine neue Methode zur Synthese von Aceton vor-
schlagen konnte? Schnell wurde ein Treffen in London arrangiert,
bei dem sich die beiden Männer prächtig verstanden. Weizmann
kehrte umgehend an seinen Labortisch zurück, vom Enthusiasmus
des walisischen Schlitzohrs getrieben, und arbeitete an einer Lösung für das Problem. Er beschloß, aus der in der Natur vorkommenden Mikroflora ein Bakterium zu isolieren, das Aceton synthetisieren konnte. Solch ein lebender und sich selbst reproduzieren-
der Organismus würde vielleicht, wie Pasteurs Hefe, in großen
Behältern wachsen und ordentliche Mengen der benötigten Chemikalie produzieren. Ein solcher Prozeß konnte sowohl sehr billig als
auch sehr ertragreich sein.

Innerhalb kürzester Zeit trug Weizmanns Überlegung Früchte. Er isolierte *Clostridium acetobutylicum*, das nicht nur Aceton, sondern eine weitere wertvolle Substanz herstellte, nämlich Butanol. Lloyd George beschrieb Weizmann in seinen *War Memoirs* („Kriegsmemoiren") mit den folgenden Worten:

>»Wenige Wochen nach unserem Treffen kam er zu mir und sagte: „Das Problem ist gelöst." Nach genauen Untersuchungen der Mikroorganismen im Boden, auf Mais und anderen Getreiden hatte er ein Bakterium gefunden, das Stärke aus Getreiden, speziell aus Mais, in ein Gemisch aus Aceton und Butanol umwandeln konnte. Innerhalb kürzester Zeit hatte er nach tage- und nächtelanger Arbeit eine Kultur isoliert, die uns Aceton aus Mais liefern würde ... Diese Entdeckung ermöglichte uns die Produktion beträchtlicher Mengen dieser wichtigen Chemikalie.«

Nachdem die Probleme »durch Dr. Weizmanns Genie gelöst waren«, bot Lloyd George dem Chemiker an, ihn dem Premierminister für eine angemessene Ehrung vorzuschlagen. Weizmann lehnte dieses Angebot kategorisch ab; statt dessen sprach er eine Sache an, die ihm am Herzen lag – die Notwendigkeit, den über die gesamte Welt verstreuten Juden eine Heimat zu geben. Als Lloyd George später selbst zum Premierminister gewählt wurde, erörterte er diesen Gedanken mit seinem Außenminister Earl Balfour. Dies führte schließlich zur historischen Erklärung von 1917 und später zur Gründung des Staates Israel, dessen erster Präsident Chaim Weizmann wurde.

Gleichzeitig entstand in Rehovot ein Forschungszentrum, das heute als Weizmann-Institut bekannt ist. Ursprünglich wurde es von Lord Sieff zum Gedenken an seinen Sohn erbaut und hieß Daniel-Sieff-Forschungsinstitut, mit Ernest Bergmann als erstem Leiter. Das ausgezeichnete Institut legte immer besonderen Wert auf die Pflege internationaler Beziehungen in der Wissenschaft. Als Weizmann 1951 zum Direktor ernannt wurde und sah, wie es zu einem der bedeutenden Zentren in der Wissenschaft aufstieg, sorgte er eigenhändig für die seinem Ansehen angemessene peinliche Sauberkeit innerhalb der Gebäude und der Gärten. Zu Weizmanns hundertstem Geburtstag schrieb ein Wissenschaftspublizist in einer Gedenkschrift der Anglo-Israelischen Gesellschaft:

>>Es wird erzählt, daß er selbst Zigarettenkippen aufsammelte, die von Besuchern weggeworfen wurden, und nachdem er einige Male dabei beobachtet wurde, wagte niemand mehr, noch eine Kippe achtlos wegzuwerfen. Eine Erinnerung an diese ultrasauberen Tage kann man in alten Gebäudeteilen noch finden, wo alle zehn Meter Aschenbecher an den Wänden angebracht sind – eine ständige Ermahnung, die ich weltweit nirgends sonst gesehen habe.<<

Weizmanns Arbeit zur Aceton-Butanol-Gärung darf nicht einfach als eine geniale Methode, zwei Chemikalien herzustellen, betrachtet werden. Seine Forschung und Philosophie läuteten das Wachstum der Fermentationsindustrie ein, die heute weltweit eine breite Palette von anderen Produkten in riesigen Mengen anbietet, von Vitaminen bis hin zu Antibiotika. Diese ganzen Aktivitäten – heute bekannt als Biotechnologie – ergaben sich nicht zuletzt aus den Synthesefähigkeiten des winzigen Bakteriums *Clostridium acetobutylicum.*

Aspergillus niger
– das Ende eines italienischen Monopols

Es ist kaum vorstellbar, daß eine winzige Mikrobe ein industrielles Monopol brechen und damit tiefgreifenden Einfluß auf die Wirtschaft eines Landes nehmen kann. Doch genau das geschah nach dem Erscheinen einer Publikation im *Journal of Biological Chemistry* im Jahre 1917, in der eine spezielle Stoffwechselaktivität des Schimmelpilzes *Aspergillus niger* beschrieben wurde. Der Autor dieser bedeutenden Veröffentlichung, J. N. Currie, hatte eine Methode entdeckt, um mit Hilfe dieses Pilzes Zitronensäure herzustellen. Aufgrund ihres schwach sauren, doch angenehmen Geschmacks und ihrer Ungiftigkeit wurde und wird Zitronensäure häufig Säften, Marmeladen, Süßigkeiten und anderen Lebensmitteln zugesetzt. Innerhalb weniger Jahre beendete die großtechnische Umsetzung von Curries Entdeckung durch die Firma Chas Pfizer Inc. in Brooklyn, New York, das italienische Monopol zur Zitronensäureherstellung aus Zitrusfrüchten.

Die Geschichte begann allerdings bereits viele Jahre zuvor im englischen Selby. Dort starteten John und Edmund Sturge im Jahre 1826 die erste kommerzielle Produktion von Zitronensäure. Als Ausgangssubstanz diente ihnen Calciumcitrat, das aus italienischem Zitronensaft gewonnen wurde. Das Geschäft florierte. Doch während der ersten beiden Jahrzehnte dieses Jahrhunderts begannen auch italienische Firmen mit der Zitronensäureherstellung. Sie eroberten schnell eine Monopolstellung, und hohe Preise waren vorhersehbar. Daher verstärkten andere Länder ihre Anstrengungen bei der Suche nach alternativen Herstellungswegen.

Curries Veröffentlichung kam zum günstigsten Augenblick. Ungeachtet seiner marktbeherrschenden Stellung vernachlässigte Ita-

lien während des Ersten Weltkrieges seine Zitronen- und Limonen-
plantagen. Der Rückgang im Angebot an einer zudem überteuerten
Substanz öffnete dem Wettbewerb die Türen noch weiter. Die
Möglichkeit, daß ein Mikroorganismus als Konkurrenz auftreten
könnte, zeichnete sich bereits Ende des 19. Jahrhunderts ab, als
entdeckt wurde, daß *Penicillium* (derselbe Pilz, der Penicillin herstellt; Seite 51) beim Wachstum in Zuckerlösungen auch Zitronensäure akkumuliert. Die Mengen waren allerdings sehr gering, und
die Bemühungen für eine wirtschaftliche Nutzung schlugen fehl.

Curries Verdienst war nicht nur der Nachweis, daß *A. niger* weit
größere Mengen an Zitronensäure produziert. Er fand zudem heraus, unter welchen Bedingungen die Ausbeute am höchsten war.
Der Pilz wurde auf der Oberfläche eines Flüssigmediums kultiviert, das Saccharose und verschiedene Salze enthielt (die Zusammensetzung des Mediums bei der heutigen Großproduktion ist
noch weitgehend dieselbe). Currie konnte ferner zeigen, daß für
optimale Ausbeuten eine ganz bestimmte Eisenmenge vonnöten
war – und (eine überraschende Tatsache zu dieser Zeit) daß der
Pilz maximale Mengen herstellte, wenn man sein Wachstum dros-
selte, statt es bis zur höchstmöglichen Teilungsrate zu forcieren.

Die Firma Pfizer paßte den Herstellungsprozeß unter Mitwirkung Curries industriellen Maßstäben an und nahm 1923 in ihrer
Fabrik in Brooklyn die Großproduktion auf. Ähnliche Entwicklungen vollzogen sich in Großbritannien, Deutschland, Belgien und
der damaligen Tschechoslowakei. In allen Anlagen wurde *A. niger*
in großen Schalen mit Nährmedium in gut belüfteten Räumen kultiviert. Molasse aus Zuckerrüben ersetzte bald die Saccharose als
Energiequelle für den Pilz.

In England wurden erstmals im Jahre 1930 große Mengen Zitronensäure mit *A. niger* hergestellt. Eine neue Gesellschaft, die John
& E. Sturge (Citric) Ltd. mit Sitz in York, kombinierte die von der
alten Firma vor über hundert Jahren angewandten Techniken zur
Extraktion von Zitronensäure mit einem mikrobiellen Prozeß, den

ein Wissenschaftler in Rowntree, basierend auf Curries Arbeit, entwickelt hatte. Die Firma wurde 1974 ein Teil von Boehringer Ingelheim. Nach weiteren Besitzerwechseln gehört die Zitronensäureproduktion heute der Bayer-Tochter Haarmann & Reimer.

Während all dieser Jahre wurde auch die Technologie weiterentwickelt – obwohl die Umstellungen am Ende weit weniger dramatisch waren, als manche Beteiligten erwartet hätten. Nach dem Zweiten Weltkrieg wurde Zitronensäure mit höherer Effizienz aus untergetauchten Kulturen gewonnen, da bei diesen der Prozeß besser zu kontrollieren war. Eine andere, tiefgreifendere und lautstark angekündigte Veränderung vollzog sich in den sechziger und siebziger Jahren. Von niedrigen Ölpreisen angeregt, wendeten sich die Hersteller den Hefen zu, die Zitronensäure aus relativ billigen Erdölfraktionen synthetisieren konnten. Dieser Weg erwies sich allerdings als Sackgasse, und heute produziert man Zitronensäure kaum noch nach dieser Methode. Kohlenhydrate wie Glucosesirup, Zuckerrüben- und Zuckerrohrmolasse sind inzwischen billiger als die Ölderivate, so daß man Zitronensäure weiterhin aus diesen Rohstoffen herstellt. Der einzige Unterschied ist, daß Hefen teilweise *A. niger* als mikrobielles Arbeitspferd ersetzen.

Die Aktivitäten von *A. niger* und ihre Entdeckung durch J. N. Currie setzten vor 75 Jahren dem italienischen Monopol zur Zitronensäureherstellung zweifellos ein Ende. Es war aber auch schon zu dieser Zeit klar, daß selbst eine drastische Ausdehnung der Anbaufläche für Limonen und Zitronen den weltweit wachsenden Bedarf nicht hätte decken können. Ganz bestimmt hätte die heute produzierte Jahresmenge von etwa einer halben Million Tonnen nie aus Zitrusfrüchten gewonnen werden können. Aufgrund seines angenehm sauren Aromas wird Zitronensäure bei einer Reihe von unterschiedlichen Prozessen eingesetzt, von der Schmelzkäseemulgierung bis zur Stabilisierung von Vitamin C in konserviertem Obst und Gemüse. Der ständig wachsende Bedarf konnte vermutlich nur durch die Leistungen eines Mikroorganismus gedeckt werden.

Doch nicht nur zur Zitronensäuregewinnung wird *A. niger* eingesetzt. Mit der Zeit hat man entdeckt, daß der Pilz weitere nützliche Verbindungen produziert. Er wird zum Beispiel zur Herstellung von Gluconsäure verwendet, einer Substanz, die für verschiedene Zwecke gebraucht wird, unter anderem in der pharmazeutischen Industrie. Calciumgluconat wird Kindern und werdenden Müttern häufig als Calciumquelle verabreicht, während Eisengluconat bei der Behandlung ernährungsbedingter Blutarmut eingesetzt wird. In Backpulver sorgt Gluconsäure dafür, daß Kohlendioxid kontrolliert frei wird. In der Milch-, Bier- und Getränkeindustrie kann es die Ablagerung von Schaum in den automatischen Waschanlagen verhindern.

Aspergillus niger wurde auch zur Gewinnung von Vitamin B_{12} (Cyanocobalamin), der stärkespaltenden Enzyme für den Brauvorgang sowie der Itaconsäure, die in Farben, Klebstoffen, Fasern und Oberflächenbeschichtungen zu finden ist, herangezogen. Der Pilz hat also nicht nur ein großes nationales Monopol beendet, er erwies sich zudem als eines der vielseitigsten mikrobiellen Arbeitspferde, die je für das menschliche Wohl eingespannt wurden.

Das Gelbfiebervirus
– verpaßte und verliehene Nobelpreise

»Eine Kiste Scotch kaufen und den Dodgers zuschauen«, lautete die Antwort Max Theilers auf die Frage eines Reporters, was er mit dem Geld vorhabe, das er für die Zuerkennung des Nobelpreises im Jahre 1951 erhalten werde.

Theiler war ein bescheidener und sympathischer Zeitgenosse. Er wurde für die Entwicklung eines Impfstoffes gegen das Gelbfiebervirus geehrt. Das Gelbfieber ist eine abscheuliche, schwere Krankheit, die durch Zahnfleischbluten, Krämpfe, blutiges Erbrechen (*vomito negro*) und Gelbsucht charakterisiert ist. Doch während das Gelbfieber dem einen Forscher Ruhm und Ehre brachte, bedeutete es für einen anderen Wissenschaftler, Hideyo Noguchi, einen tragischen Schiffbruch. Noguchi, der bei der Suche nach dem Erreger einer falschen Fährte gefolgt war, hat sich angeblich selbst mit Gelbfieber infiziert – und damit, wie manche vermuten, ein mikrobiologisches Harakiri begangen, als er seinen Fehler erkannte.

Die Bedeutung des Gelbfieberimpfstoffes veranschaulicht die Geschichte von Ferdinand de Lesseps, der nach Vollendung des Suezkanals im Jahre 1869 an dem Versuch scheiterte, den Panamakanal zu bauen. Sein Fehlschlag hatte nichts mit dem Gelände oder dem Wetter zu tun. Es lag auch nicht an Geldmangel, sondern am Gelbfieber, das seine Arbeiter dahinraffte. Obwohl der Kanal später dank der Kontrolle der Moskitos, die das Virus übertragen, doch gebaut werden konnte, bedeutete die Impfung oder Immunisierung die weit zuverlässigere und dauerhaftere Lösung.

Max Theiler wurde im Jahre 1899 als jüngster Sohn des Veterinärbakteriologen Sir Arnold Theiler auf einer Farm in der Nähe von Pretoria in Südafrika geboren. Nach einem medizinischen

Kurs an der Universität von Kapstadt ging er 1919 nach London, um am St.-Thomas-Krankenhaus Medizin zu studieren. Angeblich war er kein besonders fleißiger Student. Statt dessen nutzte er die monatliche Unterstützung seines Vaters, um soviel Zeit wie möglich in Galerien und im Theater zu verbringen und sich der Lektüre von Ibsen, Chesterton, Shaw und Wells zu widmen.

Erst als Max Theiler eine Doktorandenstelle am Institut für Hygiene und Tropenmedizin in London antrat, wurde seine Begeisterung für die Mikrobiologie geweckt. Auslöser war das Lehrbuch *Infection and Resistance* des amerikanischen Bakteriologen Hans Zinsser, von dem auch *Rats, Lice and History* stammt (siehe Seite 43). Wenig später wurde Theiler eine Postdoktorandenstelle an der Harvard-Universität in Cambridge, Massachusetts, angeboten, die er 1922 auch annahm. Dort schloß er bald Freundschaft mit Zinsser, der kurz zuvor zum Mitarbeiterkreis gestoßen war. Während der Prohibition tauschten die beiden Rezepte für die Hausbrennerei aus.

Theiler war schnell in eine leidenschaftliche Diskussion um den Ursprung des Gelbfiebers verwickelt. Am Rockefeller-Institut in New York arbeitete nämlich der in Japan geborene Hideyo Noguchi. Dieser vertrat mit Entschiedenheit seine Hypothese, daß eine Spirochäte – ein korkenzieherförmiges Bakterium wie der Auslöser der Syphilis – der Erreger der Krankheit sein mußte. Theiler dagegen favorisierte ein Virus, das er in Mäusen vermehren konnte. Als er seine Ergebnisse 1930 in einem Artikel in der Zeitschrift *Science* veröffentlichte, wurden die Schlüsse von anderen Wissenschaftlern angezweifelt. Doch dann machte er zwei wichtige Beobachtungen (und überlebte gleichzeitig selbst einen Ausbruch der Infektion). Zum einen entdeckte er, daß Blutplasma von Personen, die sich von einer Gelbfieberinfektion erholt hatten, sein Virus neutralisierte. Offenbar enthielt das Plasma spezifische Antikörper gegen das Virus. Zum zweiten verlor der Erreger, wenn man ihn längere Zeit in Mäusen vermehrte, seine Pathogenität für Affen.

Während andere skeptisch blieben, war Wilbur Sawyer von der Rockefeller-Stiftung tief beeindruckt von Theilers Entdeckungen und warb ihn für eine weitere Postdoktorandenstelle an – bei doppeltem Gehalt. Die Stiftung initiierte anschließend eine weltweite Studie über die Verbreitung von Gelbfieber, bei der Theilers Neutralisierungstest zur Erkennung Infizierter verwendet wurde.

Theiler ging nun daran, unter Ausnutzung der zuvor beobachteten Abschwächung des Virus einen Impfstoff zu entwickeln. Er „kultivierte" das Virus in Gewebekulturen statt in Labortieren und hoffte, auf diese Weise einen ausreichend abgeschwächten Virenstamm für die Immunisierung zu gewinnen. Drei Jahre und Tausende von Zellkulturen später hatte er in einem Gefäß mit der Aufschrift 17D das Virus, das nach Ansicht des *British Medical Journal* »den besten und sichersten aller heute auf dem Markt befindlichen viralen Impfstoffe« darstellte. Im Jahre 1936 testete Theiler den Impfstoff an sich selbst und ermittelte den Anstieg seines Antikörperspiegels. Um 1940 waren die klinischen Tests abgeschlossen, und innerhalb der folgenden sieben Jahre stellte die Rockefeller-Stiftung mehr als 28 Millionen Dosen des Impfstoffes her.

Theilers Impfstoff sowie Maßnahmen zur Kontrolle der Stechmücken, die das Gelbfiebervirus übertragen, ermöglichten die Beherrschung einer Krankheit, die noch zur Jahrhundertwende in weiten Teilen Afrikas, Südamerikas und der Karibik grassierte. Rückschläge bei der Stechmückenkontrolle und eine Reduzierung der Massenimpfung in jüngster Zeit schmälern diesen Erfolg nicht. Sie erinnern jedoch daran, wie wichtig es ist, auch weiterhin wachsam zu sein.

Hideyo Noguchi hatte bereits einige größere Erfolge zu verzeichnen, ehe er sich für das Gelbfieber zu interessieren begann. Ihm war unter anderem die erste Kultivierung der Spirochäte gelungen, der Syphilis auslöst. Zudem hatte er wichtige Entdeckungen gemacht, die zum Verständnis des Trachoms bei einer Bindehautinfektion mit *Chlamydia trachomatis* und des Tsutsugamushi-Fiebers (einer vor allem in Japan auftretenden, lebensgefährlichen Rickettsieninfektion) beitrugen. Doch das Gelbfieber sollte sein Niedergang sein. Er isolierte eine Spirochäte, die er für den Erreger hielt, und gab ihr einen entsprechenden Namen. In Meerschweinchen verursachte das Bakterium tatsächlich eine gelbfieberähnliche Erkrankung.

Theiler konnte allerdings nachweisen, daß Noguchis Spirochäte eine ganz andere Krankheit auslöste, nämlich eine Art von Gelbsucht, die als Weil-Krankheit bekannt ist. Doch Noguchi stand zu seiner Hypothese. Er blieb auch dabei, obwohl es den Mitarbeitern der Rockefeller-Stiftung nicht gelang, seine Spirochäte bei Gelbfieberpatienten in den Tropen nachzuweisen. Und er bekräftigte seine Ansichten selbst dann noch, als Adrian Stokes an der Goldküste Gelbfieber mit einem Material auf Affen übertragen hatte, das er zuvor durch einen Filter geschickt hatte, der viel zu fein für Bakterien war. Kurz nach diesem Nachweis, im September 1927, zog sich Stokes die Infektion zu und starb. Im Jahr darauf verließ Noguchi New York und machte sich auf nach Accra, mit den Worten: »Ich werde dort siegen oder sterben.« Monatelang musterte er Blutproben von Gelbfieberpatienten durch, um seine Spirochäte nachzuweisen, doch ohne Erfolg. Dann nahm ihm der richtige Erreger, das Gelbfiebervirus, auch sein Leben.

Theiler wurde mit dem Nobelpreis ausgezeichnet. Auch Noguchi war wegen seiner frühen Studien und seiner Hypothese zum bakteriellen Ursprung der Gelbfieberinfektion für den Nobelpreis vorgeschlagen worden. Wie wir heute wissen, verpaßte er nur knapp eine Ehrung für eine falsche Hypothese. Seine letzten vom Sterbebett überlieferten Worte waren: »Ich verstehe es nicht.«

Neurospora crassa
– *Wegbereiter der Molekularbiologie*

Jeder kennt Gregor Mendel, der mit seinen Erbsenzüchtungen in der zweiten Hälfte des 19. Jahrhunderts im Kloster bei Brno (Brünn) in der ehemaligen Tschechoslowakei die Grundlagen für die moderne Genetik schuf. Mendel entdeckte durch Kreuzung von Pflanzen mit verschiedenen Charakteristika, daß Merkmale, wie zum Beispiel die Blütenfarbe, sich in der Nachkommenschaft nicht vermischen, sondern in bestimmten Mustern vererbt werden. Genauso vertraut sind die Namen von Francis Crick und seinem amerikanischen Kollegen Jim Watson, die fast hundert Jahre später die Struktur unserer Erbsubstanz, der Desoxyribonucleinsäure (DNA), aufklärten. Mendels Arbeit gab einen ersten Hinweis auf die Existenz materieller Träger von Erbinformation. Watson und Crick, die an der Universität von Cambridge arbeiteten, zeigten, daß diese „Gene" auf der DNA-Doppelhelix liegen und genau verdoppelt werden, wenn die Kerne von lebenden Zellen sich teilen.

Doch wie erfolgt die Übersetzung dieser Gene in Blütenfarben und all die anderen für Pflanzen, Tiere und Mikroben typischen Merkmale? Die ersten konkreten Schritte zur Klärung dieser Frage wurden von zwei weit weniger bekannten Männern unternommen – George Beadle und Edward Tatum. Eine Veröffentlichung der beiden Wissenschaftler in der Zeitschrift *Proceedings of the National Academy of Sciences* revolutionierte nicht nur die Genetik als angewandte Wissenschaft, sie bereitete auch den Boden für die Molekularbiologie von Watson und Crick. Ein Teil des Ruhmes gebührt aber auch der Mikrobe, die eine besondere Rolle bei der Geschichte spielte: *Neurospora crassa*. Beadle und Tatum verdanken den Nobelpreis, den sie sich 1958 mit Joshua Lederberg teil-

71

ten, zum großen Teil den Fähigkeiten dieses ansonsten eher unauffälligen Pilzes.

N. crassa wird, wie andere Mikroorganismen, für das unbewaffnete Auge erst dann sichtbar, wenn eine astronomische Anzahl von Zellen eine Kolonie bildet. Die verschwindend dünnen Pilzfäden der Hyphen verklumpen zu lilafarbenen Kolonien und erscheinen oft als kleine rötliche Flecken auf verdorbenem Brot. Als die Hygiene noch nicht den heutigen Anforderungen entsprach, wurde der Pilz oft zu einer Plage in Bäckereien. Obwohl *N. crassa* keine Gefahr für die Gesundheit darstellt, ist der „Bäckerschimmel" wegen seiner unappetitlichen Erscheinung bei niemandem beliebt.

Als Beadle und Tatum Ende der dreißiger Jahre an *N. crassa* zu forschen begannen, hatten Wissenschaftler, die in Mendels Spuren getreten waren, bereits weitere Beweise für die Vererbungslehre gesammelt. Der amerikanische Genetiker Thomas Hunt Morgan hatte nachgewiesen, daß die Chromosomen – so genannt wegen ihrer Färbbarkeit – die Träger der Erbinformation in lebenden Zellen sind. Sein Landsmann Hermann Muller war zu dem Schluß gekommen, daß es sich bei den Genen um Einheiten auf den Chromosomen handelt. Die Frage war: Wie funktionieren Gene? Möglicherweise steuerten sie chemische Prozesse innerhalb der Zellen. Doch dies war zu dem Zeitpunkt reine Spekulation.

George Beadle wurde 1903 in Wahoo in Nebraska geboren. Er studierte Biologie an der Universität von Nebraska, wurde aber dann von der gerade aufkeimenden Wissenschaft der Genetik angezogen. Nachdem er an der Cornell-Universität an Mais geforscht hatte, wechselte er zum California Institute of Technology, wo er mit Morgan an Taufliegen arbeitete. Im Jahre 1937 wurde Beadle zum Professor an die Stanford-Universität in Kalifornien berufen. Er begegnete Edward Tatum, der dort bereits als Forscher arbeitete. Tatum stammte aus Boulder in Colorado und war sechs Jahre jünger als Beadle. Er hatte an der Universität von Wisconsin promoviert und als Biochemiker in Utrecht in den Niederlanden geforscht, bevor er an die Stanford-Universität kam. Tatum beschäftigte sich ebenfalls mit der Vererbung bei Taufliegen.

Beadle und Tatum diskutierten, wie sie die Wirkungsweise von Genen ergründen konnten, und beschlossen, ein einfacheres System als die Taufliege zu untersuchen. Sie brauchten einen Organismus, an dem sie einzelne chemische Prozesse studieren konnten. Der Pilz *N. crassa* entsprach ihren Anforderungen bestens. Seine Struktur und seine Lebensweise waren vergleichsweise einfach, und er konnte bequem auf Agar – jener geleeartigen Substanz, die routinemäßig zur Anzucht von Mikroorganismen im Labor dient – kultiviert werden. Bei ihren Studien an *N. crassa* fanden Beadle und Tatum das entscheidende Bindeglied zwischen den Genen und ihren greifbaren Wirkungen. Sie erkannten, daß einzelne Gene ihre Wirkung durch die Aktivität entsprechender spezifischer Enzyme – den Katalysatoren von chemischen Reaktionen innerhalb lebender Zellen – entfalten.

Durch Röntgenbestrahlung induzierten Beadle und Tatum Mutationen in Sporen von *N. crassa*. Bei der Anzucht einzelner Sporen entdeckten sie eine Mutante, die nur wachsen konnte, wenn dem Medium ein bestimmtes Vitamin, das Vitamin B_1 (Thiamin), zugesetzt war. Eine zweite Mutante benötigte statt dessen Vitamin B_6 (Pyridoxin). Die Erklärung war, daß durch die Bestrahlung zwei verschiedene Gene in den Mutanten inaktiviert worden waren und somit die entsprechenden Enzyme nicht mehr gebildet wurden. Die Mutanten waren von der externen Zufuhr von Vitaminen abhängig, die der Wildtyp von *N. crassa* selbst herstellt.

Auf diese Weise war das „Ein-Gen-ein-Enzym"-Prinzip formuliert, wonach jedes Gen die Bildung eines einzelnen Proteins (oder eines Teils eines Proteins) festlegt. Die Arbeiten an *N. crassa* haben diese Verbindung zwischen Genen und den Vorgängen, die sie kontrollieren, aufgezeigt. *N. crassa* war damit nicht nur für die Entstehung der Molekularbiologie von Watson und Crick, sondern auch für die heutige Gentechnik von großer Bedeutung.

Mit einer Mischung aus Vorsicht und Optimismus faßten Beadle und Tatum die Auswirkungen ihrer Arbeit in den *Proceedings of the National Academy of Sciences* zusammen: »Die vorliegenden Ergebnisse deuten darauf hin, daß unser Ansatz möglicherweise eine vielversprechende Methode ist, um herauszufinden, wie Gene Entwicklung und Funktion steuern. Zum Beispiel sollte es durch die Suche nach Mutanten, die einen bestimmten Schritt innerhalb eines Syntheseweges nicht ausführen können, möglich sein, festzustellen, ob normalerweise nur ein Gen an einer bestimmten chemischen Reaktion beteiligt ist oder mehrere.«

Selbst in der Zeit zwischen dem Verfassen und dem Erscheinen der Publikation konnten Beadle und Tatum weiter von ihrer Organismenwahl und ihrem Ein-Gen-ein-Enzym-Prinzip profitieren. Sie fügten dem Artikel eine Fußnote hinzu: »Nachdem das Manuskript für diese Publikation zur Druckerei geschickt worden war, konnte gezeigt werden, daß die Unfähigkeit zur Bildung von Thiazol und Aminobenzoesäure in entsprechenden Mutanten ebenfalls so vererbt wird, als wäre sie von einzelnen Genen codiert.« Mit anderen Worten, sie hatten zwei weitere Fähigkeiten entdeckt, die von Genen vermittelt wurden.

Heute wissen wir, daß chemische Veränderungen wie die von Beadle und Tatum untersuchten oft einzelne Schritte in Reaktionsabläufen sind, durch die lebende Zellen die Bestandteile ihrer Nahrung abbauen und neue Substanzen herstellen. Diese Stoffwechselkreisläufe sind essentiell für das Leben der Zelle, und die Aufklärung dieser Vorgänge hat mit den Forschungen an *Neurospora crassa* begonnen.

Das Pockenvirus
– ist seine Eliminierung zu begrüßen?

Im Jahre 1995 sollte nach einem Vorschlag der Weltgesundheitsorganisation (WHO) ein einzigartiges Ereignis stattfinden: die absichtliche und vollständige Auslöschung einer Spezies durch eine andere. Angestellte des Zentrums für Krankheitskontrolle in Atlanta, Georgia, und des Virenforschungsinstituts in Moskau hätten den Auftrag erhalten, die letzten weltweit noch existierenden Exemplare des Pockenvirus (Variolavirus, Tafel III) zu vernichten, die noch in ihren Tiefkühltruhen lagern. Diese Aktion, die nun aufgrund von Vetos seitens der Vertreter mehrerer WHO-Mitgliedsländer noch einmal aufgeschoben ist, würde den Schlußstrich unter eine Diskussion ziehen, die im Oktober 1977 begann, als Mitarbeiter der WHO über den, wie sich herausstellte, letzten jemals auf unserem Planeten natürlich auftretenden Fall von Pocken (Variola) berichteten. Dieser Bericht aus Somalia markierte den abschließenden Erfolg des größten Kapitels in der Geschichte der medizinischen Vorsorge – einer zehn Jahre dauernden WHO-Kampagne zur Ausrottung einer der ältesten und entsetzlichsten Infektionskrankheiten der Menschheit.

Die Entscheidung, den Versuch zur Ausrottung des Pockenvirus zu unternehmen, war unumstritten. Schließlich forderte die Krankheit im Jahre 1950 allein in Indien noch eine Million Todesopfer. Selbst 1967 stellte das Virus noch für 60 Prozent der Weltbevölkerung eine Bedrohung dar. Jeder fünfte von dem Virus Infizierte starb, die Überlebenden erblindeten oder waren mit Narben gezeichnet. Der Erreger reagierte auf keine Form der Behandlung. Dagegen verlieh der eingesetzte Impfstoff eine solide und lang anhaltende Immunität. Da es für das Virus überdies kein tierisches Reservoir gibt, bedeutete der Einsatz eines solchen Impfstoffes –

der natürlich selbst in den ärmsten und entlegensten Gebieten verfügbar sein mußte – eine realistische Chance, den Planeten für alle Zeit von der Krankheit zu befreien.

Der Plan, die letzten vorhandenen Viruspartikel zu beseitigen, die in einer zwischen 1977 und 1993 ständig kleiner werdenden Anzahl von Labors sorgfältig verwahrt wurden, war demgegenüber stets umstritten. Aufgrund des wachsenden Bewußtseins für die unkalkulierbaren Verluste, die das Verschwinden einzigartiger Lebensformen bedeutet – seien es Pflanzen oder Tiere oder auch Erreger einer tödlichen Infektionskrankheit wie das Pockenvirus –, rief die Idee, einen Organismus endgültig auszurotten, Kritik hervor. Auch wenn ein Virus nur dann „leben" und sich vermehren kann, wenn es in pflanzliche, tierische oder Bakterienzellen eindringt, ist die Zerstörung ein irreversibler Schritt, den wir vielleicht irgendwann bedauern. Unter Umständen ist ja die einzigartige Struktur dieser Mikrobe einmal wichtig, um eine wiederauflebende Form der gleichen Krankheit zu bekämpfen. Vielleicht hätten wir noch etwas lernen können über die genetische Zusammensetzung dieses Virus und über seine Verwandtschaft zu anderen Viren.

Wahrscheinlich wird bei dem Ereignis letztlich der gesunde Menschenverstand die Oberhand gewinnen. Das Pockenvirus ist für die Immunisierung nicht nötig – der schützende Impfstoff wird aus dem weit ungefährlicheren Kuhpockenvirus gewonnen (Seite 290). Nur sehr fadenscheinige Argumente sprechen dafür, daß das Variolavirus irgendwann von medizinischem Nutzen sein könnte, da es in der Natur unmöglich überdauern kann, seit man die Übertragung von Mensch zu Mensch beendet hat. Schließlich ist es durch neuere Methoden möglich geworden, die Abfolge der Untereinheiten der DNA des Virus, die sogenannte Basensequenz, zu entschlüsseln. Diese Analyse wurde auch durchgeführt und 1993 (vor dem ersten vorgeschlagenen Termin für die Vernichtung) abgeschlossen. Mit der Sequenzinformation in der Hinterhand (die, sollte es denn nötig sein, eine sorgfältige Rekonstruktion des Virus aus den chemischen Bestandteilen ermöglicht) sollten sich Virologen weltweit darauf verständigen können, die letzten Exemplare in Atlanta und Moskau zu vernichten.

Dies würde dann wohl die Auseinandersetzung des Menschen mit einer seiner gefährlichsten Krankheiten beenden, die seit mindestens 3 000 Jahren existiert und die entweder aus Ägypten oder Indien stammt (und vielleicht durch eine zufällige Mutation eines früheren Virus entstanden ist). In verschiedenen Phasen der Menschheitsgeschichte gingen mehr als zehn Prozent der verzeichneten Sterbefälle auf die Rechnung des Pockenvirus. In Europa übertraf der Erreger im 17. Jahrhundert Pest, Lepra und Syphilis als wichtigste Ursache für Seuchen. Pocken waren nicht nur wegen der hohen Sterblichkeitsrate gefürchtet, sondern auch wegen der tiefen Narben, die 65 bis 80 Prozent der Überlebenden zeichneten, besonders im Gesicht. Noch im 18. Jahrhundert starb in Schweden und Frankreich jedes zehnte Neugeborene an Pocken, hatte jeder dritte Blinde sein Augenlicht durch diese Krankheit verloren.

Im Jahre 1958 machte die sowjetische Delegation der WHO den Vorschlag, einen weltweiten Kreuzzug gegen die Pocken zu starten. Der Vorschlag wurde im Jahr darauf angenommen. Es sollten möglichst viele anfällige Bevölkerungsgruppen immunisiert werden, um so die Anzahl derer zu verringern, die infiziert werden und das Virus weitergeben konnten. Man hoffte, das Pockenvirus würde vielleicht einfach verschwinden, wenn es keine Individuen mehr gäbe, die es befallen, und keine Populationen mehr vorhanden wären, in denen es sich ausbreiten konnte. Die wichtigste Waffe für den Kampf war der Vaccinia-Impfstoff, den Edward Jenner im 18. Jahrhundert entwickelt hatte (Seite 47). Zusätzlich waren moderne, verbesserte Methoden zur schnellen Verteilung an eine große Zahl von Menschen wichtig. Eine „Kühlkette" mußte zudem sicherstellen, daß der Impfstoff an den Impfstationen, die sich teils unter freiem Himmel befanden, nicht durch Erwärmung inaktiviert wurde.

In den frühen sechziger Jahren wurden bereits erste Erfolge sichtbar, doch war die Krankheit, als die WHO 1967 ihre große, weltweite Ausrottungsaktion startete, noch immer in 31 Ländern heimisch, die zusammen mehr als eine Milliarde Einwohner hatten. Danach verlor Variola eine Schlacht nach der anderen. Bis zum Juni 1970 war das Virus in West- und Zentralafrika, bis April 1971 in Brasilien, bis Januar 1972 in Indonesien vernichtet. Kriege, Flutkatastrophen und andere Schwierigkeiten behinderten das Programm in Bangladesch, trotzdem war die Krankheit dort bis Oktober 1975 eliminiert. Die letzten Niederlagen erlitt das Virus in Ostafrika, wo im August 1976 in Äthiopien und zu Beginn des Jahres 1977 in Kenia die letzten Fälle auftraten.

Bald war das Pockenvirus auf dem gesamten Globus auf einen einzigen Infektionsherd, Somalia, reduziert. Dort breitete sich die Infektion im Frühling des Jahres 1977 plötzlich über den Süden des Landes aus. Doch ein großangelegtes Notfallprogramm der WHO-Mannschaften löschte schnell auch dieses Aufflammen. Im Oktober desselben Jahres war ein Krankenhauskoch in der Stadt Merka das letzte Opfer einer natürlichen Pockeninfektion in der Menschheitsgeschichte. Variola war besiegt.

Es gibt jedoch eine Fußnote zu diesem Kapitel: Im August 1978 kam es infolge eines Laborunfalls in Birmingham in England zu zwei weiteren Pockenfällen, von denen einer tödlich endete. Mit der geplanten Vernichtung der letzten Viren in Atlanta und Moskau sind auch solche Unfälle ausgeschlossen – es sei denn, der Erreger taucht durch eine dieser zufälligen Mutationen, durch die er beim ersten Mal entstand, wieder auf.

Bacillus anthracis
– Churchills biologische Waffe?

Durch militärische Aktionen öffnen sich für gefährliche Mikroben oftmals vorher fest verschlossene Kanäle, über die sie sich verbreiten und verhängnisvolle Epidemien auslösen können. Für Krankheitserreger, die auf solche Gelegenheiten lauern, sind längere zivile Unruhen mindestens genauso nützlich wie Konflikte, die auf sogenannte Kriegsschauplätze begrenzt sind. Unterbrechungen in der Wasserversorgung und in der Abwasserentsorgung, möglicherweise begleitet von Nahrungsmittelknappheit (die Unterernährung und damit eine erhöhte Anfälligkeit für Infektionen nach sich zieht), führen beinahe unausweichlich zu Ausbrüchen von über das Wasser verbreiteten Krankheiten wie Typhus, Cholera und Ruhr.

Im Jahre 1992 schrieben zwei Ärzte aus Split in Kroatien an die Zeitschrift *The Lancet*, um an die Bedrohung durch eine ganz andere Art von Infektion zu erinnern, deren Auftreten normalerweise nicht mit dem Zusammenbruch der sanitären, medizinischen oder anderer Infrastrukturen während eines Krieges einhergeht. Es handelt sich um Milzbrand. Die Besorgnis der beiden Autoren erwuchs aus den Erfahrungen bei der Behandlung einer Patientin, die offensichtlich durch einen Insektenstich mit dem Milzbranderreger, *Bacillus anthracis*, infiziert worden war.

Obwohl *B. anthracis* lange Zeit als mögliche biologische Waffe im Gespräch war, tritt Milzbrand überwiegend bei Pflanzenfressern auf, und zwar meist bei Rindern und Schafen. Die Tiere infizieren sich direkt über den Boden, bis zu 80 Prozent sterben an der Infektion. Das Milzbrandbakterium kann auch in den menschlichen Körper gelangen, und zwar normalerweise durch Kontakt mit tierischen Produkten. Dies spiegelt sich in zwei früheren Namen für den Milzbrand wider: Bei der *hide porter's disease* („Leder-

und Fellverarbeiterkrankheit"), dem Hautmilzbrand, dringt der Erreger über kleine Verletzungen oder Schnitte in den Körper ein; die „Wollsortiererkrankheit", auch „Hadernkrankheit" genannt, war der Lungenmilzbrand, der durch Einatmen von *B. anthracis* entsteht. Letztere ist die schlimmere der beiden Formen; sie verursacht Blutungen in den Lungen und ernsthafte Atembeschwerden und führt unausweichlich zum Tod, falls keine Behandlung erfolgt.

Insekten können die Mikrobe ebenfalls übertragen, wie es auch bei dem in der bereits erwähnten Veröffentlichung in *The Lancet* (1. August 1992) beschriebenen Fall der 38 Jahre alten Frau aus dem ländlichen Südwesten Bosnien-Herzegowinas geschehen ist. Sie war vermutlich von einer Rinderbremse ins Genick gestochen worden. An der Stichstelle entstand eine schmerzhafte Schwellung, die zunächst als allergische Reaktion diagnostiziert und entsprechend behandelt wurde. Doch der Zustand der Frau verschlechterte sich schnell. Man brachte sie in ein Krankenhaus und nahm sie sofort in intensive Pflege. Auch die Ärzte Nikola Bradaric und Volga Punda-Polic untersuchten sie dort und erkannten, daß die Pustel in ihrem Nacken sowie die Begleiterscheinungen – sehr niedriger Blutdruck und allgemeiner Streß – auf Hautmilzbrand hindeuteten.

Obwohl die Patientin auf Penicillin, das bei Milzbrand üblicherweise gute Wirkung zeigt, nicht ansprach, bewies ein Abstrich von ihrer Pustel, daß sie in der Tat mit *B. anthracis* infiziert war. Antibiotikatests belegten die Penicillinresistenz des Erregers, zeigten aber gleichzeitig, daß er tetracyclinsensitiv war. Die Behandlung wurde entsprechend umgestellt, die Frau erholte sich zusehends und konnte nach einem Monat Krankenhausaufenthalt nach Hause geschickt werden.

Der Nachweis für die Herkunft des Erregers, der offenbar von einer Rinderbremse oder einem anderen stechenden Insekt übertragen worden war, dürfte schwierig zu erbringen sein. Allerdings hatte man in einer Grube in der Nähe des Hauses der Frau den

Kadaver eines Rindes gefunden, das einige Wochen zuvor an Milzbrand verendet war. Bradaric und Punda-Polic wiesen auf den kriegsbedingten Zusammenbruch der veterinären und ärztlichen Versorgung in Kroatien und Bosnien-Herzegowina hin und warnten, der Zwischenfall könne ein Indiz dafür sein, daß Ausbrüche von Milzbrand aus diesem Grunde wieder wahrscheinlicher würden. Eine solche Milzbrandwelle wäre insofern besonders tückisch, als sie auf einen penicillinresistenten Stamm von *B. anthracis* zurückginge.

Ein ironischer Zufall will es, daß diese Befürchtungen genau 50 Jahre nach einem Experiment veröffentlicht wurden, mit dem Großbritannien untersuchen wollte, inwieweit *B. anthracis* sich als biologische Waffe eignet. Nach einem Pilotversuch im Jahr zuvor unternahmen Wissenschaftler vom Verteidigungsministerium in Porton Down, Wiltshire, im Herbst und Winter 1942 drei Reisen auf die kleine Insel Gruinard vor Schottlands Nordwestküste. Dort ließen sie sechs kleine Bomben explodieren, die Milliarden von Milzbrandsporen enthielten. Die sechs Granaten wurden auf einer Plattform gezündet, unterhalb derer in konzentrischen Kreisen in wachsendem Abstand Schafe festgebunden waren. Schließlich warf ein tieffliegendes Flugzeug eine weitere Bombe über dem Versuchsgebiet ab.

Der Sinn dieser Experimente ist heute noch umstritten. Als Grund wurde angegeben, daß man die Auswirkungen von biologischer Kriegsführung, an deren Entwicklung Deutschland und Japan angeblich arbeiteten, testen wollte. Es gab allerdings Stimmen, die behaupteten, auch Großbritannien würde ernsthaft den Einsatz biologischer Waffen in Erwägung ziehen. Ein Satz Churchills gilt als möglicher, wenn auch nicht eindeutiger Hinweis für diese Ansicht: »Wir sind bereit, alles zu tun, um den Feind an einer verletzlichen Stelle tödlich zu treffen.« Die Schafe auf der Insel Gruinard starben jedenfalls (was natürlich vorhersehbar war) innerhalb weniger Tage nach Freisetzung der Milzbrandsporen. Darüber hinaus war der Boden der Insel, als die Forscher sie verließen, für die folgenden vier Jahrzehnte hochgradig mit dem Erreger verseucht, bis sie 1986 und 1987 schließlich desinfiziert wurde.

Der Vorfall in Bosnien-Herzegowina veranschaulicht, daß die Beobachtung der nahezu unbegrenzten Überlebensfähigkeit dieses tödlichen Bakteriums in der Natur eine schreckliche Relevanz für heutige kriegerische Auseinandersetzungen besitzt. Doch auch für die Gesundheit von Tieren ist sie wichtig. In der Zeitschrift *Veterinary Record* vom 17. Oktober 1992 berichten D. H. Williams und seine Kollegen vom walisischen Landwirtschaftsministerium von einer Milzbrandepidemie im Norden von Wales, bei dem in einem Bestand von 500 Schweinen innerhalb von 95 Tagen 19 Tiere verendeten. In den 25 Jahren zuvor war bei 206 Ausbrüchen der Seuche jeweils nur ein Schwein verendet, bei weiteren 42 Fällen kamen nie mehr als neun Tiere ums Leben. Intensive Nachforschungen über die Herkunft der Seuche in Nordwales blieben ohne Erfolg. Proben aus der Umgebung der Schweine, wie zum Beispiel vom Boden der Ställe und vom Staub auf den Futtertrögen, erwiesen sich als negativ, genau wie das Schweinefutter, die wahrscheinlichste Quelle von *B. anthracis*. Alle Bemühungen waren vergebens. So konnte man zwar eine Ausbreitung der Epidemie durch die Notschlachtung der Herde und Desinfektion des gesamten Geländes verhindern, die Herkunft des Erregers blieb jedoch ein Rätsel.

Micrococcus sedentarius
– Füße, Socken und Gerüche

Wie die bisherigen Kapitel gezeigt haben, sind Mikroben in vielfältiger Weise an der Gestaltung der Welt, in der wir leben, beteiligt gewesen. Sie haben die Ölvorkommen der Erde erschaffen, die politische Geschichte stark beeinflußt und die Entwicklung der modernen Wissenschaft geprägt. Sie haben die Herstellung von Penicillin und anderen Antibiotika in Gang gesetzt und über Jahrhunderte hinweg die menschliche Bevölkerung durch Krankheiten wie Cholera, Tuberkulose und Pest immer wieder dezimiert. Heute wie damals spielen Mikroben sowohl bei der Verbesserung als auch bei der Verschlechterung unserer Lebensqualität eine wichtige Rolle, und sie beeinflussen das Wohl der gesamten belebten Welt. Wir werden später noch sehen, daß sie die Herstellung von Wein, den Abbau von Klärschlamm, die Kontrolle landwirtschaftlicher Plagen und das unbegrenzte Recycling natürlicher Stoffe ermöglichen.

Es gibt, anders gesprochen, nur wenige Lebensbereiche, die von der Aktivität der Mikroorganismen nicht betroffen sind. In einem Mikrobiologielabor in Leeds in England beschäftigen sich Wissenschaftler seit kurzem mit einer der wichtigsten Fragen überhaupt: Welche Mikroben sind für den typischen Geruch von Schweißfüßen verantwortlich? Aus der Literatur wissen wir, daß die Menschheit schon sehr lange von diesem gesellschaftlich peinlichen Phänomen geplagt wird. »Der Schweiß an des Neides Fuß ist wie das Gift der Schlange und des Molchs«, schrieb William Blake in seinem Buch *Auguries of Innocence*. Vielleicht sind dies metaphorische Worte. Doch verdeutlichen sie wie auch die mancher anderer Schriftsteller bis zurück in die Antike, daß dieses Problem *Homo sapiens* bereits durch seine gesamte Geschichte begleitet.

Das Ziel der Wissenschaft ist es, die Identität der Mikroben zu ergründen, die Fußgeruch verursachen, sowie herauszufinden, warum diese Organismen bei manchen Personen aktiver sind als bei anderen.

Wie schon bei der Suche nach dem Influenzaerreger früher in diesem Jahrhundert (Seite 166) schienen verschiedene vorausgegangene Studien zunächst eine ganz bestimmte Mikrobengruppe zu belasten (ehe weitere Untersuchungen die Ergebnisse zumindest teilweise widerlegten). So herrschte vor einigen Jahren große Freude, als eine Forschergruppe herausfand, daß sogenannte Brevibakterien, die sich zwischen den Zehen ansiedeln, Methandiol bilden. Diese Substanz hat genau jenen käseartigen Geruch verschwitzter Socken, der jeden Abend öffentlichen Verkehrsmitteln entweicht. Doch die Indizien, die gegen die Brevibakterien sprachen, ließen sich durch spätere Untersuchungen nicht bestätigen; zwischen der Anwesenheit dieser Mikroben und dem üblen Gestank besteht offenbar doch kein Zusammenhang.

Keith Holland und seine Kollegen an der Universität von Leeds favorisierten ein ganz anderes Bakterium: *Micrococcus sedentarius*. Dieser Organismus ist nachweislich für Beschwerden verantwortlich, die oft bei Menschen auftreten, die über lange Zeit hinweg geschlossene Schuhe tragen müssen, wie etwa Soldaten und Bergleute. Es handelt sich um die sogenannte narbige Keratolyse oder Hornhautablösung, die durch Narben in der Hornhaut (der toten äußeren Hautschicht) der Zehen und der Fußsohlen charakterisiert ist. Die normalerweise sehr unempfindliche Hornhaut wird bei Feuchtigkeit und unter Luftabschluß von den Bakterien befallen und geschädigt – besonders an jenen Bereichen des Fußes, die am stärksten belastet werden.

Die Forschergruppe in Leeds ging vor allem zwei Fragen nach: Sie wollten zum einen herausfinden, wie *M. sedentarius* die Keratolyse verursacht; zum anderen interessierte es sie, ob dieses oder ein anderes oder aber eine Mischung von Bakterien für den Gestank, den „normale" Füße manchmal verbreiten, verantwortlich ist. Für die Untersuchungen meldeten sich freiwillig 19 Männer, die alle in einem Büro, einem Labor oder einer Fabrik arbeiteten. Alle Testpersonen pflegten ihre Füße ordentlich, und keiner von ihnen benutzte irgendwelche Produkte, die im Verdacht stehen, die Bakterienpopulation der Füße zu beeinflussen. Die rechten Füße der Männer wurden von einem „erfahrenen Prüfer" bewertet; neun von ihnen strömten dauerhaft schwachen, die anderen zehn starken Geruch aus. Die Wissenschaftler unternahmen auch Fußwaschungen, um alle an den Füßen der Testpersonen befindlichen Bakterien zu isolieren; zusätzlich stellten sie mit einem pH-Meter fest, ob die Fußsohlen sauer oder basisch waren.

Es mag vielleicht überraschen, daß Holland und seine Mitarbeiter *M. sedentarius*, den mutmaßlichen Auslöser der Keratolyse, auch an den Füßen von Personen fanden, die dieses Leiden nicht hatten. Doch biochemische Versuche zeigten, daß das Bakterium sich genau so verhielt, wie es von dem Erreger der Hornhautablösung zu erwarten war: Sobald man den kultivierten Bakterien Protein (den Hauptbestandteil der Hornhaut) zusetzte, bildeten sie zwei verschiedene Enzyme, sogenannte Proteasen, die das Protein angriffen. (Ähnliche Enzyme werden auch als Weichmacher für Fleisch verwendet, oder um Haare von Tierhäuten abzulösen.) Noch schlüssiger war die Beobachtung, daß *M. sedentarius* Gewebefragmente von schwieligen Füßen abbaute – welche freundlicherweise von Fußpflegern in und um Leeds für die Versuche gesammelt und zur Verfügung gestellt wurden.

Warum nun greift diese Mikrobe menschliche Füße nur dann an, wenn sie über längere Zeit im gleichen Schuh stecken? Die neuesten Ergebnisse Hollands deuten darauf hin, daß die Antwort mit dem Milieuwandel zusammenhängt, den die Oberfläche des eingeschlossenen Fußes erfährt. Im Normalfall ist *M. sedentarius* nur in geringer Zahl zu finden und bildet nur wenig von dem proteolytischen Enzym. Mit zunehmender Feuchtigkeit wird die Oberfläche des Fußes basischer, wodurch das Wachstum des Bakteriums begünstigt und die Bildung des Enzyms angeregt wird. Daraufhin beginnt die Narbenbildung an den Sohlen und an anderen Teilen der Füße.

Vielleicht bildet *M. sedentarius* auch Methandiol und trägt damit zu dem scharfen Geruch bei, der bei schweren Fällen der Keratolyse immer festzustellen ist. Bei den 19 Füßen von Leeds gab es immerhin einen offensichtlichen Zusammenhang zwischen Geruchsbildung und dem Vorhandensein von Narben. Gleichzeitig bestand aber keine Verbindung zwischen der Intensität des Geruchs und der Anwesenheit von *M. sedentarius* oder von Brevibakterien. Was Keith Holland und seine Mitarbeiter allerdings beobachteten, war das Auftauchen zweier anderer Bakteriengruppen – Staphylokokken und coryneformer Bakterien – bei starkem Fußgeruch. Bei hohen Populationsdichten dieser Organismen neigt der Betroffene, so die Ansicht der Wissenschaftler, verstärkt zu Fußgeruch. Womöglich wird die Teilung und Vermehrung auch dieser Bakterien durch das zunehmend basische Milieu in nicht gewechselten Schuhen und Socken begünstigt.

Das Spiel ist in vollem Gange, das Opfer in Sicht. Mit Rückenstärkung durch die internationale Forschungs- und Entwicklungsabteilung der Firma Scholl untersuchen Holland und sein Team jetzt weiter die Mikroorganismen, die auf den zehn besonders übelriechenden Füßen am häufigsten anzutreffen waren. Ihr Ziel ist die genauere Charakterisierung der Umweltbedingungen, unter denen die Bakterien übelriechende Substanzen bilden und Enzyme freisetzen, die die Füße angreifen. Marschierende Soldaten könnten zweifellos durch Anwendung vorbeugender Maßnahmen aus den Ergebnissen Nutzen ziehen. Das gleiche gilt jedoch auch für die weit größere Zahl derer, die im Alltag sich selbst und ihre Mitmenschen mit Schweißfüßen quälen.

II. Die Listigen

Mikroben, die uns täuschten und überraschten

»Die Mikrobe ist so klein, sie wird nie gesehen sein«, schrieb einst Hilaire Belloc. Gerade weil Bakterien, Viren und ihre Mitbewohner in der Welt der Mikroben so winzig sind, fällt es schwer, an ihre gewaltige Macht zu glauben, die im ersten Teil des Buches anhand einiger ihrer Leistungen verdeutlicht werden sollte. Wenn dann ein bestimmter Mikroorganismus neu entdeckt oder seine Aktivitäten erstmals bekannt werden, steigert diese Unsichtbarkeit noch unsere Verwunderung. Das plötzliche Auftauchen eines neuen Virus oder die Entdeckung einer bis dahin unbekannten, von einer Mikrobe bewirkten chemischen Veränderung sind nur zwei Möglichkeiten. Mikroben besitzen – weit mehr als Tiere und Pflanzen – ein außergewöhnliches Talent, für Überraschungen zu sorgen.

Haloarcula
– Mikroben können quadratisch sein

Schaut man sich in der Natur um, was sieht man dann? Zellen und fädige Strukturen, Blüten und Bäume, Schmetterlingsflügel und Krokuszwiebeln, Kreise und Spiralen, Palmwedel und Honigwaben, auch unregelmäßige Formen, klebrige Flüssigkeiten und amorphen Staub. Was man nie sieht, sind Quadrate. Ob nun in Gestalt eines Gebäudes oder eines Buches, als Teil eines Schachbrettes oder während der ersten Geometriestunde in der Schule – ein Quadrat mit vier gleichen Seiten, mit vier rechten Winkeln, ist ein Gebilde der Zivilisation und der bebauten Umwelt, nicht der Natur. Wir finden das gut so – so gut, daß Kartoffelchips zum Beispiel den typischen Umriß einer Kartoffelscheibe haben, obwohl sie heutzutage auch durch das Zerkleinern von dünnen Platten Kartoffelpaste hergestellt werden. Quadratische Chips wären leicht zu produzieren und auch einfacher zu verpacken. Doch wir würden sie für ein künstliches Unding halten und entsprechend ablehnen.

In mikrobiellen Gemeinschaften finden wir viele der Formen wieder, die wir in der makrobiellen Welt auch antreffen. Bakterien sind meistens rund oder stäbchenförmig. Einige der antibiotikabildenden Arten wachsen in fädiger Form, Spirochäten (wie der Syphiliserreger) sehen wie Korkenzieher aus. „Kokken" sind, wie der Erreger des Scharlachs, rund, und zwar deshalb, weil der osmotische Druck innerhalb der Zelle der Hüllmembran, genau wie die Luft einem Ballon, nur diese Form erlaubt. Ihre Bezeichnung rührt von eben dieser kugeligen Gestalt her. Andere Formen, wie zum Beispiel stäbchenförmige Bazillen, haben eine festere Zellwand. Einige Kokken – etwa die Erreger der bakteriellen Lungenentzündung (*Staphylococcus aureus*, *Klebsiella pneumoniae*) – treten in Klumpen auf, und ihre Zellhüllen sind von einer zusätzlichen Kapsel umgeben. Generationen von Mikrobiologen haben diese und weitere Formen untersucht, ohne je einen quadratischen Organismus oder eine Zellwand mit einem rechten Winkel zu entdecken.

Bis zum Jahre 1980, als Tony Walsby von den Marine Sciences Laboratories in Menai Bridge in Gwynedd, Wales, in einem Artikel in der weltweit führenden naturwissenschaftlichen Zeitschrift *Nature* einen quadratischen Organismus beschrieb. Walsby fand diesen außergewöhnlichen Organismus auf der Sinaihalbinsel in Ägypten. Dort suchte er in Salztümpeln nach Bakterien mit Gasvakuolen – gasgefüllten Strukturen in Zellen, die von einer Proteinmembran umgeben sind. Solche Strukturen hatte man zuvor in Zellen aus marinem Plankton entdeckt. Gasvakuolen galten, nach einer zu dieser Zeit noch unbewiesenen Theorie, als Auftriebshilfen, mit denen Mikroben die für sie günstigste Tiefe in natürlichen Gewässern zu erreichen suchten.

Walsby hatte bereits verschiedene Süßwasserseen untersucht; in allen fand er Bakterien mit Gasvakuolen, unabhängig davon, ob

90

die Seen ständig durchmischt wurden oder eine stabile Gewässerschichtung aufwiesen. Anderen Forschern war die Isolierung eines solchen Organismus aus Salzlake gelungen, die durch Verdunsten von Wasser in Salztümpeln entstanden war; sie nannten ihn daher *Halobacterium*. Diese Entdeckung war für Walsby der Anlaß, nach Sinai zu reisen, um die Bakterien in diesen Salztümpeln zu studieren und herauszufinden, ob diese Mikroorganismen mit Hilfe ihrer Gasvakuolen an die Oberfläche trieben und sich dort sammelten, wo mehr Sauerstoff für ihr Wachstum vorhanden war.

Beinahe auf Anhieb machte er eine Entdeckung, die in den Labors auf der ganzen Welt mit Überraschung – und teilweise mit offenem Unglauben – aufgenommen wurde. Walsby sammelte Salzlake vom Grund eines besonders salzigen Teiches in einem Sabkra (einer Küstenebene auf Meereshöhe) südlich von Nabq. In der Flüssigkeit wimmelte es von Bakterien mit Gasvakuolen. Er fand mindestens fünf verschiedene Formen und Größen, doch am häufigsten waren die quadratischen Bakterien. Jeder Milliliter der Lake enthielt etwa 70 Millionen von ihnen, daher bestanden keinerlei Zweifel, daß es diese höchst unwahrscheinlichen Geschöpfe wirklich gab.

Eine eingehendere Betrachtung offenbarte, daß diese Bakterien die Form dünner, quadratischer Platten aufwiesen und damit eine ganz andere Gestalt besaßen als alle je zuvor gesehenen Lebewesen. Sie trieben, wie erwartet, aufgrund des durch ihre Gasvakuolen vermittelten Auftriebs an der Oberfläche der Salztümpel. Allerdings waren sie so zart und durchscheinend, daß sie Walsbys Aufmerksamkeit seiner eigenen Aussage nach sicher entgangen wären, wenn sie nicht die Vakuolen enthalten hätten und er nicht genau nach solchen Organismen gesucht hätte. Aufgrund des hohen Salzgehaltes ihrer Umgebung sind diese Bakterien nicht dem osmotischen Druck ausgesetzt, der ihnen eine kugelige Form aufzwingen würde. Sobald sie einem erhöhten Druck ausgesetzt wären, würden sie einfach platzen. Warum sie allerdings gerade quadratisch sind, war nicht klar. Walsby schlug als Namen für seine Entdeckung *Quadra* vor, doch das Bakterium wurde später *Haloarcula* („Salzschachtel") genannt (Tafel IV).

Ein weiteres Rätsel war, wie sich dieser seltsame Organismus mit der Form einer Briefmarke bewegte. Einige Bakterien haben überhaupt keine Fortbewegungsapparate, sie werden einfach von Wasser, Luft oder anderen Lebewesen bewegt. Diejenigen allerdings, die sich selbständig fortbewegen, vor allem die stäbchen- und kommaförmigen Bakterien, besitzen zu diesem Zweck eine oder mehrere lange, peitschenförmige Geißeln. Diese Geißeln sind oft zu einem Bündel zusammengedreht. Zur Fortbewegung schlagen sie nicht wie die Geißeln höherer Flagellaten, sondern rotieren wie eine Schiffsschraube. Ein erstaunlich kräftiger Mechanismus an ihrer Basis dreht die Geißeln wie ein Motor mit bis zu 200 Umdrehungen pro Minute gegen den Uhrzeigersinn und treibt so die Zelle in ihrer Umgebung vorwärts.

Die quadratischen Bakterien erwiesen sich als ausgesprochen fähige Schwimmer, wie später Dieter Oesterhelt mit seiner Arbeitsgruppe am Max-Planck-Institut für Biochemie in München und an der Hebräischen Universität in Israel feststellte. Die Wissenschaftler fanden heraus, daß diese ungewöhnlichen Organismen während ihrer Fortbewegung die Schwimmrichtung umkehren können. Sie erreichen den Richtungswechsel dadurch, daß sie ihr Flagellenbündel entweder im oder gegen den Uhrzeigersinn rotieren lassen. Man sollte erwarten, daß das Geißelbündel auseinanderfliegt, wenn die Mikrobe auf diese Weise die Richtung wechselt. Doch die Fortbewegung der quadratischen Bakterien ist so gut koordiniert, daß dies nicht passiert.

Wenn es quadratische Formen gibt, warum dann keine Dreiekke? Diese Frage beantwortete Koki Horikoshi im Jahre 1986, indem er die Beschreibung eines dreieckigen Bakteriums veröffentlichte. Es wurde auf einer Salzfarm im Bezirk Ishikawa im Westen Japans entdeckt und war ebenfalls ein flaches Bakterium, das in warmem, salzigem Wasser vorkam. Nach Quadraten und Dreiecken überlegen die Mikrobiologen, was sie wohl als nächstes finden werden. Vielleicht das bakterielle Achteck?

Clostridium tetani
– das Ende der Gemeinde von St. Kilda

»Ein großes Tier der freien Kirche ... scheute sich nicht, zu behaupten, dieser Wundstarrkrampf sei ein kluger Schachzug des Allmächtigen, um die Bevölkerungszahl der Insel deren Ressourcen anzupassen.«

Diese Zeilen stammen von Robert Cornell, Korrespondent des *Glasgow Herald*, nach einem Besuch auf der schottischen Hebrideninsel St. Kilda gegen Ende des vorigen Jahrhunderts. Er meinte nicht den Wundstarrkrampf bei Erwachsenen, dessen Name von den ersten Auswirkungen der Infektion herrührt, den Krämpfen an Kopf- und Nackenmuskeln. Cornell schrieb über eine andere, tödliche Form dieses Leidens, die „Krankheit der acht Tage", der zu jener Zeit fast alle Neugeborenen auf St. Kilda zum Opfer fielen.

Nicht alle Priester teilten die Meinung jenes hohen Herrn, der von göttlicher Vorsehung sprach. Einem anderen Geistlichen, Reverend Angus Fiddes, ist es nämlich zu verdanken, daß am 18. August 1891 der letzte Fall von Neugeborenentetanus auf St. Kilda auftrat. Statt zweifelhafter Theologie bediente er sich wissenschaftlicher Methoden zur Bekämpfung der Krankheit – obwohl er von der Erstbeschreibung des Erregers von Tetanus, *Clostridium tetani*, durch Arthur Nicolaier aus Göttingen im Jahre 1884 bestimmt nichts wußte.

Die Krankheitsaufzeichnungen von St. Kilda waren im 19. Jahrhundert sicher alles andere als vollständig. Durch eine schriftliche Quelle ist jedoch belegt, daß von 56 zwischen 1855 und 1876 geborenen Kindern allein 41 noch im Kindesalter starben, die meisten davon an Tetanus. Reverend Fiddes fragte sich, weshalb dies gerade in Nord- und Westschottland – und besonders auffällig auf St. Kilda – so war, in anderen Gebieten dagegen nicht.

Bei der Untersuchung verschiedener Bräuche und Praktiken fiel sein Hauptaugenmerk schließlich auf ein traditionelles Geburtsritual, bei dem das Ende der durchtrennten Nabelschnur mit einem in Öl, Fett oder salzige Butter getauchten Lappen abgerieben wurde. Auf St. Kilda, das heute für seine einzigartige Vogelwelt bekannt ist, verwendete die Hebamme zu diesem Zweck statt gesalzener Butter, die es auf der Insel kaum gab, das rubinrote ölige Sekret des Eissturmvogels, eines möwengroßen Seevogels der Gegend. Das Öl bewahrte sie in einem getrockneten Magen eines Baßtölpels auf, den sie viele Jahre benutzte, ohne ihn zu reinigen.

Im Jahre 1890 beschloß Fiddes, in Glasgow Hilfe zu suchen, wo Lord Lister als Professor den Lehrstuhl für Chirurgie innehatte. Sein besonderes Verdienst war die Durchsetzung neuartiger Methoden zur Verhütung von Infektionen, die damals unvermeidliche Folge beinahe jeder Operation waren. Lister hatte den Einsatz von Karbolsäure zur Zerstörung schädlicher Keime veranlaßt und damit eine deutliche Verbesserung des Hygienestatus in der Chirurgie und bei der Geburtshilfe erreicht. Der Tribut an Krankheiten wie Kindbettfieber und Wundbrand war dadurch bereits stark verringert worden. Krankenschwestern wurden nach Listers Ideen unterwiesen. Mit ihrer Hilfe konnte Angus Fiddes die Hebamme von St. Kilda davon überzeugen, die neuen hygienischen Standards zu übernehmen. Nach anfänglichem Widerstand war sie schließlich bereit, den Baßtölpelmagen mit dem Eissturmvogelöl wegzuwerfen. Der Effekt war eindrucksvoll und zeigte sich sofort. Ähnlich wie während der großen Londoner Choleraepidemie im Jahr 1854 (Seite 238) die Cholera verschwand, als auf den Vorschlag von Dr. John Snow hin die Pumpengriffe an den Brunnen der Broad Street entfernt worden waren, so verschwand nach dem Einschreiten von Reverend Fiddes der Neugeborenentetanus von St. Kilda.

Das ungeeignete Behältnis der Hebamme muß eine ideale Brutstätte für *C. tetani* gewesen sein. Jedes Neugeborene, das der Obhut der Hebamme anvertraut war, wurde infiziert, indem sie das Bakterium an das Ende der Nabelschnur brachte.

Doch die Geschichte hat kein vollständig gutes Ende. Zum einen kam die Initiative von Reverend Fiddes zu spät, um den Bevölkerungsrückgang auf St. Kilda zu bremsen. Durch die über mehrere Jahrzehnte hinweg extrem hohe Kindersterblichkeit fiel die Einwohnerzahl der Insel unter einen Wert, der für den Fortbestand der Kommune notwendig gewesen wäre. Die Menschen verließen, verzweifelt und ohne Hoffnung, die Insel. Die letzten 35 Bewohner wurden im Jahre 1930 evakuiert. Heute ist St. Kilda, mit der grandiosen, felsigen Landschaft und den über 400 Meter hohen Klippen, ein Nationalpark unter der Verwaltung des National Trust von Schottland. Sie bietet verschiedenen Arten von Schafen, Mäusen und Zaunkönigen ein Zuhause und wird von der weltweit größten Baßtölpelkolonie bewohnt.

C. tetani stellt auch weiterhin ein großes Infektionsrisiko in verschiedenen Teilen der Welt dar, da das Bakterium im Boden und in den Verdauungstrakten mancher Pflanzenfresser weit verbreitet ist. Das Risiko für Erwachsene, durch *C. tetani* auf dem üblichen Wege – durch kontaminierte Erde, die in eine offene Wunde gelangt – infiziert zu werden, ist verschwindend gering, wenn nach einer Impfung in der Kindheit in regelmäßigen Abständen von etwa zehn Jahren die Immunität aufgefrischt wird. Trotzdem berichtet die Weltgesundheitsorganisation von jährlich mindestens 800 000 toten Säuglingen allein aufgrund von Neugeborenentetanus (dessen Behandlung schwierig und meist erfolglos ist). In den Ländern der Dritten Welt beruht dieser Mißstand auf der Anwendung unsteriler Methoden bei der Durchtrennung der Nabelschnur und beim Anlegen von Verbänden, die teils aus Material wie Schlamm, Asche oder Tierdung hergestellt werden, die wiederum mit Sporen von *C. tetani* verseucht sind.

In der medizinischen Fachzeitschrift *The Lancet* erschien am 18. Februar 1984 ein Bericht, nach dem in dem Dorf Juba im Sudan durchschnittlich eines von 82 Neugeborenen mit Tetanus infiziert wird und eines von 110 Neugeborenen daran stirbt. Obwohl teilweise auch unsaubere Rasierklingen daran schuld waren, gelten die dünnen, kabelartigen Wurzeln von *Boerhavia erecta*, die zum Abbinden der Nabelschnur verwendet werden, als Hauptursache für die Infektionen. Proben dieser Wurzel wurden im Lehrkrankenhaus von Juba und von der Londoner Schule für Hygiene und Tropenmedizin untersucht. Sie enthielten tatsächlich *C. tetani*. Die Lösungsvorschläge – sterile Abbindefäden und Nabelbinden – sind einfach und wirkungsvoll, jedoch in armen und weit abgelegenen Teilen der Dritten Welt nur schwierig in die Tat umzusetzen. Eine andere Möglichkeit wäre, die Immunisierung schwangerer Frauen zu gewährleisten. Sie geben die schützenden Antikörper gegen *C. tetani* dann mit dem Blutstrom über die Plazenta an ihre heranwachsenden Babys weiter.

Ein Jahrhundert, nachdem Angus Fiddes das Rätsel der Säuglingssterblichkeit von St. Kilda gelöst hat, sterben immer noch jedes Jahr annähernd eine Million Neugeborene an den tödlichen Krämpfen, die dieser weit verbreitete Krankheitskeim verursacht. Die Mütter trauern und weinen – und ihre Tränen sind zugleich eine Forderung nicht etwa nach komplizierten medizinischen Methoden, sondern lediglich nach den grundlegendsten und einfachsten Maßnahmen zur Vermeidung der Infektion.

Serratia marcescens
– Vollbringer des Osterwunders

Durch welche Mikrobe sind die Ostergeschichte, die biologische Kriegsführung in den Vereinigten Staaten von Amerika und Infektionen bei Menschen und Honigbienen verknüpft? Antwort: *Serratia marcescens*. Früher galt dieses Bakterium als so harmlos, daß man Studenten anhand dieses Organismus die Weitergabe von Keimen von einer Person zur nächsten durch das Schütteln der Hände demonstrierte. Heute wird *S. marcescens* allerdings, ungeachtet seiner religiösen Assoziationen, immer mehr als Ursache für Erkrankungen wie Meningitis oder Osteomyelitis, speziell bei Heroinabhängigen und bei Klinikpatienten, erkannt.

Die Geschichte dieses merkwürdigen Organismus geht bis ins sechste Jahrhundert vor Christi Geburt zurück, als Pythagoras die blutrote Verfärbung beschrieb, die manchmal an Lebensmitteln auftrat. Im Jahre 322 vor Christus bemerkten die Soldaten der mazedonischen Armee Alexanders des Großen während der Belagerung der Stadt Tyrus in Phönizien (dem heutigen Libanon), daß ihr Brot von Zeit zu Zeit offenbar mit Blut befleckt war. Die mazedonischen Seher werteten dies als Zeichen dafür, daß in Tyrus bald Blut fließen und Alexander den Sieg davontragen werde.

Später wurde die „blutige Hostie" ein Teil der christlichen Tradition, da Kommunionsbrot häufig mit Blutstropfen befleckt gewesen sein soll. Eine Deutung dieses „Wunders" war, daß ungläubige Juden das Brot mit ihren Messern verletzt hatten – woraufhin viele von ihnen in verschiedenen Städten, wo dieses Ereignis auftrat, umgebracht wurden. Mit der Zeit wurde blutiges Kommunionsbrot immer mehr als handfester Beweis für die „Transmaterialisierung" angesehen. Im Jahre 1264 erhielt ein Priester in der italienischen Stadt Bolsena, der zuvor das Wunder der Sakramente angezweifelt hatte, eine dauerhafte Lektion, als während der Messe beim Brotbrechen offensichtlich Blut auf seine Robe tropfte. Das Ereignis diente Raffael als Vorbild für sein Fresko „Die Messe von Bolsena" im Vatikan.

Heute wissen wir, daß an all diesen Vorfällen *Serratia marcescens* schuld ist. Die einzelnen Bakterien sind für das bloße Auge nicht auszumachen. Sie bilden allerdings ein leuchtend rotes Pigment, das sichtbar wird, sobald Kolonien des Bakteriums auf Lebensmitteln auftauchen. Das in der Feuchtigkeit mittelalterlicher Kirchen gelagerte Kommunionsbrot bot natürlich ideale Vorraussetzungen für das Wachstum des Keimes. Der Effekt wurde in jüngerer Zeit unzählige Male demonstriert.

Der junge Apotheker Bartolomeo Bizio erkannte im Jahre 1819 als erster den wahren Grund für das blutige Brot. Als er im Haus eines italienischen Kleinbauern auf einem Fladen Polenta (ein italienischer Maismehlbrei) die blutrote Verfärbung entdeckte, beschloß er, das Phänomen genauer zu untersuchen. Die Familie des Bauern war entsetzt und fürchtete göttliche Rache – das verwendete Mehl für die Polenta stammte nämlich aus Beständen, die sie während einer Hungersnot zwei Jahre zuvor gehortet hatte. Bizio zerstreute ihren Aberglauben, indem er nachwies, daß die rote Färbung ein von einer Mikrobe erzeugtes Pigment war (auch wenn er fälschlicherweise den Organismus für einen Pilz hielt). Bizio benannte die Mikrobe zu Ehren des italienischen Physikers Serafino Serrati, von dem er irrtümlich annahm, er hätte das Dampfschiff erfunden. Er fügte das lateinische Wort *marcescens* für „verfallend" hinzu, da das Pigment wegen seiner Lichtempfindlichkeit schnell zerfällt.

Nach der Enttarnung seines Zaubers hat man den früheren „Wundervollbringer" als Zeigerorganismus für den Nachweis der Verbreitungswege von Mikroben in der Natur eingesetzt. Ein vielfach durchgeführtes, klassisches Experiment verlief so, daß ein Student seinen Finger in eine *S. marcescens*-Kultur tauchte und dann die Hand eines Kommilitonen schüttelte. Der zweite Student reichte einem dritten die Hand, dieser dritte einem vierten. Der Vorgang wurde etwa ein Dutzend Mal wiederholt. Von den Händen der aufeinanderfolgenden Teilnehmer des Versuchs wurden Abstriche auf Nähragar ausgebracht, auf dem jede Art von Bakterien wachsen konnte. Das aufschlußreiche Pigment zeigte jedesmal aufs neue, daß sich einige wenige *Serratia*-Zellen auch noch an der Hand der letzten am Versuch beteiligten Person befanden.

Im Jahre 1906 gurgelte Dr. M. H. Gordon mit einer *S. marcescens*-Kultur und rezitierte im britischen Unterhaus Passagen aus Shakespeare. Der Saal war, bis auf offene Schalen mit Nähragar, die auf den Tischen der Mitglieder verteilt waren, leer. Bei diesem Versuch zeigte die leuchtend rote Farbe auf den Platten später, daß die Bakterien bis zum anderen Ende des Raumes verfrachtet worden waren. Dies war einer der ersten Nachweise, daß Mikroben durch Sprechen, Niesen und Husten über die Luft weit verstreut werden.

Gegen Ende der siebziger Jahre wurde *S. marcescens* erneut Aufmerksamkeit zuteil, als die US-Armee zugeben mußte, daß das Bakterium als Indikator für Simulationen bakterieller Kriegsführung eingesetzt worden war. Zu diesem Zweck wurde die Mikrobe zwischen 1950 und 1966 an acht verschiedenen Orten des Landes ausgebracht. Drei dieser Orte waren die New Yorker Untergrundbahn, San Francisco und Key West in Florida. Bei dem Experiment in der U-Bahn hatte man eine mit einer *S. marcescens*-Kultur gefüllte Glühbirne aus einem fahrenden U-Bahnwagen geworfen und dann die Ausbreitung des Bakteriums verfolgt. Als Einzelheiten des Versuchs – anfangs durch einen Artikel im *Newsday Magazine* –, bekannt wurden, versicherte das Pentagon öffentlich, daß keinerlei Hinweise auf irgendwelche Infektionen oder gar Todesfälle aufgrund des Experiments vorlägen.

Tatsächlich herrschte zu dieser Zeit die Meinung, das Bakterium käme nur sehr selten als Verursacher von Krankheiten beim Men-

schen in Frage. Eine Untersuchung von Infektionen in einem Krankenhaus im Jahre 1964 hatte ergeben, daß auf Dutzende und
manchmal Hunderte von Infektionen, die anderen, nahe verwandten Arten zugeschrieben wurden, nur drei auf *S. marcescens* zurückgingen. Nimmt man hinzu, daß Klinikpatienten durch ihre
geschwächte Immunität und andere Faktoren überhaupt anfälliger
für sich einschleichende Bakterien sind, unterstreichen die genannten Daten die Harmlosigkeit dieses Organismus.

Diese Schlüsse waren jedoch offenbar etwas voreilig. Ein Grund
dafür könnte sein, daß man Infektionen durch *S. marcescens* einfach nicht erkannt hatte. Während vom Nachweis der Mikrobe im
Blutstrom in der medizinischen Fachliteratur bis zum Jahre 1968
nur fünfzehnmal berichtet wurde, wies ein Experte in einem einzigen Krankenhaus 76 solche Fälle zwischen 1968 und 1977 nach. In
den letzten Jahren zeigte sich, daß *S. marcescens* (neben der Infektion von Honigbienen) eine Reihe von Symptomen beim Menschen hervorruft, und zwar vor allem bei Drogensüchtigen und bei
stationären Patienten. Im Jahre 1989 war das Bakterium für eine
Serie ernsthafter Infektionen an einer neurochirurgischen Station
am St.-Bartholomäus-Krankenhaus in London verantwortlich. Zudem hat sich gezeigt, daß *S. marcescens* gegen die Antibiotika, die
man sonst zu seiner Bekämpfung einsetzen konnte, zusehends Resistenzen entwickelt.

Das Bakterium des „blutigen Brotes" ist also keinesfalls harmlos
und ganz sicher auch nicht „wunderbar". Wir werden bestimmt
noch mehr von ihm hören.

Proteus OX19
ein Bakterium
narrt die Nazis

Die Bewohner der während des Zweiten Weltkrieges besetzten Länder mußten oftmals tief in die Trickkiste greifen, um wenigstens einigen der schlimmsten Beschränkungen jener Zeit zu entgehen. Nur wenige der Geschichten sind allerdings so spannend wie die von zwei Ärzten aus Polen, die mit Hilfe eines ansonsten wenig spektakulären und unbedeutenden Bakteriums die deutsche Besatzungsmacht narrten und einen ihrer Landsleute vor der Rückkehr zur Zwangsarbeit in Deutschland bewahrten. Den gleichen Trick verwendeten sie ein weiteres Mal, um den Deutschen eine Fleckfieberepidemie um Rozwadów im Südosten des besetzten Polen vorzugaukeln. Aus Angst vor einer Ansteckung untersuchten die Deutschen die Epidemie nicht allzu genau. Damit gewannen die Menschen dieser Gegend die Freiheit, ohne weitere Repressalien und Sanktionen leben zu können.

Ein ungewöhnliches Phänomen, das während des ersten Weltkrieges, ebenfalls in Polen, entdeckt worden war, bildete die Grundlage für die Idee der beiden Ärzte Eugeniusz Lazkowski und Stanislav Matulewicz. Immer wenn wir von einer bestimmten Mikrobe infiziert werden, bilden wir normalerweise gegen genau diesen Organismus und keinen anderen spezifische Antikörper. Im Fall von Fleckfieber tauchen allerdings auch immer Antikörper gegen *Proteus OX19* (Tafel V) im Blut auf (der Stamm hat ein Oberflächenantigen mit Rickettsien gemeinsam). Die Immunantwort ist so eindeutig, daß diese Nebenreaktion in pathologischen Labors als diagnostischer Test für Fleckfieber verwendet wird. Ein Laborant vermischt dabei eine Blutprobe mit *Proteus OX19*. Stammt das Blut von einem Fleckfiebererkrankten, verklumpen die Zellen.

Lazkowski und Matulewicz, die in den Gemeinden Rozwadów und Zbydniowie, etwa 200 Kilometer südwestlich von Warschau, praktizierten, kannten diese sogenannte Weil-Felix-Reaktion aus ihrem Medizinstudium. Bei ihrer klinischen Alltagsarbeit war dieser Nachweis wahrscheinlich ziemlich unwichtig. Er wurde ihnen wohl erst während des zweiten Weltkrieges wieder in Erinnerung gerufen, als sie Besuch von einem Landsmann erhielten, der zur Zwangsarbeit nach Deutschland deportiert worden war. Er befand sich für zwei Wochen auf Heimaturlaub und war völlig verzweifelt, weil er unter keinen Umständen zurückkehren wollte.

Nur eine ernsthafte Erkrankung, belegt durch ein medizinisches Gutachten, hätte ihm ermöglicht, zu Hause zu bleiben – andererseits würde man ihn dann vermutlich suchen und in ein Konzentrationslager stecken. Aber vielleicht konnte man ja dem Mann *Proteus OX19* injizieren. Dann wären Antikörper in seinem Blut nachweisbar, womit den Deutschen eine Fleckfieberinfektion vorgetäuscht werden konnte. Er war bereit, alles zu tun, einschließlich sich selbst umzubringen, um eine Rückkehr zur Zwangsarbeit zu vermeiden. Trotz des Risikos von gefährlichen Nebenwirkungen beschlossen Lazkowski und Matulewicz, das Experiment zu wagen.

Es funktionierte. Der Arbeiter bildete Anti-Fleckfieber-Antikörper, blieb aber gesund. Eine Blutprobe wurde an das deutsche staatliche Labor geschickt; der offizielle Befund lautete „Weil-Felix-positiv", und der Mann durfte in Polen bei seiner Familie bleiben. Damit drängte sich natürlich der Plan auf, die Täuschung in größerem Umfang, und zwar in Form einer Fleckfieberepidemie, zu wiederholen. Beim epidemischen Fleckfieber oder Flecktyphus waren die Deutschen extrem vorsichtig, denn das Leiden war in ihrem Land seit 25 Jahren nicht mehr aufgetreten. Die Angst vor der Krankheit und dem verwandten Schützengrabenfieber war sogar so groß, daß Gefangene des Konzentrationslagers Auschwitz nach der Registrierung erst für sechs bis acht Wochen in Quarantäne gehalten wurden. Ärzte der Gestapo verhinderten Ausbrüche der beiden Infektionen dadurch, daß sie alle Personen umbringen ließen, die Symptome der Krankheiten zeigten.

Die Angst wurde noch dadurch verstärkt, daß die Infektion bei einem Grenzübertritt aufgrund der geringen natürlichen Resistenz in der Bevölkerung eine verheerende Seuche auslösen konnte. Die beiden polnischen Ärzte injizierten daher vielen weiteren Bewohnern der Gegend *Proteus OX19* und reichten deren Blutproben zum Testen ein. Da sich die positiven Befunde häuften, waren die Deutschen überzeugt, daß eine Fleckfieberepidemie ausgebrochen war. Folglich erklärten sie den Praxisbezirk von Lazkowski und Matulewicz, der etwa ein Dutzend Dörfer umfaßte, zur Epidemiezone. Die Repressionen der Deutschen in dem Gebiet ließen sehr rasch nach.

Nur einmal wurde die List beinahe entdeckt. Ein Informant versicherte der Besatzungsmacht, daß es keine Epidemie gäbe – doch er hatte die Geschichte nicht durchschaut. Er dachte, das Blut eines einzelnen Infizierten sei unter verschiedenen Namen mehrfach zur Untersuchung eingeschickt worden. Ermittlungen wurden umgehend eingeleitet, jedoch auch diesmal durch die akute Angst vor Ansteckung behindert. Anstatt alle vermeintlichen Fleckfieberopfer gründlich zu untersuchen – was ergeben hätte, daß keiner von ihnen krank war –, nahmen die Deutschen wiederum nur Blutproben. Das Ergebnis war erneut eindeutig – das Blut jedes Patienten wimmelte von Anti-Fleckfieber-Antikörpern.

An der Geschichte sind zwei Dinge sehr merkwürdig. Warum wunderten sich die Deutschen nicht, daß nur wenige bis keine Menschen in der betroffenen Gegend an Fleckfieber starben? Normalerweise ist die Sterblichkeit bei dieser Krankheit sehr hoch. Und warum fiel ihnen nicht auf, daß alle Blutproben einen gleichermaßen hohen Antikörperspiegel aufwiesen? Bei einer echten Infektion variiert der Gehalt mit dem Grad der Erkrankung des Opfers.

Viele Jahre später stellte der Chirurg John Bennett vom britischen Militärkrankenhaus in Rinteln Nachforschungen zu der Affäre an und fand verschiedene Antworten auf unsere beiden Fragen. Zum ersten verließen sich die Deutschen zu sehr auf die Laborwerte, die den vereinfachten Schluß auf eine Fleckfieberepidemie förmlich aufdrängten. Außerdem untersuchten sie die wenigen Patienten, die sie zu Gesicht bekamen, wohl auch wegen der Angst vor der Ansteckungsgefahr nicht sehr sorgfältig. Doch auch Hochprozentiges spielte eine wichtige Rolle bei der Fortsetzung des Täuschungsmanövers, wie John Bennett im *British Medical Journal* vom 22. Dezember 1990 berichtete:

»Eine Naziabordnung, bestehend aus einem schon etwas älteren Arzt und zwei jüngeren Assistenten, wurde geschickt, um die Ergebnisse der Ärzte Dr. Matulewicz und Dr. Lazkowski zu überprüfen. Sie wurden, nach polnischem Brauch, herzlich empfangen und bekamen zuerst ein Essen und Wodka vorgesetzt. Der ältere Arzt ließ sich lieber unterhalten, anstatt das Dorf zu inspizieren, und schickte daher seine Assistenten los. Diese schauten sich nur sehr oberflächlich in den Häusern um, die Furcht vor der Ansteckung hielt sie von genaueren Nachforschungen ab. Ein alter Mann, der wegen einer Lungenentzündung im Sterben lag, wurde dem älteren Arzt mit der Behauptung vorgeführt, er leide an Fleckfieber. Wie schon Goethe bemerkte: ›Wir sehen, was wir wissen‹. Sie sahen, waren überzeugt und gingen wieder.«

Ein Fünftel der Bevölkerung Polens kam während der Besatzung durch die Deutschen um, viele andere wurden zur Zwangsarbeit nach Deutschland verpflichtet, wo sie ebenfalls starben. Die Tatsache, daß eine kleine Gemeinschaft den Schrecken weitgehend unbeschadet entging, war zum großen Teil menschlichem Einfallsreichtum und dem Bakterium *Proteus OX19* zu verdanken.

Borrelia burgdorferi
– das hinterlistige Auftauchen
der Lyme-Krankheit

»Diese Laieninitiativen mischen sich in die Wissenschaft ein … Es gibt Wissenschaft und Nichtwissenschaft, und letztere hat auf wissenschaftlichen Kongressen nichts verloren.«

Dies war die zornige Äußerung von Durland Fish vom New York Medical College in Valhalla, Mitglied der Programmkommission für die „fünfte internationale Konferenz über Lyme-Borreliose", die 1992 in Arlington im US-Bundesstaat Virginia stattfand. Ursache für seine Verärgerung war die Wiederaufnahme verschiedener Beiträge, die von der Kommission ursprünglich abgelehnt worden waren, da sie dem erforderlichen Standard für eine Präsentation auf diesem Kongreß nicht entsprachen. Sie waren von nichtakademischen Heilpraktikern verfaßt und wurden weitgehend nur deshalb wieder in das Programm aufgenommen, weil Initiativen zum Schutz von Patienten massiven Druck ausübten. Prinzipiell stellte sich die Frage, ob die in den Berichten beschriebenen Patienten tatsächlich an Lyme-Borreliose litten (eine Krankheit, die in den Vereinigten Staaten zu häufig diagnostiziert wird) und ob die geschilderten Behandlungsmethoden sinnvoll waren.

Vielleicht hatte Fish recht, vielleicht auch nicht. Doch der Vorfall weckt Erinnerungen an die Art und Weise, wie die Krankheit zum erstenmal öffentlich bekannt wurde. Es ist sinnvoll, sich immer dann an diese Umstände zu erinnern, wenn Wissenschaftler mit ihren hohen Ansprüchen und ihrer Strenge bei der Wertung von Beweisen gezwungen sind, auf Herausforderungen zu reagieren, die allzu leicht als unwesentlich abgetan werden.

Bei der Konfrontation mit Nichtwissenschaftlern, die kindliche Wutanfälle auf die Wirkung von Himbeermarmelade oder Kopfschmerzen auf den Einfluß von Hochspannungsleitungen zurückführen, antworten Wissenschaftler oft gereizt mit dem abschätzigen Wörtchen „irrational". Ihre Ungeduld mit Partei ergreifenden betroffenen Bürgern ist oft gerechtfertigt – aber nicht immer. Denn Interessengruppen können auch recht haben und Experten sich irren. Dies wurde der Welt durch die Mikrobe *Borrelia burgdorferi* und eine Gruppe von US-Wissenschaftlern deutlich vor Augen geführt. Die Spirochäte *B. burgdorferi* – in ihrer Erscheinung dem Erreger der Syphilis ähnlich, doch bis zum Anfang der achtziger Jahre weitgehend unbekannt –, zeigte, daß auf Laien bisweilen mehr Verlaß ist als auf Experten, die nur mit Lehrbuchwissen glänzen.

Die Geschichte begann im Jahre 1975 mit der Beobachtung einer aufmerksamen Mutter in Connecticut. Ihr war aufgefallen, daß in dem Ort Old Lyme (5000 Einwohner) bei zwölf Kindern juvenile rheumatische Arthritis diagnostiziert worden war. Die Ärzte vor Ort schien diese Häufung nicht zu interessieren. Die Frau wandte sich in ihrer wachsenden Verwirrung und Besorgnis an das Gesundheitsamt ihres Staates. Eine andere Dorfbewohnerin rief unabhängig davon etwa zur selben Zeit die Klinik für Rheumatologie der Yale-Universität an, um zu melden, daß in ihrer Familie eine „Arthritisepidemie" ausgebrochen war. Der ansonsten peinlich genauen Gesundheitsüberwachung des Staates Connecticut war auch dieser Umstand entgangen.

Zuerst reagierten die Offiziellen sehr zurückhaltend auf die Meldungen aus Old Lyme und beschwichtigten die Bürger, die eine Untersuchung des Rätsels forderten. Wer hatte schon jemals von einer Arthritisepidemie gehört? Arthritis war nicht ansteckend – sondern eine mit dem Alterungsprozeß einhergehende Verfallserscheinung. Es gab dafür keine Verbreitungsmöglichkeit, wie zum Beispiel für Windpocken oder für Masern.

Glücklicherweise nahm eine Forschergruppe der Yale-Universität die Frauen ernst und begann, die Geschehnisse aufzuzeichnen.

Im Jahre 1977 waren die Wissenschaftler davon überzeugt, daß es tatsächlich eine Arthritisepidemie in und um Old Lyme gab. Neben schmerzenden Gelenken und einem steifen Nacken verursachte die Krankheit Kopfschmerzen und Fieber. Das Leiden hatte zwei weitere auffallende Charakteristika. Es fing meist im Sommer an, und bei betroffenen Kindern wie Erwachsenen war einige Wochen vor der Erkrankung plötzlich ein ungewöhnlicher Hautfleck aufgetreten.

Die Forscher gerieten auf die erste Spur zur Lösung des Rätsels, als ein Patient sich daran erinnerte, an der Stelle des Fleckes von einer Zecke gebissen worden zu sein. Nach einiger Zeit enttarnten die Forscher eine spezielle Zeckenart, die auf Hirschen und Rehen lebt (die sogenannte Hirschzecke), als Überträger des vermutlich mikrobiellen Krankheitserregers. (In Deutschland und Europa allgemein ist eine andere Zeckenart, der Gemeine Holzbock, der Hauptüberträger.) Weitere akribische Kleinarbeit führte zur Isolierung einer Spirochäte aus dieser Zecke, gegen die die Opfer der Lyme-Arthritis auch tatsächlich Antikörper im Blut hatten. Die Infektion ließ sich mit Antibiotika bekämpfen. Schließlich wurde der Erreger auch aus dem Blut von Patienten isoliert. Willy Burgdorfer und seine Kollegen berichteten von dieser historischen Entdeckung im *New England Journal of Medicine* vom 31. März 1983. Kurz darauf fand sich Burgdorfer in einer Reihe mit Howard Ricketts, Stanislaus von Prowazek und anderen Pionieren wieder, denen zu Ehren eine ansteckende Mikrobe benannt ist.

Von diesem Zeitpunkt an kamen auch aus anderen Orten Berichte über Fälle von „Lyme-Krankheit". Marcia Barinaga bemerkte in der Zeitschrift *Science* vom 5. Juni 1992: »Im Nordosten wimmelt es von Zecken, die die Krankheit übertragen. Seit den frühen achtziger Jahren sind Zehntausende von Menschen erkrankt, die Angst vor der Lyme-Krankheit ist groß.« Man weiß heute, daß in diesem Teil der USA die Weißfußmaus ein Langzeitreservoir für *B. burgdorferi* darstellt. Die Hirschzecke parasitiert zwischenzeitlich auf diesen Mäusen und überträgt die Spirochäte auf den Menschen.

In Kalifornien infiziert die westliche schwarzbeinige Zecke den Menschen, das tierische Reservoir blieb hier für viele Jahre ein Geheimnis. Mäuse kamen nicht in Frage, und auch ein anderes Trägertier wurde nicht gefunden. Dann berichteten jedoch Richard Brown und Robert Lane von der Universität von Kalifornien in Berkeley (ebenfalls in der oben erwähnten Ausgabe von *Science*), daß die dunkelfüßige Buschratte, ein in Kalifornien weit verbreiteter Nager, der Träger für die Bakterien war. Allerdings sind zwei verschiedene Arten von Zecken beteiligt. Während die westliche, schwarzbeinige Zecke die Infektion auf den Menschen überträgt, wird sie unter den Ratten von einer anderen Zecke verbreitet.

Das Leiden wurde auch in Australien und im New Forest in England registriert. Es existierte sicher bereits vor seiner genauen Erkennung und Beschreibung, doch erst durch öffentliche und nicht durch wissenschaftliche Besorgnis über das Auftreten des damals noch unbekannten Mikroorganismus wurden das Problem erkannt und die notwendigen Maßnahmen zur Untersuchung der Infektion in die Wege geleitet.

Vor 1977 hätte Dr. Fish unter seinen Genossen wohl kaum Widerspruch hervorgerufen, hätte er eine epidemische Arthritis als nichtwissenschaftlich bezeichnet. Doch er hätte sich geirrt.

Die Nitrifizierer
– *Denkmalzerstörung von innen her*

Mikroben sind in der Lage, Kohlblätter zu zersetzen, Milch sauer werden zu lassen und Löcher im Käse zu erzeugen. Doch der Gedanke, sie könnten etwas so Hartes wie Fels angreifen, scheint eher ein wenig übertrieben. Sie sind dennoch dazu in der Lage – und das möglicherweise in einem enormen Umfang. Während die bakterielle Zersetzung von Stein schon seit einigen Jahrzehnten bekannt ist, zeigen neueste Untersuchungen, daß dieselben Bakterien, die den Stickstoff für den Pflanzenstoffwechsel „fixieren" (Seite 217), auch ernsthafte Schäden an Gebäuden und Denkmälern anrichten. Zudem sind sie möglicherweise als kleine, aber sehr wirksame Steinmetze in Gesteinsformationen tief im Erdinnern tätig.

Auf der ganzen Welt bedroht die Verschmutzung der Atmosphäre berühmte und historische Bauwerke, manche sind bereits zum Teil zerstört. Auch wenn natürliche physikalische und chemische Prozesse teilweise für die Verwitterung von Gestein verantwortlich sind, schreibt man einen großen Teil der Schuld Säuren zu, die als Ergebnis industrieller Aktivitäten in die Atmosphäre gelangen. Jedes Jahr werden, aufgrund der stark gestiegenen Nutzung von Kohle und Gas während der vergangenen vier Jahrzehnte, Millionen von Tonnen an giftigen Abgasen in die Umwelt geblasen. Eine Begleiterscheinung ist die zunehmende Zerstörung von Gebäuden und Statuen. Als Hauptverursacher dieser Schäden gilt das Schwefeldioxid. Es löst sich in Wasser und bildet schweflige Säure, die Kalkstein buchstäblich zersetzt. Weitergehende Zerstörungen können von Stickoxiden aus Autoabgasen oder aus anderen Quellen herrühren, die in Wasser zu salpetriger oder zu Salpetersäure werden.

Diese Tatsachen sind zwar bedauerlich, aber auch schon lange bekannt. Arbeiten des Mikrobiologen Eberhard Bock und seiner Arbeitsgruppe am Institut für Allgemeine Botanik in Hamburg beweisen jedoch, daß das noch nicht alles ist. Ihren Ergebnissen nach sind nämlich auch Bakterien an der Zersetzung von Bauten und Monumenten beteiligt. Noch unerwarteter ist die Identität der Bakterien, die für die Schäden verantwortlich sind: Nitrifizierer. Man nahm früher an, sie kämen nur im Boden und in natürlichen Gewässern vor. Nitrifizierende Bakterien sind in der Tat für das Leben auf unserem Planeten in der Form, wie wir es kennen, unabdingbar. Zwar trägt die chemische Industrie durch die Produktion von Düngemitteln zur Aufrechterhaltung und Steigerung der Fruchtbarkeit des Bodens bei, Bakterien bewirken jedoch den Hauptanteil der Rückgewinnung von Stickstoff (und auch von anderen Elementen) im Boden und in natürlichen Gewässern (Seite 217).

Bocks Arbeit zeigt, daß diese Mikroben, die für die Bodenfruchtbarkeit und damit für das menschliche Wohlbefinden und das Gleichgewicht in der Biosphäre so wichtig sind, ein Doppelleben führen. Ungeachtet ihres landwirtschaftlichen Nutzens zersetzen sie auch viele unserer schönsten Bauten und Denkmäler.

Die ersten Hinweise auf diese überraschende Tätigkeit der Mikroben erhielt Bock, als er mit Hilfe des Elektronenmikroskops der Frage nachging, was auf und unter der Oberfläche von der Witterung ausgesetztem Beton und Sandstein vor sich geht. Trotz der Skepsis anderer Mikrobiologen glaubte Bock, daß Bakterien die Erosion beschleunigen (genau wie es säureproduzierende Bakterien auf den Zähnen tun). Diese Annahme konnte er dann auch beweisen. Er fand Bakterien in großer Zahl, und anschließende genaue Bestimmungen ergaben, daß es sich um Nitrifizierer handelte. Bei Bocks neuesten Untersuchungen am Kölner und am Regensburger Dom sowie an anderen alten Gebäuden in München und Gelnhausen wurden *Nitrosomonas*, *Nitrobacter* und einige andere Bakterien als Beschleuniger der Zerstörungen identifiziert. Sie gehören zwei Gruppen an: Die einen wandeln Ammonium in salpetrige Säure, die anderen salpetrige in Salpetersäure um, welche die alkalischen Bindemittel im Gestein auflöst.

Ein Grund dafür, daß diese Art der Zersetzung nicht schon viel früher entdeckt wurde, ist die Tatsache, daß die Mikroben überwiegend innerhalb des Gesteins arbeiten. Sie werden möglicherweise durch Regen oder Gewitter mit Staubpartikeln an der Oberfläche abgelagert. Aufgrund ihrer Lichtempfindlichkeit vermehren sie sich wohl erst dann, wenn sie durch die Einwirkung von Feuchtigkeit unter die Oberfläche gelangen. Der Sandstein des Kölner und des Regensburger Doms war teilweise bis zu einer Tiefe von fünf Millimetern mit nitrifizierenden Bakterien kontaminiert.

Die erstaunliche Wirkung dieser Mikroorganismen wird durch ein Experiment deutlich, bei dem die Hamburger Forscher Betonblöcke (60 × 11 × 7 Kubikzentimeter) mit *Nitrobacter* und *Nitrosomonas* beimpften. Die Bakterien hatten sie aus dem Kühlturm eines Kraftwerkes in der Nähe von Köln isoliert. Die Bakterien lösten die Oberfläche der Betonblöcke vollständig auf; pro Block entstand innerhalb eines Jahres 14 Milliliter konzentrierte (65prozentige) Salpetersäure. Die Säure hatte die Bindesubstanz des Betons in Calciumnitrat umgewandelt, die Bakterien selbst waren jedoch in der Lage, die Säure zu tolerieren. Bock ist der Ansicht, daß in natürlichem Sandstein sehr ähnliche Vorgänge ablaufen.

Wenn Bakterien solche Materialien an der Erdoberfläche zerstören können, welche Wirkung haben sie dann auf unterirdische Gesteinsformationen? Franz Hiebert und Philip Bennett von der Universität Texas brachten Licht ins Dunkel der doch recht unwahrscheinlich anmutenden Vorstellung, Bakterien könnten dort ähnliche Effekte hervorrufen. Einige Jahre zuvor hatten andere Wissenschaftler auf dem Grund von 3 000 Meter tiefen Bohrlöchern in Virginia lebende Bakterien entdeckt. Konnten die Bakterien in dieser Tiefe das Gestein angreifen? Waren sie gar für das Netzwerk feinster Poren, welches die Förderung von Öl aus Sedimentgestein in vielen Ölfeldern erleichterte, verantwortlich?

Hiebert und Bennett beschlossen, die Hypothese durch einige Versuche in einer Wasserleitung in Minnesota zu überprüfen, die durch Öl aus einer geplatzten Pipeline kontaminiert war. Auch wenn sich hier natürlich auftretende Bakterien in einer unnatürlichen Umgebung von dem Öl ernährten, war es eine ideale Stelle, um ihre Fähigkeiten zu erforschen. Die Forscher versenkten dafür in Löchern in der Wasserleitung poröse Plastikzylinder, die mit Splittern von zwei Mineralien befüllt waren, nämlich Quarz und Feldspat. Vierzehn Monate später bargen sie die Proben wieder und stellten fest, daß der Feldspat an der Oberfläche deutliche Narben zeigte und daß selbst der Quarz schwach angeätzt war. Klumpen von Bakterien hingen an den Gesteinen. Häufig fanden sie sich an den Stellen, die besonders tiefe Narben aufwiesen.

Diese Versuche beweisen nicht, daß Bakterien an der Formung der unterirdischen Welt beteiligt sind. Wenn man allerdings bedenkt, daß die gleichen Bakterien bei Bohrungen in mehreren tausend Metern Tiefe angetroffen werden, ist eine derartige Aktivität gut vorstellbar. Die Entdeckung des mikrobiellen Abbaus von einigen der härtesten Substanzen in der Natur stützt laut Philip Bennett die Erkenntnis, daß »an Vorgängen, die wir einst als abiotische und langsame geologische Prozesse betrachtet haben, Bakterien beteiligt sind«. Seltsam, aber wahr.

Brucella melitensis
– Gefahr im Schönheitssalon

Für alle, die das Glück haben, in einem Industriestaat zu leben, ist Brucellose genau wie Diphtherie oder Poliomyelitis eine der Krankheiten, die der Vergangenheit angehören. Früher gelangten die Erreger über Kuh- oder Ziegenmilch in den Menschen. Dank der Impfung von Jungtieren und der Schlachtung aller Tiere, die auch nur Anzeichen der Krankheit erkennen lassen, ist die Brucellose bei diesen Tieren weitgehend eliminiert. Das Bakterium wird zudem durch das Pasteurisieren von Milchprodukten beseitigt; nur in Rohmilch können die Keime enthalten sein.

Es gibt drei verschiedene Erreger der Brucellose (die früher als Wechselfieber bezeichnet wurde, da wiederkehrende Anfälle erhöhter Temperatur für die Erkrankung typisch sind): *Brucella melitensis* kommt vorwiegend in Ziegen vor, *Brucella abortus* infiziert Rinder und *Brucella suis* hat das Schwein als wichtigsten Wirt. Die Bakterien verteilen sich bei diesen Tieren im gesamten Körper, auch im Blut. Sie wandern in Zellen ein und verursachen in den befallenen Geweben zahlreiche kleine Knoten und Abszesse. Zusätzlich zu dem periodisch auftretenden Fieber und den Schweißausbrüchen klagen Infizierte über Müdigkeit, Kopfschmerzen, Unbehagen, Appetitlosigkeit und Schmerzen in Muskeln und Gelenken.

Diese ziemlich unangenehme Infektion ist heute weitgehend ausgemerzt. Die Erreger (die nach dem englischen Experten für Tropenkrankheiten Sir David Bruce benannt sind, der sie als Ursache für eine Form der Infektion im Jahre 1887 entdeckte) werden nur noch selten angetroffen. Auch wenn Brucellose heute mit einer Kombination von Streptomycin und Tetracyclin behandelt werden kann, verläuft die Heilung weder schnell noch reibungslos. Da die

Bakterien innerhalb von Zellen leben (im Gegensatz zu vielen anderen, die zwischen Zellen oder in Körperhohlräumen, wie etwa dem Darmsystem, wachsen), sind sie durch Antibiotika schlechter erreichbar. Die Behandlung zieht sich über Wochen hin und muß in manchen Fällen auch wiederholt werden.

Bis heute wurde, mit dem Pockenvirus (Seite 75) als einziger Ausnahme, kein Krankheitserreger so gut wie vollständig ausgerottet. Sobald bösartige Mikroben die Gelegenheit erhalten – zum Beispiel durch eine Änderung im menschlichen Verhalten oder durch die Anwendung einer neuen Technik in der Landwirtschaft –, sind sie jederzeit bereit, sich wieder in menschliche Angelegenheiten einzumischen. Unter völlig unerwarteten Bedingungen ergab sich eine solche Gelegenheit vor einigen Jahren auch für *B. melitensis*.

Schauplatz war ein Schönheitssalon in der Provinz Limburg im Süden der Niederlande. Zwischen Oktober 1981 und März 1982 wurden 15 Besucher des Salons mit einem Präparat behandelt, das angeblich das Aussehen der Gesichtshaut verbessern sollte. Die Lotion war – ähnlich wie die Präparate bei den Affendrüsentherapien, die einst einige „moderne" Ärzte anwendeten, um das Leben ihrer betuchten Kunden zu verlängern – aus einer „gefrorenen Suspension placentaler und fetaler Zellen aus Rindern" zusammengebraut. Die genaue Herkunft des Materials war unklar, doch die anschließenden Ereignisse ließen keinen Zweifel, daß eine mit *B. melitensis* infizierte Kuh bei der Zubereitung eine Rolle spielte.

Der Verdacht fiel zum ersten Mal Ende März 1982 auf den Salon, kurz nachdem ein 57 Jahre alter Mann mit einem Fieber unbekannter Herkunft in das St.-Laurentius-Krankenhaus von Roermond in der Provinz Limburg eingewiesen wurde. Ein Spezialist diagnostizierte schnell Brucellose als Ursache für den Zustand des Mannes. Der Befund wurde dadurch erhärtet, daß man im Labor nicht nur Antikörper gegen *B. melitensis* nachweisen, sondern sogar das Bakterium selbst aus dem Blut des Patienten isolieren konnte. Die Bemühungen, die Herkunft des Erregers herauszufinden, scheiterten. Die Antworten des Mannes auf gezielte Fragen zur wahrscheinlichen Quelle der Infektion waren alle negativ. Er hatte weder unpasteurisierten Ziegenkäse gegessen noch war er mit Rindern in Kontakt geraten, und genausowenig hatte er Fleischprodukte gegessen, die womöglich *B. melitensis* enthielten.

Allerdings hatte er sich einer kosmetischen Behandlung unterzogen. Dies führte die Ermittler zu dem Schönheitssalon und zu der Rinderzellsuspension, mit der er behandelt worden war. Eine Durchsicht der Aufzeichnungen des Salons ergab, daß in den zurückliegenden sechs Monaten das gleiche Präparat an 14 weiteren Personen zum Einsatz gekommen war. Für eine genauere Untersuchung war es zwar bereits zu spät, doch stellte sich heraus, daß drei dieser Kunden ebenfalls krank waren. Einer von ihnen hatte scheinbar eine Grippe, doch die anderen beiden klagten über Fieber, Muskelschmerzen, Kopfweh, Müdigkeit und Schweißausbrüche und waren auch bereits viel länger krank. Im nachhinein war man sich ziemlich sicher, daß alle drei infolge einer Ansteckung durch die Rinderzellen Brucellose entwickelt hatten – auch wenn sie bei keinem zu dieser Zeit diagnostiziert worden war.

Durch Tests bei 13 der 15 Kunden des Salons wurde diese Schlußfolgerung erhärtet. Die Forscher untersuchten das Blut dieser Personen und das einer Kontrollgruppe von 13 anderen Personen, die sie in Bezug auf Alter, Geschlecht und Herkunftsland entsprechend der Kundengruppe ausgewählt hatten, nach Antikörpern gegen *B. melitensis*. Bei keiner der Kontrollpersonen konnten sie derartige Antikörper finden. Sechs der 13 Salonkunden wiesen jedoch einen hohen Spiegel an Antikörpern auf. Oder anders ausgedrückt: Fast die Hälfte der Kunden, welche die Schönheitslotion erhalten hatten, waren infiziert, wenngleich nur sehr wenige auch Krankheitssymptome entwickelt hatten.

Neben der Fragwürdigkeit der Praxis, die Haut mit geriebenen Pasten tierischer Herkunft zuzukleistern, können wir aus dieser

Geschichte eine weitere Lehre ziehen: Noch lange, nachdem Infektionen in den Lehrbüchern als ausgelöscht gelten, müssen Ärzte auf ihr Erscheinen gefaßt sein.

Brucella ist noch in einer anderen Hinsicht ruhmreich. Die Art, die zu den infizierten Rinderplacenten führte, war das erste Bakterium, bei dem Wissenschaftler ergründen konnten, warum eine spezielle Mikrobe ein bestimmtes Tier oder Gewächs oder gar ein bestimmtes Gewebe befällt. Warum befällt das Staupevirus Hunde und nicht Schimpansen? Warum dringt das Hepatitis-B-Virus in die menschliche Leber ein, nicht aber in die Nieren? Solchen Fragen gehen die Forscher nach, um durch das Verstehen eines Krankheitsprozesses möglicherweise eine geeignete Behandlung zu finden. Im Fall der infizierten Placenten entdeckten der britische Mikrobiologe Harry Smith und seine Kollegen, warum *B. abortus* vorzugsweise fetale Membranen in Rindern, Schafen und Ziegen infiziert. Nur diese Gewebe enthalten große Mengen Erythritol, einer Substanz, die den Bakterien als Nahrung dient. Der Mensch besitzt keine Gewebe mit einer besonders hohen Konzentration an Erythritol. Dies erklärt, warum die Brucellose-Bakterien beim Menschen im gesamten Körper herumwandern und kein Gewebe bevorzugen.

PCB-abbauende Bakterien
– *mächtige Mikro-Aasfresser*

Der Hudson River, eine der wichtigsten Wasserstraßen der Welt, fließt von den Adirondackbergen hinunter in den geschäftigen Hafen von New York City. Zusammen mit dem Tal des Mohawk-Flusses bildet der Hudson eine riesige zweispurige Wasserstraße für den Handel zwischen den Großen Seen an der Grenze zu Kanada und New York City an der Atlantikküste. Der Fluß mit seinen 500 Kilometern Länge ist jedoch nicht nur eine bedeutende Handelsstraße und ein beliebter Ort für Sport und Erholung, sondern auch ein beachtlicher Energielieferant für Wasserkraftwerke. An manchen Stellen ist er zudem von atemberaubender landschaftlicher Schönheit.

Doch der Hudson weist auch eine erstaunliche und unerwartete Eigenschaft von besonderem wissenschaftlichen Interesse und potentiellem wirtschaftlichen Nutzen auf. Denn tief im Sediment am Grunde dieses vielbefahrenen Flusses existieren Mikroben, die PCBs (polychlorierte Biphenyle) zerstören können. Diese Stoffe zählen zu den widerstandsfähigsten, hartnäckigsten und gefürchtetsten Chemikalien, die je in der Industrie hergestellt und eingesetzt wurden.

PCBs fanden vor ihrem Verbot in den siebziger Jahren häufig als hydraulische oder hitzeübertragende Flüssigkeiten bei der Kunststoffherstellung und für eine Vielzahl anderer Zwecke Verwendung. Aufgrund ihrer speziellen Eigenschaften konnte aus ihnen das erste kohlefreie Durchschlagpapier hergestellt werden. Trotz ihrer vielen Vorteile und Nutzungsmöglichkeiten wurden die PCBs nach einigen Jahren aufgrund zunehmender Kontroversen und eines wachsenden Bewußtseins für die möglichen Gefahren für Tiere, Menschen und andere Lebewesen aus dem Verkehr gezogen.

Ihre ansonsten so vorteilhafte Beständigkeit war einer der Gründe für die Bedenken gegenüber den PCBs. Da sie in der Umwelt überdauern, kommen sie grundsätzlich für eine Vielzahl toxischer Langzeiteffekte auf tierisches und pflanzliches Leben in Frage. PCBs sind in der Tat trotz der Verhängung des Verbots vor etlichen Jahren in den Meeren und im Boden noch immer allgegenwärtig. Daher stehen sie auch im Verdacht, zu dem dramatischen Robbensterben im Jahre 1988 beigetragen zu haben. Damals verendeten in den Meeren Nordeuropas etwa 18 000 Robben an den Folgen einer Infektion mit dem sogenannten Morbillivirus.

Obwohl es für den Zusammenhang noch keine Beweise gibt, sprechen plausible Gründe dafür, daß PCBs, die mit der Nahrung aufgenommen, im Fett der Robben gespeichert und von dort ins Blut abgegeben wurden, das Immunsystem der Tiere geschwächt haben. Dadurch waren die Robben wohl besonders empfänglich für die Virusinfektion. Ähnliche Verdachtsmomente gegen PCBs kommen in verschiedenen Zusammenhängen immer wieder auf.

Die Entdeckung im Hudson River gewinnt durch die Hartnäckigkeit der PCBs – im Gegensatz zu dem schnellen oder allmählichen Abbau unzähliger anderer Substanzen, die in die Umwelt gelangen – eine besondere Bedeutung. Ökologen und Molekularbiologen waren sich einig, daß PCBs durch Bakterien, Pilze und sonstige Mikroben, die eine Vielzahl anderer in die Biosphäre freigesetzter Substanzen sowohl unter natürlichen als auch unter künstlichen Bedingungen abbauen und entgiften, weitgehend unzerstörbar sind. Daher zeigten sich viele Wissenschaftler auch sehr erstaunt über die Meldung von John Quensen und seinen Kollegen von der Abteilung für Getreide- und Pflanzenwissenschaften der Universität von Michigan in East Lansing, daß es doch Bakterien gibt, die PCBs angreifen. Diese neu entdeckten Bakterien eröffnen nämlich die Möglichkeit, ein Klärsystem zur Beseitigung von PCBs aus verseuchten Gewässern zu entwickeln.

Paradoxerweise kamen die Mikroorganismen nur deshalb zum Vorschein, weil der Hudson, wie viele andere Wasserstraßen in der westlichen Welt, einer ständig steigenden Flut an Giften aus der Industrie ausgesetzt ist. Zweifellos wurden über die Jahre hinweg durch die Vielzahl an toxischen Substanzen astronomische Zahlen an Mikroorganismen vernichtet. Gleichzeitig stellten aber womöglich die ständig vorhandenen, geringen Mengen an PCBs im Wasser einen „Selektionsdruck" dar. Dieser führte, im klassischen Darwinschen Sinn des Begriffes, zur Evolution von Mikroben, die diese Bestandteile umsetzen konnten.

Möglicherweise ist irgendwann in der Vergangenheit eine einzelne Mutation aufgetreten, die einem Bakterium den Selektionsvorteil verschafft hat, durch den Abbau von PCBs Energie gewinnen zu können. Während andere Stämme der gleichen Art verschwanden, konnte sich diese Mutante durchsetzen und vermehren, und es entstand eine Population von einigen Milliarden PCB-abbauenden Organismen. Einer der Mechanismen, der eine solche Populationsverschiebung möglich macht, ist die sogenannte „horizontale Evolution" oder der „horizontale Gentransfer". Bei diesem Vorgang geben Bakterien an andere Bakterien Plasmide (kleine DNA-Ringe, Seite 255) weiter, auf denen die Information für eine neuerworbene Fähigkeit, wie zum Beispiel eine Antibiotikaresistenz, codiert ist. Allerdings gibt es keine Hinweise darauf, daß dies auch bei den PCB-Abbauern passiert ist.

Der zentrale Schritt bei den Vorgängen im Hudson war das Auftauchen von Mikroorganismen, welche die Chloratome von den meisten PCBs entfernen können. Die für diesen Schritt verantwortlichen Bakterien gehören zur Gruppe der sogenannten Anaerobier, das heißt, sie leben und wachsen ohne Sauerstoff. Sie bauen PCBs zwar nicht komplett ab, doch die dechlorierten Moleküle sind weit ungefährlicher und werden von anderen, aeroben Bakterien als Ausgangsmaterial aufgenommen und in kleinere Einheiten zerlegt. Im Schlamm am Grunde des Hudson hat sich also ein zweistufiges

System entwickelt, bei dem anaerobe und aerobe Bakterien gemeinsam die sonst hochresistenten PCBs zerlegen und entgiften. Sollte es gelingen, die gleiche Kombination in einem künstlichen System zu kultivieren, ähnlich wie es bei der biologischen Abwasserreinigung bereits geschieht, so könnte dies der Ausgangspunkt für eine Anlage zur Aufreinigung von PCB-verseuchtem Wasser sein.

Es ist wichtig zu betonen, daß die Mutation, die zu den zuvor nicht erwarteten Mikro-Aasfressern des Hudson führte, ein extrem seltenes Ereignis ist. Wären nämlich solche Mutationen ein alltäglicher Vorgang, hätten PCBs nie den Ruf erlangt, absolut beständig zu sein. Sie hätten dann auch nie ein Umweltproblem dargestellt. John Quensens Entdeckung sollte keine Rechtfertigung für das Argument sein, das Leben in der Biosphäre sei so vielgestaltig und einfallsreich, daß es mit allen chemischen Flüchen zurechtkommt, die wir in unserer Gier nach industriellem Fortschritt in die Welt setzen. Aber es ist ein weiteres Beispiel für die außerordentliche Vielseitigkeit des Stoffwechsels von Mikroorganismen.

Das Schweinegrippevirus
– eine Nation in Panik

Im Sommer des Jahres 1976 schwappte eine Welle der Panik durch die Vereinigten Staaten. Ausgelöst wurde sie durch das scheinbare Auftauchen einer grausamen Form der Influenza, der sogenannten Schweinegrippe, die Millionen von US-Bürgern zu töten und möglicherweise sogar die Weltbevölkerung zu dezimieren drohte. Zwischen dem ersten Nachweis des Virus im Februar und dem Beginn einer beispiellosen Impfkampagne im Oktober lagen Monate, die von frenetischer Aktivität gekennzeichnet waren. Eine Mikrobe, die so winzig ist, daß man sie in Tausendsteln von Mikrometern mißt, hatte eine Nation in Angst und Schrecken versetzt.

Doch die Aufregung schien sich in einen Skandal zu wenden. »Mit jedem Tag, der vergeht, erscheint das 135 Millionen Dollar teure Impfprogramm der Regierung zur Eindämmung der Schweinegrippe unnützer und dümmer«, schrieb die *New York Times* am 8. Juni 1976. Trotz monatelanger Überwachung gab es seit dem einen Ausbruch im Februar keine weiteren Fälle der Krankheit bei Menschen mehr, die »ein Anzeichen für eine tödliche Seuche größeren Umfanges bedeutet hätten und den Beginn des Programms von Präsident Ford – mit der fast einhelligen Zustimmung durch den Kongreß – gerechtfertigt hätten«. Andere Länder »wundern sich über eine weitere jener unverständlichen Verirrungen und Überreaktionen, die in der amerikanischen Politik gelegentlich auftreten«.

Die Ereignisse, die zur Beschleunigung der Krise beitrugen, waren allerdings in der Tat alarmierend. Während des Winters 1975/76 wurde Amerika von der drittgrößten Grippewelle innerhalb der vergangenen 50 Jahre heimgesucht. Mehr als 20 000 Menschen starben an Atemwegserkrankungen. Von der Epidemie war auch das Militärlager Fort Dix in New Jersey betroffen. Unter den dortigen Opfern befand sich der Gefreite David Lewis, der an seine Verlobte schrieb, er fühle sich so schlecht, als wäre er »von einem Lastwagen überfahren worden«. Trotz der Krankheit gehorchte Lewis einem Befehl am vierten Februar, an einem Marsch von acht Kilometern durch den Schnee teilzunehmen. Auf dem Rückweg zum Camp atmete er schwer, brach zusammen und starb, ehe er in ein Krankenhaus gebracht werden konnte.

Bei einer Autopsie am folgenden Tag fand man in Lewis' Lungen eine schaumige, blutige Flüssigkeit, die stark an jene erinnerte, welche bei den Opfern der großen, weltweiten Grippeepidemie 1918/19 aufgetreten war. Diese Epidemie („Spanische Grippe") hatte damals etwa 20 Millionen Menschenleben gefordert. Der Verdacht wurde erhärtet, als aus Lewis' Luftröhre nicht das Grippevirus isoliert wurde, das bei den Grippefällen im vorangegangenen Winter vorherrschte, sondern ein Stamm, der zumindest einige Ähnlichkeiten mit dem mutmaßlichen Erreger von 1918/19 hatte. Kurz darauf fand man das gleiche Virus auch bei vier anderen Rekruten und wies im Blut von 273 weiteren Personen Antikörper nach – ein deutliches Zeichen dafür, daß sie alle infiziert waren.

Wissenschaftler und Politiker überlegten, was zu tun sei. Eine der Unsicherheiten war die Frage, ob es sich bei dem in Fort Dix isolierten Schweinegrippevirus um denselben Erreger handelte, der am Ende des ersten Weltkrieges mehr Menschenleben gefordert hatte als der Krieg selbst. Tatsächlich war die Begründung für die Vermutung, daß es sich bei der Pandemie von 1918/19 um Schweinegrippe gehandelt hatte, sehr vage. Zur gleichen Zeit hatte eine Epidemie grassiert, an der Millionen von Schweinen verendet waren, und der Zusammenhang erschien offensichtlich. Weder aus Schweinen noch aus Menschen hat man das Virus 1918/19 isoliert. Selbst als man das Schweinegrippevirus etwa zehn Jahre später erstmals charakterisierte, blieb seine Verwandtschaft mit dem menschlichen Grippevirus unklar.

Trotz dieser Unsicherheiten war das Risiko, untätig zu bleiben, zu groß – besonders für Gerald Ford, der 1976 für die Wiederwahl zum US-Präsidenten kandidieren wollte. Der Leiter des Zentrums für Krankheitsüberwachung argumentierte, ein nationales Impfprogramm, das auf einer Zusammenarbeit zwischen Industrie und Regierung basierte, sei »eine ideale Möglichkeit, den 200. Geburtstag der Nation zu feiern«. Allgemeine Bestürzung machte sich breit, als selbst Edward Kennedy den Plan öffentlich unterstützte. Am 24. März gab der Präsident, flankiert von Albert Sabin und Jonas Salk, den Entwicklern des Polio-Impfstoffs, seine Entscheidung bekannt, den Kongreß um Mittel zu bitten, damit jeder Mann, jede Frau und jedes Kind gegen Schweinegrippe geimpft werden könne.

Dieser große Kreuzzug fand schließlich nie in vollem Ausmaß statt. Im nachhinein fällt es nicht schwer, das Wesentliche aus dem Lärm wissenschaftlicher und politischer Argumente und Gegenbehauptungen herauszufiltern. Dabei wird deutlich, daß die große Schweinegrippeaffäre aus vier Gründen im Sande verlief. Erstens breitete sich das Virus im weiteren Verlauf des Jahres 1976 weder in den USA noch sonstwo in der Welt aus – seine Virulenz war weit überschätzt worden. Das Schreckgespenst von 1918/19 verschwand. Zum zweiten brachte eines der ersten eilig hergestellten Impferen stark wechselnde Ergebnisse und rief unangenehme Nebenwirkungen hervor. Drittens drosselten die Hersteller die Impfstoffproduktion im Sommer, um ein spezielles Gesetz abzuwarten, das sie vor Regreßansprüchen im Zusammenhang mit der Impfung bewahren sollte. Schließlich wurde die Kampagne, nach einer Fortsetzung bis zum Spätjahr, im Dezember abgebrochen. Das Serum geriet in Verdacht, eine Form von Lähmung hervorzurufen, die als Guillain-Barré-Syndrom bekannt ist und an der einige der Empfänger starben.

Zu dieser Zeit waren etwa 40 Millionen Menschen geimpft. Trotz des unrühmlichen Endes war die Kampagne letztlich eine beispielhafte organisatorische Großtat zur Förderung der öffentlichen Gesundheit. Doch zwei Jahre später zeichneten Richard Neustadt und Harvey Fineberg in einem Bericht im Auftrag von Präsident Carters Gesundheitsminister Joseph Califano ein anderes Bild von dem Ereignis. Unter den wichtigsten Grundzügen des Programms nannten sie »zu großes Vertrauen von Fachleuten in Theorien mit dürftiger Grundlage« und »fehlende Diskussion von Unsicherheiten, die zu einem Überdenken geführt hätten«. Ob das Programm nun ein Triumph oder ein Reinfall war, bleibt umstritten. In jedem Fall hat jedoch das Virus von Fort Dix mit der Auslösung einer Aktion solchen Ausmaßes viel erreicht.

Ähnliches kann wieder passieren. Eines der Schreckgespenster, vor dem sich die Mikrobiologen fürchten, ist das Auftauchen eines Influenzastammes, der die verheerende Virulenz dessen von 1918/19 besitzt. In der Zeit, die seit diesem Unheil vergangen ist, brachte die Entwicklung der Antibiotika bei der Kontrolle übertragbarer Krankheiten einen wesentlichen Wandel. Doch deren Wirkung ist auf Bakterien beschränkt. Wir sind daher zwar besser auf die Bekämpfung von Sekundärinfektionen vorbereitet, die 1918/19 viele Menschen das Leben kostete, doch entsprechende Waffen zur Niederschlagung der Viren selbst fehlen uns noch immer. Eine Immunisierung gegen Viren wie den Influenzaerreger, die sich von Zeit zu Zeit wandeln und daher von Antikörpern, die durch Impfung induziert sind, nicht mehr erkannt werden, ist eine heikle Empfehlung. Wie auch unsere bisherige Antwort auf das Auftauchen von AIDS (Seite 206) zeigt, sind wir beim Umgang mit Viren, die Überraschungen auslösen, in einer schlechten Position.

Mikroben in Büchern
– Gefahren für die Bibliophilie

In Zeiten der Rezession und auch in Zeiten hoher Inflation ist das Sammeln von antiquarischen Büchern und Serien renommierter Zeitschriften eine Alternative mit wachsendem Reiz für Investoren. Man sollte sie warnen. Denn Bücher aus zweiter Hand und alte Magazinreihen sind nicht nur für Wertminderungen durch den Einfluß unsichtbarer Mikroben anfällig, sie können auch gelegentlich Krankheiten auslösen.

Die Geschichte der Mikroben in Büchern begann ganz harmlos in den siebziger Jahren, als Guy Meynell, damals Professor für Mikrobiologie an der Universität von Kent in England, sich über die braune Farbe ärgerte, die so typisch für ältere Bücher und Zeitschriften ist. Diese Verfärbung interessiert vor allem Antiquariatsbuchhändler ganz besonders, da sie den Verkaufspreis nachteilig beeinflußt. „Schwache Verfärbung der Titelseite" oder „starke Verfärbung der letzten Seiten" sind typische Phrasen aus den einschlägigen Katalogen. Anders als die Mängel, die anderen alten Objekten die gewünschte Patina verleihen, drückt die Verfärbung bei Büchern die Preise. Doch Meynell wollte wissen: Was ist die Ursache der Verfärbung?

Aus diesem Grund suchte er verschiedene Fachleute und alteingesessene Buchhändler auf. »Oh, das sind Stockflecken.« lautete die häufigste Antwort. Niemand schien etwas über die Ursachen der Verfärbung zu wissen oder sich überhaupt dafür zu interessieren. Auch in Büchern fand er kaum Hinweise. In einigen stand, die braunen Flecken seien Unreinheiten des Papiers. Andere besagten, es handele sich um Eisensalze oder um Feuchtigkeit.

Da Guy Meynell Wissenschaftler und noch dazu Mikrobiologe war, beschloß er, der Sache auf den Grund zu gehen. Die Aufgabe erwies sich als nicht allzu schwierig. Er untersuchte verfärbtes Papier aus elf verschiedenen Büchern, die zwischen 1842 und 1919 veröffentlicht worden waren, mit unterschiedlichen elektronenmikroskopischen Methoden und fand schnell heraus, daß Pilzbefall an den Flecken schuld war. Er beschrieb seine Entdeckungen in einem Beitrag mit dem Titel „Stockflecken, eine Pilzinfektion in Papier", die im August 1978 in der Zeitschrift *Nature* erschien. Meynell schrieb, daß bei ausreichender Feuchtigkeit Sporen in dem Papier auskeimen und ein fädiges Geflecht, ein sogenanntes Mycel, bilden. Dies geschieht vorzugsweise an den Stellen, wo der Pilz ausreichend Nahrung findet – zum Beispiel an den Ecken der Seiten, an denen sich Nährstoffe von den Fingern der Leser ansammeln. Der ganze Vorgang läuft jedoch sehr langsam ab; die Ursachen dafür sind niedrige Temperaturen, die geringe Nährstoffmenge und die Tatsache, daß Bücher gelegentlich in warmen Räumen geöffnet werden und dann austrocknen.

Ein Jahr später wurden weitere interessante Aspekte über Mikroben in Druckerzeugnissen publik, als D. A. H. Taylor von der Universität Natal eine Beschwerde an die Vereinigung *Chemistry in Britain* betreffs deren Zeitschrift, des *Journal of the Chemical Society*, schickte. »Während meiner vielen Jahre in den Subtropen und Tropen habe ich eine interessante Beobachtung gemacht«, schrieb Taylor. »Die *Helvetica Chimica Acta* wird nie von Pilzen oder Schaben angefressen, beim *Journal of the American Chemical Society* passiert dies selten, doch das *Journal of the Chemical Society* wird fast immer vollständig von Pilzen oder Schaben zerstört. Man könnte nun, je nach Standpunkt, daraus den Schluß ziehen, daß das *Journal of the Chemical Society* eine besonders geschmackvolle Zeitschrift oder aber ein gammeliges, altes Käseblatt ist. Doch ernsthaft betrachtet ist dies ziemlich ärgerlich. Der Befall tritt am Rücken der Zeitschrift auf, womöglich aufgrund des Leims, der zum Binden verwendet wird.«

Trotz einiger mutiger Antworten durch verschiedene Autoritäten, darunter den für Publikationen zuständigen Manager der Royal Society of Chemistry und einen Spezialisten der Rothamsted Experimental Station, fand sich keine plausible Begründung für die Pilzvielfalt. Doch es stand außer Frage, daß, begünstigt durch tropisches Klima, die Pilze in dem wichtigsten Organ der Gesellschaft munter wucherten. Von Zeit zu Zeit hatten auch andere Zeitschriften Briefe verärgerter Leser erhalten, die sich über den Pilzbefall der Seiten beschwerten. Archivare schoben diese Tatsache auf die Luft, wobei sie sich nicht einig waren, ob nun feuchte oder trockene Luft den Papierbefall begünstigt. Einmal traf ich einen Mann, der bei einer Konferenz der American Society for Microbiology in Miami Beach alte Zeitschriften verkaufte. Er achtete darauf, daß deren Seiten nicht der feuchten Zugluft ausgesetzt wurden, die alle paar Sekunden durch die Schwingtüren des mit Klimaanlage versehenen Konferenzzentrums drang. Er meinte, er sei besorgt wegen Sporen, die möglicherweise zu tief in seine Waren eindringen konnten.

Er hatte wahrscheinlich recht. Wenige hundert Meter nördlich vom Damplatz in Amsterdam liegt, der feuchten Luft oberhalb der Kanäle ausgesetzt, ein holländisch-englischer Buchladen. Sein Zauber wird bereits beim Betreten vom miefigen Pilzgeruch gestört. Ob dieser Geruch eine Gefahr für die Gesundheit darstellt, so wie der Geruch der Kanalisationen, dem auszuweichen unsere Vorfahren als Kinder angehalten wurden?

Auf den ersten Blick erscheint das unwahrscheinlich. Guy Meynell und die anderen Biologen, die bei der Arbeit in den verfärbten Seiten alter Bücher und Journale herumstöberten, fanden dabei keine Krankheitserreger. Doch wenigstens ein Bericht gibt Anlaß zu Bedenken. Birgitta Kolmodin-Hedman vom Nationalen Amt für Arbeitssicherheit und Gesundheit in Umeå, Schweden, beschrieb in den *International Archives of Occupational and Environmental Health* (Ausgabe 57, 1986; S. 321) den Fall einer Frau, die innerhalb eines Jahres zehn Anfälle von Husten, Fieber, Erkältung und Brechreiz erlebt hatte. Die Symptome traten immer am Ende eines Arbeitstages auf. Nach ein bis drei Tagen zuhause verschwanden sie wieder, und im Urlaub zeigten sie sich nie.

Nachforschungen ergaben schnell, daß die Frau in einem schlecht belüfteten Kellerraum arbeitete, der einem Museum als Archiv diente und in dem alte, schimmelige Bücher lagerten. Die Anfälle begannen immer dann, wenn Bücher verlagert wurden. Messungen mit Luftfiltern zeigten, daß die Luft mit enormen Konzentrationen von Pilzsporen belastet war, unter anderem von *Aspergillus versicolor* und *Penicillium verrucosum*. Frau Kolmodin-Hedman folgerte, daß das Einatmen der Sporen ausreichte, um das Leiden der Frau auszulösen.

Man sollte diese Geschichte nicht übermäßig dramatisieren. Meynells Pilze hängen fest zwischen den Fasern des Papiers. Andererseits waren die Bücher in dem schwedischen Archiv derart dick mit Pilzen umhüllt, daß die Frau ihre Arbeit besser schon Jahre vorher aufgegeben hätte. Und die meisten Leser des *Journal of the Chemical Society* sollten in der Lage sein, ihre Zeitschrift ohne Risiko zu lesen, wenn sie die Seiten nicht zu heftig umklappen. Aber trotzdem ist ein gewisses Maß an Vorsicht sicher angebracht. Was könnte schließlich harmloser und zudem angenehmer sein als das Sammeln alter Bücher?

Salmonella typhimurium
– *eine Lektion in Laborsicherheit*

Die Sicherheitsvorkehrungen bei mikrobiologischen Praktika in der Ausbildung von Studenten scheinen oft übertrieben und in manchen Fällen schlichtweg verrückt zu sein. Studenten amüsieren sich, wenn sie sogar Bakterienkulturen aus Abstrichen ihrer eigenen, gesunden, makellosen Haut am Ende des Kurses vorsichtig, ohne etwas zu verschütten, in Schüsseln mit starken Desinfektionsmitteln stellen müssen. Verschraubte Gläser mit harmlosen Bodenproben werden am Ende in der grausamen Hitze eines Autoklaven sterilisiert. Platindrahtösen werden nach dem Kontakt mit so gefährlichen Flüssigkeiten wie Milch, die auf einen Objektträger gestrichen wurde, endlos in der Flamme des Bunsenbrenners von allen Spuren mikrobiellen Lebens befreit.

Wie harmlos eine Mikrobe theoretisch – oder aus Erfahrung – auch immer sein mag: Als goldene Regel gilt, daß keine von ihnen als risikofrei betrachtet werden darf. Praktische Umgangsvorschriften, die diese Vorsicht widerspiegeln, gibt es bereits seit der Zeit der Pionierarbeiten von Louis Pasteur, Robert Koch und den anderen Mikrobenjägern am Ende des 19. Jahrhunderts. Sie wurden jedoch in den vergangenen Jahren noch entschieden verschärft. Ein Ereignis, das zu dieser Veränderung beitrug, wurde 1971 von Simon Baumberg und Roger Freeman von der Universität Leeds in England im *Journal of General Microbiology* beschrieben. Der Artikel mit dem Titel „Der *Salmonella typhimurium*-Stamm LT-2 ist weiterhin pathogen für den Menschen" berichtet über die heimtückische Natur eines Bakteriums, das damals sehr viel für Kursexperimente verwendet wurde und das als absolut gutartig galt.

Der Name *Salmonella* steht natürlich für einen gewissen Grad an Gefährlichkeit für den Menschen, da einige Bakterienarten aus dieser Gattung Lebensmittelvergiftungen verursachen (Seite 186). Unter ihnen befindet sich sogar die Art, die Typhus auslöst (Seite 178). Doch wie viele andere harmlose Nachkommen unangenehmer Vorfahren schien *S. typhimurium* LT-2 keine wie auch immer geartete Bedrohung mehr für die menschliche Gesundheit darzustellen. Man dachte, es hätte durch die Kultivierung auf Nährmedium seit unzähligen Generationen jede Fähigkeit zur Auslösung von Krankheiten verloren (genau so, wie einst Pasteur infektiöse Keime zur Herstellung von Impfstoffen „abschwächte"). »Dieser Stamm wird seit vielen Jahren für Laborversuche verwendet und gilt allgemein als unbedenklich«, stellten R. C. Clowes und W. Hayes in ihrem 1968 veröffentlichten Lehrbuch *Experiments in Microbial Genetics* fest. »Entsprechend ist die Benutzung ungestopfter Pipetten ... gängige Praxis und gilt als ungefährlich.«

Jetzt aber zu dem Vorfall, der zu dem Bericht von Baumberg und Freeman führte: An einem Freitagnachmittag bereiteten Studenten der Genetikabteilung in Leeds einen Versuch zur Transduktion – also zur Übertragung genetischen Materials als Ergebnis einer viralen Infektion – von *S. typhimurium* LT-2 vor. Solche Techniken zur genetischen Manipulation sind zwar relativ jung (Seite 254), der zugrundeliegende Vorgang ist jedoch in der Natur weit verbreitet. Während des Kurses machte eine Studentin einen dummen, wenn auch scheinbar harmlosen Fehler bei der Anwendung ihrer Pipette, wie man die mit einer Meßeinteilung versehenen Glasrohre zum Aufsaugen und Abmessen von Flüssigkeiten nennt. Die Flüssigkeit war in diesem Falle eine geleeartige Suspension des Stammes LT-2, und die Pipette enthielt an dem Ende, an dem mit dem Mund gesaugt wird, keinen Baumwollstopfen; solche Stopfen werden verwendet, um Kontaminationen von außen zu verhindern.

Zufällig schluckte die Studentin beim Ansaugen eine kleine Menge der Zellsuspension. Obwohl diese Menge wohl etwa 200 Millionen Bakterien enthielt, waren die Kursleiter sicher, daß der Vorfall keine unangenehmen Folgen haben würde. Sie täuschten sich. Während des Wochenendes klagte die Studentin über Unwohlsein und eine schwache Gastritis. Am folgenden Dienstag fühlte sie sich besser, doch am Mittwoch hatte sich ihr Zustand deutlich verschlechtert. Die Symptome, unter anderem Durchfall, Kopfschmerzen und Übelkeit, wurden schlimmer, und sie erbrach mehrmals während der Nacht. Dann fühlte die Studentin sich wieder merklich wohler. Während der nächsten 24 Stunden trat eine deutliche Verbesserung ihres Zustandes ein; drei Tage später hatte sie sich vollständig erholt.

Untersuchungen des Stuhls der Studentin und andere Tests, die in Leeds und am Central Public Health Laboratory in Colindale, London, durchgeführt wurden, ergaben übereinstimmend, daß tatsächlich *S. typhimurium* LT-2 der Auslöser für ihr sechstägiges Elend war. »Im Licht dieses Vorfalls«, schlossen Baumberg und Freeman, »scheint es, daß der Organismus über 19 Jahre nach der Entdeckung, daß er transduziert werden kann, in Laborkultur die unangenehme Fähigkeit zur Infektion in verringertem Maße beibehalten hat; gewisse zusätzliche Vorsichtsmaßnahmen, wie etwa das Verwenden gestopfter Pipetten, wären daher angebracht.«

Die Infektion der Studentin in Leeds mit *Salmonella typhimurium* LT-2 führte, zusammen mit einigen ernsthafteren Vorfällen, zum Beispiel einem Ausbruch der Pocken am Institut für Hygiene und Tropenmedizin im März und April 1973, vor der geplanten vollständigen Vernichtung des Pockenvirus (Seite 75), zur Verschärfung der Vorsichtsmaßnahmen beim Umgang mit Mikroben im Labor. Der Pockenausbruch in London erfolgte drei Jahre nach dem Vorfall von Leeds in einem Labor, das nach dem offiziellen Bericht »altmodisch, ärmlich ausgestattet und vollgestopft mit Möbeln war« und »daher nicht dem notwendigen Sicherheitsstandard entsprach.« Aus dem Bericht ging ebenfalls hervor, daß zu wenig Wert auf die Vorbereitung, das Tragen und das Desinfizieren von Schutzkleidung gelegt und zuwenig auf regelmäßige Impfungen der Mitarbeiter gegen Pocken geachtet wurde.

Der Unfall in London war natürlich viel ernsthafter als der in Leeds. Schließlich war das Virus als tödlich bekannt und forderte auch damals einige Menschenleben. In anderer Hinsicht stimmt jedoch der Vorfall in Leeds viel nachdenklicher, denn man hielt die beteiligte Mikrobe nach so langer Zeit in Laborkultur für gänzlich harmlos. Der Zwischenfall kam auch genau rechtzeitig, um eine neue Generation von Molekularbiologen, die den peniblen Umgang mit infektiösen Organismen nicht kannten, an den Sinn von Vorsicht und Umsicht bei der Arbeit mit lebenden Kulturen jeder Mikrobenart zu erinnern. Obwohl diese peinliche Sorgfalt manchmal ans Lächerliche grenzt, ist sie in letzter Zeit wegen der Entwicklung von Methoden zur Manipulation der genetischen Beschaffenheit von Bakterien mehr denn je notwendig. Die heutigen Mikrobiologen und Genetiker, egal ob Lernende oder etablierte Forscher, haben Grund genug, *Salmonella typhimurium* LT-2 dankbar zu sein.

Staphylokokken
– die Hautschuppenbakterien

Eine der seltsamsten sozio-kommerziellen Erscheinungen der zurückliegenden Jahre ist der Mineralwasser-Boom. In Supermärkten Großbritanniens schlug während der Rezession die Marke „Highland Spring" als erste ganz groß ein. In Zeiten rasender Inflation mit real sinkenden monatlichen Einkommen mauserte sich dieser unscheinbare, aber nützliche Artikel über Nacht zu einer wahren Goldgrube. Ungeachtet einiger schillernder Neueinsteiger gab bald auch die Firma Perrier bekannt, daß sich die vertrauten grünen Flaschen besser als je zuvor verkauften. Mineralwasser mit oder ohne Kohlensäure war in den zurückliegenden 20 Jahren der Marktrenner schlechthin.

Neben der schon an sich unglaublichen Tatsache, daß Firmen durch abgefülltes Wasser gediehen, ist einer der merkwürdigsten Grundzüge der Mineralwassermanie, daß sie auf praktisch nichts beruht, versteckt hinter dem Begriff Reinheit. Die Hersteller, Vertreiber und Etikettierer dieses äußerst faden Artikels preisen ihre Produkte zur Zeit mit dem Fehlen von Salzen an, die sonst der einzige Grund zum Kauf des Wassers waren. Magnesiumsulfat hat die englische Stadt Epsom berühmt gemacht. Und Spurenelemente in Tablettenform sind heute der Renner in den USA („Hast du schon Selen probiert, oder bist du immer noch bei Zink?" war ein zufällig gehörter Kommentar einer älteren Frau aus Philadelphia, die sich Element für Element durch das gesamte Periodensystem aß). Doch die Wasserverkäufer wollen uns im Gegensatz dazu vom Sinn möglichst geringer Mengen an Chlorid, Fluorid, aber auch all der anderen Ionen, die der Wissenschaft bekannt sind, überzeugen.

Doch wie rein ist dieses inzwischen gesellschaftsfähige Produkt wirklich? Dieser Frage gingen zwei Mikrobiologen vom Public

Health Laboratory, das dem Universitätskrankenhaus im walisischen Cardiff angeschlossen ist, Mitte der achtziger Jahre nach. Paul Hunter und Susan Burge baten Beamte von Gesundheitsbehörden aus ihrer Umgebung, ihnen Mineralwasser verschiedener Marken zu schicken. Sie erhielten 58 Flaschen, die Hälfte davon stilles Wasser, die andere Hälfte kohlensäurehaltig (wovon wiederum die Hälfte natürlicherweise die Kohlensäure enthielt, die andere damit versetzt war). Von den Proben stammten 31 aus Großbritannien, die übrigen aus Ländern der Europäischen Gemeinschaft.

Die Ergebnisse dieser aufsehenerregenden Studie erschienen 1987 unter dem Titel „Die bakteriologische Qualität von Mineralwasser in Flaschen" in der Zeitschrift *Epidemiology and Infection*. Zuerst die guten Nachrichten: Keine der Proben enthielt irgendeinen Keim, der ein Zeichen für fäkale Verunreinigungen gewesen wäre. Und keine gab bei den bakteriologischen Standardtests, die normalerweise zur Überprüfung von Trinkwasserquellen durchgeführt werden, irgendeinen Anlaß zur Besorgnis. Als nächstes die neutralen Neuigkeiten: Bei der Anzahl isolierter Keime aus dem britischen und dem importierten Wasser bestand kein signifikanter Unterschied.

Doch nun die weniger guten Neuigkeiten: Die Anzahl der von Hunter und Burge gefundenen Bakterien war ziemlich hoch. Von den stillen Wassern enthielten 70 Prozent nach 72stündiger Inkubation bei 22 °C mehr als 100 Bakterien pro Milliliter. Dieser Wert übersteigt den von der Europäischen Gemeinschaft festgelegten Grenzwert für Wasser, das für den menschlichen Gebrauch geeignet ist, beträchtlich. Obwohl in der EG-Richtlinie Mineralwasser ausgenommen ist, und obwohl die kohlensäurehaltigen Wasser weit weniger belastet waren (Kohlendioxid wirkt in Wasser antibakteriell), stehen die Werte im Widerspruch zu dem Image, das den großen Boom dieses Produktes ausgelöst hat.

Die Forscher in Cardiff kultivierten daraufhin die Bakterien, um herauszufinden, welche Organismen sich in den Proben befanden.

Die Ergebnisse waren ziemlich erstaunlich. In elf Wasserflaschen wurden insgesamt 17 Stämme identifiziert, die zu den grampositiven Kokken zählen. Zwei davon waren *Micrococcus*-Stämme, weitere sieben zählten zur Art *Staphylococcus xylosus*. Auch wenn die zweite dieser beiden genannten Arten wahrscheinlich normalerweise am oder im Menschen nicht vorkommt (zumindest wurde sie bei Untersuchungen an Menschen in Großbritannien nicht gefunden), leben zwei der weiteren in dem Wasser gefundenen Organismen auf der menschlichen Haut. *Staphylococcus epidermis* wurde dreimal isoliert, *Staphylococcus hominis* tauchte in vier Proben auf.

Hunter und Burge schlossen, daß *S. epidermis* und *S. hominis* vor dem Abfüllen durch menschliche Hautschuppen in das Wasser geraten sein mußten. Sie äußerten die Ansicht, daß »wenigstens in einigen Fällen die Hygienestandards nicht so hoch sind, wie man erwarten sollte«. Nach ihrer Ansicht stammten in mehr als elf Prozent der Flaschen die Bakterien nicht aus der Wasserquelle selbst. Die Hygieneverhältnisse bei der Abfüllung genügten demnach nicht den gesetzlichen Anforderungen. Die Forscher wiesen darauf hin, daß natürliches Mineralwasser in Flaschen mikrobiologisch nicht die Reinheit hatte, wie sie die Hersteller mit einer Studie glauben machen wollten, die 1982 von dem Magazin *Which?* der Verbrauchergemeinschaft durchgeführt worden war. Vielmehr wurden frühere Ergebnisse eines Forschers bestätigt, der die Ansicht geäußert hatte, diese Erzeugnisse seien als alternatives Getränk bei der Ernährung von Säuglingen ungeeignet.

Ergebnisse aus Feldstudien zum Vorkommen von Mikroorganismen sollte man allerdings nicht überbewerten. Es gibt viele Beispiele für Enthüllungen durch die Medien hinsichtlich der Anzahl von Keimen, die auf Toilettensitzen lauern, in Milch wachsen und sich in Erdbeerkörbchen verstecken. In den sechziger Jahren hatte Dr. Michael Winstanley die Leser des *Manchester Guardian* vor Geschirr in Gaststätten gewarnt, auf dem angeblich manchmal große Bakterienpopulationen anzutreffen waren. Etwa 20 Jahre später erregte eine Ausgabe des *Sunday Mirror* mit einer ähnlichen Enthüllung die Gemüter. Im Jahr 1978 äußerte die *Sunday Post* Befürchtungen bezüglich der Infektionsgefahr durch die Benutzung öffentlicher Telefone. Schließlich fand 1986 ein von der *Illustrated London News* mit der Untersuchung des Keimgehalts von Feinschmeckermenüs beauftragter Forscher im renommierten Londoner Connaught-Restaurant 34 Millionen Bakterien pro Gramm Pâté.

Da Mikroben überall in unserer Umwelt anzutreffen sind, lassen solche Bilder keine Schlüsse auf die Infektionsgefahr zu. Dies weckt Erinnerungen an die Dummheit von Vorschlägen, wie etwa dem der EG-Kommission zur Begrenzung der zulässigen Bakterienzahl auf Kartoffeln, die beim Lebensmittelhändler verkauft werden. Trotzdem sind die Ergebnisse der Studie von Cardiff bemerkenswert und geben Anlaß zur Sorge. Die einzige Rechtfertigung für Wasser in Flaschen – und seinen überhöhten Preis – ist seine vorherige Reinheit. Dies läßt sich jedoch kaum mit der Tatsache vereinbaren, daß in dem verhauften Wasser mehr Keime zu finden sind, als die EG für Trinkwasser zuläßt, und daß es zudem mit Bakterien beladene menschliche Hautschuppen enthält.

Trichoderma
– ein Pilz, der von „nichts" lebt

Die Hypothese von der spontanen Entstehung des Lebens – das Auftauchen von Lebewesen in völlig leblosem Material – wurde durch zwei Entdeckungen widerlegt, ehe sie dann mit entsprechender Ironie wieder zum Leben erweckt wurde. Im Jahre 1688 bewies der italienische Arzt Francesco Redi, daß in Fleisch, das mit Gaze umwickelt ist, um Fliegen davon fernzuhalten, keine Maden wachsen. Der französische Chemiker Louis Pasteur zeigte beinahe zweihundert Jahre später, daß in Nährlösungen, die sterilisiert wurden und vor kontaminierter Luft geschützt sind, keine mikroskopisch kleinen „Tierchen" – er meinte damit Mikroben – mehr zu finden sind.

Pasteur wies zuerst nach, daß die Luft Mikroben enthält. Er blies große Mengen Luft durch einen Filter aus Schießbaumwolle oder Nitrocellulose, den er daraufhin unter dem Mikroskop untersuchte. Als nächstes blies er erhitzte (und damit sterilisierte) Luft in gekochtes (also ebenfalls steriles) Nährmedium und erhielt kein Bakterienwachstum. Sobald er aber mit Mikroben beladene Schießbaumwolle zusetzte, vermehrten sich diese ganz schnell in der Lösung.

Seine elegantesten Versuche führte der Franzose in speziellen Kulturflaschen durch, bei denen die Bakterien daran gehindert wurden, die Nährlösung zu erreichen. Diese nannte man auch Schwanenhalsflaschen, da ihre langen Hälse so nach unten gebogen waren, daß Bakterien aus der Luft nicht einmal hinaufdiffundieren und dann in die Lösung gelangen konnten. Das Nährmedium in solchen Flaschen blieb selbst dann unbegrenzt steril, wenn der Hals nach außen hin offen war. Sobald Pasteur jedoch den Hals einer Flasche abbrach oder auch nur die Flasche so kippte, daß die darin befindliche Lösung mit dem der Luft ausgesetzten Teil in Berührung kam, und sie dann wieder zurückfließen ließ, fingen sofort Mikroben zu wachsen an.

Nach einigen spektakulären öffentlichen Vorführungen dieser Effekte akzeptierte die Fachwelt (bis auf einige standhafte Skeptiker) schließlich, daß die spontane Entstehung von Leben ein Irrtum war. Eine sowohl von Aristoteles als auch von der Bibel vertretene Hypothese war letztendlich widerlegt. Zu Beginn dieses Jahrhunderts begannen sich die Denker allerdings für den Ursprung des Lebens auf der Erde zu interessieren und erforschten daher die Bedingungen, unter denen einfache Organismen aus den anorganischen Bestandteilen der Ursuppe entstehen konnten (Seite 25). Bis heute sind sich Wissenschaftler einig, daß lebende Zellen nicht spontan aus leblosen Chemikalien hervorgehen können. Sie sind sich aber gleichzeitig sicher, daß genau dieses vor sehr langer Zeit passiert sein muß. Jeder, der einmal gesehen hat, wie Froschlaich in einem Teich auftaucht, der offensichtlich nie von Fröschen bewohnt war, wird das hartnäckige Überdauern der Theorie vom spontanen Entstehen des Lebens verstehen. Auch jeder, der einmal in einem Labor gearbeitet und ab und zu eine mit einem Baumwollstopfen verschlossene, sterilisierte Flasche mit Nährlösung unbeachtet auf der Laborbank stehengelassen hat, kann dies begreifen. Gelegentlich findet in solchen eigentlich sterilen Flüssigkeiten über Nacht ein üppiges Wachstum von Bakterien oder Pilzen statt. Noch verwirrender wird die Geschichte, wenn in ganz seltenen Fällen in sterilem Wasser mikroskopische Pilze oder andere Mikroorganismen wachsen. Die Frage lautet dann nicht nur: „Woher kommen diese Mikroben?" (worauf die Antwort „zufällige Kontamination" lauten muß), sondern auch: „Wovon leben diese Mikroorganismen?"

Im *Bulletin of the British Mycological Society* beschrieb Milton Wainwright von der Universität Sheffield einige Versuche, bei denen Mikropilze offenbar ohne Kohlenstoff wuchsen. Kohlenstoff ist das Grundelement zur Synthese aller organischen Substanzen und damit Grundstoff für das Leben auf der Erde. Er entdeckte, daß zum Beispiel *Trichoderma*-Arten nach dem Animpfen in gänzlich von Kohlenstoff freiem Medium feine, treibende Netzwerke von Fasern bilden, die er Gossamere nannte.

Eine mögliche Antwort – daß die Organismen genügend Kohlenstoff aus den Glasgefäßen und dem Wasser aufnehmen – wurde bereits widerlegt. Auch wenn die Gefäße in Säure gekocht und die Flüssigkeiten mit Additiven destilliert werden, die jede Spur von Kohlenstoff beseitigen, überlebt *Trichoderma* nicht nur, der Pilz wächst auch. Dies bedeutet, daß der Organismus nicht nur unbekannte Energiequellen zum Überleben und Wachsen, sondern auch die Grundbausteine zur Synthese neuen Zellmaterials speichern muß. Schließlich muß er die Energie und die Substanz irgendwoher haben.

Wie können diese spartanischen Organismen im offensichtlichen Widerspruch zu den grundlegenden Prinzipien der Biologie gedeihen? Leider ist die Antwort nicht: spontane Entstehung. Nach einer von zwei möglichen Erklärungen sind Mikroben wie *Trichoderma*, deren Wachstum von vorgeformten organischen Substanzen abhängt, dazu in der Lage, diese in ausreichender Menge aus dem Staub im Labor zu filtern. Nach der anderen Erklärung können einige Pilze autotroph wachsen. Das heißt, sie sind, wie Pflanzen, dazu fähig, Kohlendioxid als Kohlenstoffquelle aus der Luft zu sammeln und zur Synthese komplexer organischer Substanzen zu nutzen.

Anders als Pflanzen, die das Licht der Sonne zur Photosynthese nutzen, beziehen diese Pilze ihre Energie aus einfachen chemischen Reaktionen. Bestimmte Arten der Pilze *Cephalosporium* (die zu Penicillinen verwandte Antibiotika, die Cephalosporine, bilden) und *Fusarium* gewinnen die Energie durch die sogenannte Knallgasreaktion, die Oxidation von Wasserstoff zu Wasser (Seite 294). Es gibt auch Hinweise dafür, daß einige andere Pilze die Energie zur Kohlenstoffixierung aus der Oxidation von Stickstoff- und Schwefelverbindungen gewinnen. Diese Lebensweise ist elementar und minimalistisch – doch vom energetischen Standpunkt aus effektiv und sehr erfolgreich.

Selbst die eindrucksvollsten und genialsten Demonstrationen eines Perpetuum mobile (sogar die des Außenseiters unter den Chemikern, David Jones, dessen außerordentlich einfallsreiche Grübeleien unter dem Pseudonym Daedalus wöchentlich in *Nature* erscheinen) haben immer einen natürlichen Hintergrund. Genauso scheint Milton Wainwrights Entdeckung die Bemerkung überflüssig zu machen, daß Lebewesen manchmal in Glasgefäßen neu entstehen. Die Sache hat nur einen Haken: Biologen akzeptieren heute die spontane Entstehung von Leben in der weit entfernten Vergangenheit. Es handelt sich dabei allerdings um ein äußerst seltenes Ereignis, das sich nur deshalb manifestierte, weil dafür die unendlich lange Zeit zur Verfügung stand, die für einen solchen zufälligen Prozeß notwendig ist. Woher wissen wir, daß dies nicht jederzeit wieder passieren kann?

Legionella pneumophila
– *ein Opportunist verläßt sein Versteck*

Juli 1976, im Bellevue-Stratford-Hotel in Philadelphia. Die Sektion Pennsylvania der amerikanischen Legion ist zu ihrem 58. Kongreß versammelt. Etwa 4 400 Delegierte mit ihren Familienangehörigen und Freunden haben sich für eine Parade, Kongresse und andere offizielle und weniger formelle Veranstaltungen innerhalb der nächsten vier Tage getroffen. Alles scheint in bester Ordnung bei diesem jährlichen Treffen, das wie immer mit Wiedersehensfeiern und in Vorfreude auf die Gemeinschaft und die bevorstehenden Annehmlichkeiten beginnt. Doch eben diese Versammlung ist dazu ausersehen, der Schauplatz eines tragischen Ereignisses zu werden, das einen Platz in der Medizingeschichte einnehmen soll.

Am 22. Juli, dem Tag nach der Eröffnung der Zusammenkunft, begannen einige Legionäre eine seltsame, schwere Krankheit mit Husten, Fieber und Lungenentzündung zu entwickeln. Bis zum 3. August, als die meisten Teilnehmer der Veranstaltung längst wieder abgereist waren, erkrankten 149 Personen. 29 von ihnen starben letztlich an den Folgen des bis dahin noch unbekannten Leidens. Da sich die Legionäre nach dem Treffen wieder in weite Teile Amerikas verstreuten, entdeckten die Mitarbeiter des Gesundheitsamtes von Pennsylvania erst am 2. August, daß eine Seuche unter den Teilnehmern des Kongresses grassierte.

Sofort starteten sie eine Untersuchung, die sich allerdings als eine der kompliziertesten und frustrierendsten erwies, die je von Gesundheitsämtern durchgeführt wurde. Die Monate verstrichen, doch es konnte nicht einmal ermittelt werden, ob die Lungenentzündungen von einer Infektion oder von einer chemischen Vergiftung des Essens oder des Wassers im Bellevue-Stratford-Hotel herrührten. Schließlich fand man jedoch heraus, daß die „Legionärskrankheit", wie sie von den Medien genannt wurde, durch ein Bakterium ausgelöst wurde. Zwar konnte man es isolieren, doch seine Kultur erwies sich anfangs als sehr schwierig. Wir werden allerdings später sehen, daß der später noch von weiteren Forschern isolierte Erreger *Legionella pneumophila* ein weit verbreitetes und für Antibiotika anfälliges Bakterium ist, das auch schon lange vor seiner Entdeckung einzelne Ausbrüche der Krankheit hervorgerufen hat.

Eine wichtige Spur bei der Aufklärung des Falles war die zunächst verwirrende Tatsache, daß weitere 72 Personen, die nicht an der Versammlung teilgenommen hatten, die gleichen Symptome zeigten wie die Legionäre. Diese Leute befanden sich entweder in dem Hotel oder wenigstens in dessen Nähe. Nach und nach konnte ausgeschlossen werden, daß das Essen oder das Wasser als Quelle für die Infektion in Frage kamen. Die Forscher waren überzeugt, daß eine über die Luft verbreitete Mikrobe für die Epidemie verantwortlich war, bei der von insgesamt 221 Infizierten 34 Menschen starben.

Aus Lungengewebe von Legionären, die der Infektion erlegen waren, gelang im Januar 1977 die Isolierung eines bis dahin noch unbekannten und damit besonders verdächtigen Bakteriums. Zu dieser Zeit hatte man Bakterien als Überträger der Krankheit eigentlich schon ausgeschlossen und suchte statt dessen nach Rikkettsien – winzigen Organismen, die eher Viren ähneln, da sie zur Vermehrung auf lebende Zellen angewiesen sind und ihnen die für andere Bakterien üblichen Nährmedien nicht ausreichen.

Zuerst infizierten die Forscher Meerschweinchen mit Material, das bei der Autopsie von Patienten gewonnen wurde. Die Tiere bekamen Fieber, und in ihrer Milz wuchsen stäbchenförmige Bakterien. Danach beimpften die Wissenschaftler Hühnereier mit Milzextrakten aus den Meerschweinchen und fanden die gleichen Bakterien in großer Zahl im Dottersack wieder. Im Blut der Opfer der Legionärskrankheit ließ sich ein hoher Antikörperspiegel gegen dieses Bakterium feststellen. Schließlich konnten die Wissenschaftler noch nachweisen, daß der Antikörperspiegel im Krankheitsverlauf angestiegen war. Eine solche Beobachtung spricht immer dafür, daß eine bestimmte Mikrobe der Erreger einer Krankheit ist.

Legionella pneumophila erwies sich nicht als Rickettsie, sondern als ein äußerst anspruchsvolles Bakterium, das nur in Nährmedium mit hohen Konzentrationen an Eisen und der Aminosäure Cystein wächst. Darüber hinaus läßt es sich mit den in der Mikroskopie für den Nachweis von Bakterien aus der Lunge und aus anderen Geweben üblichen Farbstoffen nicht sichtbar machen. Es ist also nicht weiter verwunderlich, daß dieses zwar weit verbreitete, aber sehr ungewöhnliche Bakterium vorher nie nachgewiesen worden war.

Noch blieb aber die Frage, woher die Bakterien bei dem Ausbruch in Philadelphia stammten und warum die Infektion bei dieser Gelegenheit so ernsthaft war. Ein Teil der Antwort ergab sich aus der Erkenntnis, daß *L. pneumophila* schon für frühere Ausbrüche von Atemwegserkrankungen verantwortlich war. Im Jahre 1968 erkrankten von 100 Personen, die zusammen im selben Gebäude arbeiteten, 95 am sogenannten „Pontiac-Fieber" – benannt nach der Stadt in Michigan, in der die Epidemie auftrat. Die Patienten klagten dabei über hohes Fieber, Durchfall, Erbrechen und Brustschmerzen (jedoch keine Lungenentzündung). Nur die Mitarbeiter, die bei abgeschalteter Klimaanlage arbeiteten, entkamen der Epidemie.

Bei einer genauen Untersuchung der Klimaanlage stellte man einen Defekt fest, durch den ein feiner Dunst entstand, der in den Luftleitungen kondensierte. Als Meerschweinchen diesen Dunst einatmeten, bekamen sie Lungenentzündung. Dies bedeutete, daß der Nebel eine infektiöse Mikrobe enthalten mußte. Obwohl der schuldige Erreger zu jener Zeit nicht gefunden wurde, konnten die Forscher aus Philadelphia im Jahre 1977 Blutproben von Opfern des Pontiac-Fiebers untersuchen. Das Blut der meisten Patienten zeigte ebenfalls hohe Antikörperspiegel gegen *L. pneumophila*.

Heute wissen wir, daß *L. pneumophila* tatsächlich zwei verschiedene, nahe verwandte Krankheiten auslöst. Die Legionärskrankheit befällt speziell ältere Menschen und beginnt mit Unwohlsein, Kopf- und Muskelschmerzen. Danach treten, begleitet von hohem Fieber, Brust- und Unterleibsschmerzen, Kurzatmigkeit und Durchfall auf. Ohne Verabreichung von Antibiotika oder einer anderen Behandlung sterben 20 Prozent der Opfer an progressiver Lungenentzündung. Die verbleibenden 80 Prozent erholen sich zwar nach langer, schwerer Krankheit, müssen aber möglicherweise für einige Zeit an eine künstliche Niere angeschlossen werden. Das Pontiac-Fieber verläuft ähnlich, doch weit harmloser, da keine Lungenentzündung auftritt und auch die Nieren nicht geschädigt werden. Zudem endet es so gut wie nie tödlich.

Die Gründe für die starken Unterschiede bei der Wirkung von *L. pneumophila* sind noch nicht vollständig aufgeklärt. Die von verschiedenen Stämmen des Bakteriums gebildeten Enzyme, von denen einige das Lungengewebe katastrophal schädigen, geben allerdings erste Hinweise auf die Differenzen. Doch ohne Frage ist *L. pneumophila* ein Opportunist par excellence, der unbemerkt in Orten wie Kühltürmen, Luftbefeuchtern und Duschen lebt und eine potentiell tödliche Krankheit auslöst, wenn er durch Dunst oder Aerosole freigesetzt wird. Die Vorbeugung ist einfach – die Verwendung von Desinfektionsmitteln und die Vermeidung von Wasserstaus und Temperaturen, die das Wachstum der Bakterien begünstigen (20 bis 46 °C). Doch die immer wieder ausbrechende Infektion verdeutlicht, daß diese Sicherheitsmaßnahmen allzu oft vergessen werden.

Legionella pneumophila
– und die „Häuserkrankheit"

»Wenn ernsthafte Wissenschaftler mit einem Notizblock in der Hand herumlaufen und nach diesen Dingen *fragen*, werden ihnen die meisten Leute erzählen, daß sie sich gerade nicht so gut fühlen, etwas Halsschmerzen haben, ein wenig von Kopfweh geplagt werden und ständig müde sind«, meinte einmal der britische Neurologe Professor Henry Miller. Er fügte noch hinzu: »Sie werden diese medizinischen Befunde mit Begeisterung jedem berichten, der ihnen zuhört – vor allem dann, wenn es sich dabei um Fachleute handelt, die alles sorgfältig notieren, was man ihnen erzählt.«

Miller sprach von der sogenannten „Vorstadtneurose", einer kürzlich entdeckten, möglichen neuen Krankheit, die speziell bei jungen Hausfrauen in gesichtslosen, grauen Wohngebieten auftreten soll. Doch seine Bemerkung kann (zumindest als methodische Warnung an Wissenschaftler) auch auf verschiedene andere Unpäßlichkeiten und Syndrome angewendet werden, die ab und zu in den Schlagzeilen auftauchen.

Man denkt sofort an Millers abweisende Haltung, wenn in Zeitungen und wissenschaftlichen Publikationen über das sogenannte *sick building syndrome* berichtet wird. Bestimmt haben schon viele von uns in einem Haus gearbeitet, von dem einige seiner Bewohner behaupteten, es verursache im Winter Schnupfen und im Sommer Müdigkeit. Diese Klagen scheinen meist eine konventionelle Ursache zu haben. So reagierten manche Leser mit entsprechender Skepsis auf einen Artikel von Michael Finnegan und seinen Kollegen über die Symptome und Charakteristika dieser neuen Krankheit im *British Medical Journal* vom 8. Dezember 1984. Diese Skepsis wurde seither durch zahlreiche Berichte zum *sick building syndrome* bestärkt, die als mögliche Ursachen die verschiedensten

Faktoren nannten: angefangen von Radon, das als Gas durch die Wände dringt, bis zu unsichtbaren Strahlen aus Bildschirmen, von der schlechten Psychodynamik ungeeigneter, offener Bürogestaltung über Infraschall durch Schwingungen von Hochhäusern im Wind bis hin zu Pilzsporen in den Luftschächten und Bakterien in der Zentralheizung.

Neuere Entdeckungen scheinen jedoch tatsächlich eine bessere Beurteilung dieser Krankheit zu ermöglichen und ihre wahre Natur an den Tag zu bringen. Sie sind in einem Bericht von Mary O'Mahony und ihren Mitarbeitern vom Überwachungszentrum für übertragbare Krankheiten des Gesundheitsamtes in Colindale, London, zusammengefaßt, in dem bei einem Ausbruch der Legionärskrankheit in Großbritannien bei den Betroffenen zugleich auch Symptome beschrieben wurden, die dem *sick building syndrome* zugeordnet werden.

Der Zusammenhang kam zum ersten Mal ans Licht, als einen 41 Jahre alten Angestellten der Polizei die Legionärskrankheit befiel – jene Infektion, die 1976 durch eine Epidemie in Philadelphia bekannt wurde. Er arbeitete in der Leitzentrale des Polizeihauptquartiers, eines dreistöckigen Gebäudes mit fünf Flügeln, und zwar in dem einzigen Flügel mit Klimaanlage. Sorgfältige Nachforschungen unter den 273 Beschäftigten, unter Berücksichtigung der Krankmeldungen der vergangenen vier Monate, führten schnell zur Identifizierung weiterer sechs Fälle der Erkrankung. Vier der Opfer hatten entweder im gleichen Flügel gearbeitet oder ihn zumindest besucht, zwei waren Mitglieder der örtlichen Gemeinde. Frau O'Mahony und ihre Mitarbeiter führten daraufhin genaue Untersuchungen durch, bei denen sich die Leitzentrale als Ausgangspunkt der Infektion erwies.

Mit mikrobiologischen Methoden hat man *Legionella pneumophila* im Wasser des Kühlturms wie auch im Schlamm des zugehörigen Teiches nachgewiesen, jedoch nicht im Wasser aus den Hähnen und Duschen des gesamten Gebäudes. Rauchtests zeigten allerdings, daß sowohl der aus dem Turm austretende Dunst als auch das Kondensat aus dem unteren Bereich des Kühlturms in den Hauptluftschacht der Klimaanlage gelangen und sich somit im gesamten Gebäudeteil verbreiten konnten. Die beiden Betroffenen aus der umliegenden Gemeinde – eine Frau, die regelmäßig ihren Hund in der Gegend spazieren führte und eine andere, die nur etwa 400 Meter entfernt wohnte – hatten womöglich die Bakterien über den vom Wind verbreiteten Ausstoß des Kühlturms eingeatmet. Nach gründlicher Reinigung und Desinfektion des Turmes (der zwei Jahre lang nicht gesäubert worden war) traten keine weiteren Fälle der Erkrankung mehr auf.

Das war jedoch nicht alles. Befragungen ergaben, daß eine ganze Reihe weniger ernsthafter Symptome, und zwar vorwiegend Kopfschmerzen und Überanstrengung der Augen, regelmäßig bei Beschäftigten auftraten, die im Kommunikationsflügel arbeiteten. Weitere Nachforschungen brachten zutage, daß die Angestellten dieses Gebäudeteils auch häufiger Brustinfektionen und grippeähnliche Erkrankungen hatten. Insgesamt wurden auch mehr Ausfälle wegen Krankheit verzeichnet als in den anderen Gebäudeteilen. Trockener Husten und Augenschmerzen traten im Kommunikationsflügel besonders oft auf. Die Beschäftigten klagten auch viel häufiger über Halsschmerzen – mehr als ein Drittel von ihnen stellten die Schmerzen immer direkt nach Arbeitsbeginn fest. Sie bemerkten, daß sich die Symptome wesentlich besserten, sobald sie das Gebäude für längere Zeit verließen, etwa in den Ferien oder am Wochenende.

Bei den Krankheitsfällen gab es innerhalb des Flügels keinen direkten Zusammenhang bezüglich der Benutzung von Toiletten und der Trinkwasserversorgung. Zudem war das Auftreten von Symptomen der „Häuserkrankheit", wie Husten und Augenübermüdung, nicht mit dem Vorhandensein von Antikörpern gegen *L. pneumophila* im Blut der Beschäftigten in Verbindung zu bringen. Es erschien daher unwahrscheinlich, daß die Symptome direkt etwas mit einem Ausbruch der Legionärskrankheit zu tun hatten.

Trotz alledem sind Mary O'Mahony und ihre Mitarbeiter der Ansicht, daß ihre Entdeckungen Hinweise auf einen mikrobiellen Ursprung der „Häuserkrankheit" sind, wobei Mikroben, die sich innerhalb eines nicht ordentlich gewarteten Kühlturms oder in einer Klimaanlage vermehren, die Krankheit auslösen könnten. Sie nennen einen früheren Fall, bei dem man im nachhinein einen Kühlturm als Quelle eines Aerosols ausgemacht hatte, das *L. pneumophila* enthielt. Leute, die in der Nähe eines Lüftungsschachtes saßen, bekamen deswegen Augenentzündungen. Dieser Vorfall wurde jedoch nicht näher untersucht und die Beobachtungen auch nicht in einer wissenschaftlichen Zeitschrift beschrieben.

Zwei Fälle reichen sicher nicht aus, um ein solch verschwommenes Krankheitsbild wie das der „Häuserkrankheit" zu etablieren und zu charakterisieren. Durch sie erhält aber das Gesamtbild von *L. pneumophila*, das neben der Legionärskrankheit und dem Pontiac-Fieber möglicherweise auch die „Häuserkrankheit" auslösen kann, einen weiteren Aspekt. Sie zeigen in jedem Fall eine deutliche Strategie für weitere Nachforschungen auf: Man sollte sowohl bei der Bewertung zurückliegender als auch bei zukünftigen Ausbrüchen der Legionärskrankheit wesentlich genauer auf das „Drumherum" achten.

III. Die Gefährlichen

Mikroben,
die uns noch
immer bedrohen

Die Frage, ob sich die Menschen immer noch weiterentwickeln, ist ein vieldiskutiertes Thema unter Genetikern. Zweifellos sind aber diejenigen von uns, die das Glück haben, in einer modernen Industriegesellschaft zu leben, zu einem hohen Grad vor physischen Gefahren abgesichert. In Häusern, Autos und Flugzeugen bleiben wir trocken und warm. Klimaanlagen und Heizungen ermöglichen uns den Aufenthalt in allen Teilen der Welt. Nahrungsmittel von hoher Qualität, wirksame Hygienemaßnahmen und moderne Medizin schützen unsere Gesundheit. Große, gefährliche Tiere stellen keine Gefahr mehr dar. In dieser Welt der Sicherheit verbleibt allerdings ein Makel. Mikroben haben nämlich ihre Fähigkeit zur Bedrohung, aufgrund der sie über die Jahrhunderte hinweg gefürchtet waren, noch lange nicht verloren. Die Gefahr lauert überall, und sie ist beträchtlich.

Vibrio cholerae
die zweite Pandemie

»Von allen Seuchen flößt uns die Cholera vielleicht am meisten Furcht ein: Sie verbreitet sich so schnell, daß ein bei Tagesanbruch noch kerngesunder Mann vor der hereinbrechenden Abenddämmerung bereits unter der Erde liegen kann.«

Dieser Satz stammt aus Harold Scotts 1939 veröffentlichtem klassischen Werk *A History of Tropical Medicine* („Geschichte der Tropenmedizin"). Cholera wird von dem Bakterium *Vibrio cholerae* ausgelöst und war Quelle besonderer Schrecken. Die Krankheit trat in den beiden zurückliegenden Jahrhunderten in einer Reihe unerbittlicher, weltweiter Epidemien (Pandemien) auf. Lange Zeit galt sie als nur in Indien beheimatet, doch zwischen 1817 und 1823 tauchte sie erstmals in anderen asiatischen Ländern auf. Die zweite große Seuche begann drei Jahre später, war wesentlich weiter verbreitet und kündigte das Auftauchen von *V. cholerae* als einem der am meisten gefürchteten unsichtbaren Feinde der Menschheit an.

Die zweite Pandemie ging, genau wie die erste, von Indien aus und hatte 1829 bereits Rußland erreicht. Von dort aus gelangte das Bakterium nach Polen, Deutschland, Österreich, Schweden und England. Schlagartig war ganz Europa betroffen, 7 000 Menschen starben allein in Paris, 4 000 in London. Irische Auswanderer, die ihre Heimat fluchtartig verließen, schleppten die Krankheit nach Kanada und in die Vereinigten Staaten ein, von wo aus *V. cholerae* sich bis nach Kuba ausbreitete und auch dort die Bevölkerung stark dezimierte. Bei späteren Cholerawellen starben ähnlich viele Menschen, in einigen Fällen sogar noch mehr – die dritte Pandemie zwischen 1846 und 1862 forderte in Italien 140 000, in Frankreich 24 000 und in England 20 000 Menschenleben. Doch wegen der bis dahin ungekannten Härte blieb jene zweite Welle besonders im Gedächtnis der Menschen haften.

Kurz nach Weihnachten des Jahres 1831 mußten die freundlichen Bewohner der Stadt Edinburgh in Schottland lesen, daß die Cholera seit einigen Wochen im Norden Englands wütete und nun auch die blankpolierten Schwellen ihrer Häuser erreichen würde. Diese grauenhafte, wegen ihrer zerstörerischen Macht gefürchtete asiatische Seuche hatte bereits die kleine Stadt Haddington in Ost-Lothian (etwa 20 Kilometer östlich von Edinburgh) erreicht. In der Zeitung *Edinburgh Courant* stand allerdings zunächst dazu: »Das Opfer war ein sehr leichtlebiger Mensch, der die Nacht zuvor vollkommen berauscht und fast nackt durch die Stadt gezogen war.«

Jeder Versuch zur Beschwichtigung in dem Artikel war jedoch vergebens. Die Ausbreitung der Cholera über die Grenze zeigte nicht nur, daß die Bemühungen, die Krankheit am Hafen von

Sunderland in Nordengland zu stoppen, gescheitert waren. Sie markierte auch den Beginn einer furchtbaren, landesweiten Epidemie. Ein weiteres halbes Jahrhundert verstrich, ehe der deutsche Bakteriologe Robert Koch das Bakterium identifizierte, das für die Panik und Verzweiflung jenes Jahres verantwortlich war: Er stellte seine Entdeckung auf einer Konferenz in Berlin im Juli 1884 vor. Die Verwüstungen durch *V. cholerae* führten allerdings zu den ersten ernsthaften Bemühungen um allgemeine Gesundheitsfürsorge und zur Verbesserung der Lebensbedingungen der Armen.

Nur wenige Infektionen verlaufen ähnlich scheußlich wie die Cholera. Wird *V. cholerae* mit dem Wasser oder mit der Nahrung aufgenommen, kann es im Prinzip von den Magensäften zerstört werden – besonders von denen der wohlgenährten Reichen. Wird die Mikrobe aber nicht im Magen zersetzt, gelangt sie in den Darm, wo sie sich blitzartig vermehrt. Die Folgen sind sehr starker Durchfall, Erbrechen, Fieber und letztlich der Tod, manchmal innerhalb weniger Stunden nach den ersten sichtbaren Anzeichen für die Infektion. Die Mengen an „Reiswasserstuhl", die ein Infizierter ausscheiden kann, sind beträchtlich – sie können innerhalb von 24 Stunden bis zur Hälfte des Körpergewichts erreichen. Nach solchen enormen Flüssigkeitsverlusten gleicht das Opfer einer verhutzelten Karikatur, mit eingesunkenen Augen und wegen der geplatzten Blutgefäße geschwärzter Haut. Das Bewußtsein bleibt bis zum Ende erhalten.

Trotz ihrer Grausamkeit ist Cholera eine der am leichtesten zu umgehenden Infektionen überhaupt. Es genügt, durch menschliche Ausscheidungen verunreinigte Nahrungsmittel und Wasser zu vermeiden, wie der Anästhesist John Snow im Jahre 1855 drastisch bewies. Snow lieferte die erste vollständige Dokumentation einer Erkrankungswelle, die durch verseuchtes Wasser aus der Broad-Street-Pumpe am Golden Square in London ausgelöst worden war. Durch Befragungen in allen Häusern der Umgebung fand er heraus, daß nur Menschen, die Wasser aus dieser Pumpe geholt hatten, an Cholera erkrankt waren. Als er den Pumpenschwingel entfernen ließ, verschwand die Epidemie. Snow veröffentlichte auch einen sorgfältigen Bericht über die Verteilung der Cholerafälle, bezogen auf die Wasserversorgung, in den verschiedenen Gesellschaften im Süden Londons. Diese Darstellung war ein deutlicher Beweis dafür, daß Cholera durch verseuchtes Wasser verbreitet wurde. Weiterhin konnte Snow aus seinen Beobachtungen schließen, daß auch Fliegen und schmutzige Wäsche die Infektion verbreiteten – und daß die Ansteckungsgefahr durch das Lagern und Filtern von Wasser vermindert wurde.

Die Briten hörten erstmals von Cholera, als eine in Bengalen tobende Epidemie die Armee des Marquis von Hastings erfaßte. Bis heute ist nicht klar, warum die Krankheit sich um diese Zeit herum von ihrer ursprünglichen „Heimat" wegbewegte und so weit ausbreitete, daß sie 1829 Rußland erreichte und von dort aus in Richtung Westen vordrang. Doch das Wissen um diese unaufhaltsame Ausbreitung und die vernichtende Natur des Leidens erzeugte eine abgrundtiefe Angst, die sich nach den Ereignissen von 1831 zu einer regelrechten Hysterie steigerte.

Der Seemann William Sprout aus Sunderland in England war gegen Ende Oktober das erste registrierte Opfer der asiatischen Cholera in Großbritannien. Alle frühen Versuche, die Seuche zu bremsen, scheiterten – unter anderem, weil Arbeiter und Vorgesetzte gemeinsam versuchten, die Quarantäne und andere Bestimmungen zu umgehen, die sich negativ auf den Handel ausgewirkt hätten. Mit den ersten Fällen in Schottland und ihren Folgen für die ganze Nation wurden allerdings die Maßnahmen verschärft. Leute, die auf den Schiffen über den Firth of Forth oder zu den Inseln vor der Küste erkrankten, wurden unterwegs ans Ufer geworfen und zum Sterben liegengelassen. Drei Bettlerinnen, von denen zwei hoffnungslos erkrankt waren, wurden aus ihren Hütten in der Nähe von Edinburgh geholt und am Straßenrand zurückgelassen.

Als die Krankheit in Richtung Süden zog und dabei in Liverpool 1 500, in Leeds und in Manchester jeweils 700 Todesopfer forderte, deuteten Fegefeuer-Verkünder die Cholera als Gottes Strafe für alle möglichen Taten, von Hahnenkämpfen bis zur katholischen Emanzipation. Doch einem der Kirchenmänner, Charles Girdlestone, der wesentlich zur Verbesserung der Lebensbedingungen beitrug, ist es wohl teilweise zu verdanken, daß die Cholera wieder von den britischen Inseln verschwand. Er war genau wie die anderen Mitwirkenden an Sir Edwin Chadwicks 1842 erschienenem *Report on the Sanitary Condition of the Labouring Population of Great Britain* („Bericht über die sanitären Lebensumstände der arbeitenden Bevölkerung in Großbritannien") stark von der Epidemie der Jahre 1831/32 beeindruckt. Die britische Bevölkerung hätte ohne die Verwüstungen von *V. cholerae* sicher noch länger auf jene sozialen und Gesundheitsreformen warten müssen, die dieses vernichtende Dossier über den allgemeinen Schmutz und die Verwahrlosung nach sich zog.

Vibrio cholerae
– *die siebte Welle*

Die Cholera – eine der zerstörerischsten bekannten Infektionen, deren Opfer regelrecht schrumpfen, da sie täglich bis zu 20 Liter Wasser verlieren – umlief nach der zweiten großen Epidemie zwischen 1826 und 1837 und der dritten zwischen 1864 und 1875 immer wieder in einer Reihe großer Wellen den Globus. *Vibrio cholerae* kostete auf seinem Weg durch Asien, Afrika, Europa und Amerika ungefähr 60 Prozent aller unbehandelten Infizierten das Leben. Die fünfte Cholerawelle zwischen den Jahren 1883 und 1896 beschränkte sich im wesentlichen auf Ägypten, Kleinasien und Rußland, obwohl auch verschiedene europäische Häfen betroffen waren. Die sechste Pandemie grassierte zwischen 1899 und 1923 ebenfalls in Ägypten, dazu in Südosteuropa, ganz Asien und dem europäischen Teil Rußlands.

Dann trat eine Ruhephase ein, während der Krankheitsfälle fast ausschließlich in Indien und einigen asiatischen Ländern verzeichnet wurden und nur noch gelegentlich anderswo Ausbrüche stattfanden – wie zum Beispiel in China in den Jahren 1940 und 1946. 1961 traten allerdings Infektionsfälle auf der Insel Celebes (heute Sulawesi, Indonesien) auf, die von dem *Vibrio cholerae*-Stamm „El Tor" ausgelöst wurden. In den umliegenden Ländern erkrankten zunächst vereinzelt Menschen, dann verbreitete sich die Infektion über Java, die Philippinen, Indien, den Nahen Osten und Afrika. Diese bis heute anhaltende Welle ist nun die siebte große Epidemie. Mitte 1993 gab die Weltgesundheitsorganisation bekannt, daß „El Tor" bis dahin mehr als drei Millionen Menschen infiziert hatte, von denen Zehntausende verstorben waren.

Cholera kann heute sehr wirksam bekämpft werden. In begrenztem Umfang werden Antibiotika wie Tetracyclin verabreicht. Allerdings muß der Ausgleich des Flüssigkeitsverlustes möglichst rasch erfolgen. Dies kann jedoch nicht in allen Teilen der Welt gewährleistet werden. Die Krankheit hat daher, vor allem in wasserarmen Gebieten, nichts von ihrem Schrecken eingebüßt. Im Januar 1991 kehrte die Cholera nach hundert Jahren erstmals wieder nach Amerika zurück. Die ersten Erkrankungen wurden in Peru festgestellt, wo im Februar mehr als 10 000 Patienten behandelt wurden. Von dort aus zog *V. cholerae* unaufhaltsam nach Kolumbien, Ecuador und in die anderen Länder Südamerikas. Bis Mitte 1992 wurden Choleraerkrankungen in Guatemala, Honduras, Panama, Venezuela, Bolivien, Chile, Nicaragua, El Salvador und sogar in Brasilien verzeichnet, wo es allein 1 500 Infizierte gab.

Die Geschichte vom Wiedereinzug der Cholera in Südamerika weist einen ganz besonderen Aspekt auf. Die Zeitschrift *Nature* berichtete, eine Lockerung der routinemäßigen Chlorierung von Trinkwasser habe wesentlich dazu beigetragen. Obwohl diese Maßnahme zur Gesundheitsvorsorge, genau wie die Fluorierung, bei der Einführung Proteste hervorrief, ist es unbestritten, daß die Chlorung von Wasser eine entscheidende Waffe im Kampf gegen Typhus und Cholera darstellt. Sie ist ein hochwirksames Mittel zur Zerstörung von Mikroben, die für diese und andere Magen-Darm-Erkrankungen verantwortlich sind.

Während der letzten zehn Jahre gab es allerdings aus zwei unterschiedlichen Forschungsbereichen Anhaltspunkte dafür, daß diese Art der Desinfektion zur Bildung von Substanzen führen kann, die im Verdacht stehen, krebsauslösend zu wirken. Analysen in verschiedenen Labors haben gezeigt, daß Chlor mit Huminstoffen aus dem Boden reagiert, die in verschwindend geringer Menge im Trinkwasser gelöst sind. Einige von ihnen bilden mit Chlor Verbindungen, die in bestimmten Zellen Mutationen auslösen und damit Krebs verursachen können. Die Umweltschutzbehörde der Vereinigten Staaten (EPA) hat außerdem durch eigene Versuche gezeigt, daß durch Reaktion von Chlor mit organischen Abbauprodukten im Wasser Trihalomethane entstehen, die ebenfalls als krebserregend im Verdacht sind.

Diese Zusammenhänge sind bislang noch nicht vollkommen erwiesen, und das gesundheitliche Risiko für den Menschen wird gegenwärtig für außerordentlich gering gehalten. Die Gefahren durch die mögliche Verbreitung von Mikroben wie *V. cholerae* aufgrund von ungechlortem Wasser sind mit Sicherheit wesentlich größer. Einige Autoritäten im Umweltsektor hat dies nicht davon abgehalten, mit außerordentlichem Eifer auf die neuen Erkenntnisse zu reagieren. Während die US-Umweltschutzbehörde wegen des Dilemmas, ein mögliches Krebsrisiko in Kauf zu nehmen, um die viel größere Bedrohung durch eine Seuche abzuwenden, weiterhin mit sich rang, entschlossen sich Entscheidungsträger in der peruanischen Hauptstadt Lima, in einigen städtischen Quellen die Chlorung einzustellen. Diese Entscheidung dürfte die rasche Ausbreitung von *V. cholerae* im Jahr 1991 in der Stadt stark begünstigt haben.

Natürlich konnte eine fehlende Chlorung allein nicht der Grund für das Auftauchen des Bakteriums sein. Die Panamerikanische Gesundheitsorganisation geht davon aus, daß *V. cholerae* mit einem chinesischen Getreideschiff nach Lima gelangte, das nach dem Löschen seiner Ladung aufgefordert worden war, den Hafen zu verlassen, da an Bord einige Besatzungsmitglieder an Cholera litten. Der Kapitän bat die Hafenbehörden um einen Choleraimpfstoff (der nicht verfügbar war, aber sowieso von geringem Nutzen gewesen wäre). Wenige Tage später, als die Mannschaft sich erholt hatte, segelte das Boot weg. Auch wenn keines der Opfer starb, konnten doch in anschließenden Bluttests hohe Antikörperspiegel gegen den *V. cholerae*-Stamm „El Tor" festgestellt werden. Dies ließ keine Zweifel an der Herkunft der Infektion.

Das Boot hatte während seines Aufenthaltes offensichtlich Kielraumwasser im Hafen abgelassen. Die Bakterien wurden von Schalentieren aufgenommen und infizierten ihre ersten Opfer womöglich über *Cerviche*, ein in Peru beliebtes Gericht aus rohen Meerestieren. Sobald sie einmal in die ungechlorte Wasserversorgung gelangt waren, konnten sie viel schneller wesentlich mehr Menschen erreichen, als es durch die Weitergabe von einer Person zur nächsten möglich gewesen wäre. Obwohl die Chlorung wieder aufgenommen wurde, war es aufgrund der hohen Anzahl bereits Infizierter, die alle *V. cholerae* in ihre Umgebung ausschieden, unmöglich, die Epidemie, die bereits ein erhebliches Ausmaß erreicht hatte, im Keim zu ersticken.

Könnte so etwas auch in Europa passieren? Durch die moderne Hygiene ist die Cholera in der Tat auf der Nordhalbkugel nahezu unbekannt. Reisende schleppen vereinzelt den Keim in europäische Städte ein, doch als Seuche kann sich *V. cholerae* unter normalen Umständen nicht ausbreiten. Einiges kann man aber sicher aus dem letzten echten Ausbruch in Europa im Sommer 1973 in der Stadt Neapel lernen. Der Grund für die mögliche Ausbreitung des Erregers war hier die Vernachlässigung einer Abwasseranlage, durch die ungeklärtes Abwasser direkt in die Bucht von Neapel floß – und zwar genau an einer Stelle, wo Fischer die berühmten Neapolitanischen Miesmuscheln kultivierten.

Doch läßt sich noch eine andere Lehre aus der Geschichte ziehen. Die italienischen Ärzte waren, als sie 1973 mit der Ursachenforschung zu der Epidemie begannen, so wenig vertraut mit der Cholera, daß sie zuerst ein bis dahin unbekanntes Virus statt des seit undenklichen Zeiten schon bekannten Bakteriums verdächtigten.

Während der Niederschrift dieses Textes hält nicht nur die siebte Pandemie der „El Tor"-Cholera noch immer an; ein neuer *V. cholerae*-Stamm hat zudem inzwischen in Indien einige ernsthafte Ausbrüche verursacht. Wir können es uns daher nicht leisten, in unserer Wachsamkeit bezüglich der Cholera auch nur im geringsten nachzulassen.

Corynebacterium diphtheriae
– warum Impfungen noch immer wichtig sind

Während uns die Schlagzeilen der Zeitungen immer wieder an die ungebrochene Existenz von „König Cholera" erinnern, wird eine andere, einst ähnlich gefürchtete Infektion allzu gerne als kaum mehr denn historisch bedeutsam abgetan. Die Diphtherie stellt allerdings auch heute noch eine Bedrohung dar – wann immer und wo immer es ungeimpfte Kinder gibt. Zur Zeit verbreitet sich diese hinterhältige und unappetitliche Krankheit, deren bakterieller Erreger seine Opfer buchstäblich erstickt, in der Russischen und der Ukrainischen Republik. Der entscheidende Grund dafür ist der Widerstand der Eltern gegen jede Art von Injektionen – und damit auch gegen die Diphtherieschutzimpfung – aufgrund der AIDS-Ansteckungsgefahr durch unsachgemäß sterilisierte Nadeln. Selbst in einem so gesundheitsbewußten Land wie Schweden traten zwischen 1984 und 1986 allein 17 Diphtheriefälle auf, von denen sechs bis zur Lähmung führten und drei tödlich endeten.

Die Vorbeugung gegen Diphtherie zählt andererseits auch zu den großen Erfolgen in der Medizin. Sie begann am Weihnachtsabend des Jahres 1891 in der Bergmann-Klinik in Berlin, als Dr. Heinrich Geissler einem jungen, an Diphtherie erkrankten Mädchen eine experimentelle Mischung spritzte. Wenige Tage später hatte sich die Patientin wieder erholt. Ihre Genesung war eines jener „kleinen Wunder" auf dem Weg zu einem historischen Sieg über eine gefürchtete Infektionskrankheit.

Die Ereignisse, die zu dieser dramatischen Wendung führten, hatten in den Jahren 1883/84 ihren Anfang genommen, als die beiden Bakteriologen Theodor Klebs aus Zürich und Friedrich Löffler aus Berlin unabhängig voneinander den Diphtherieerreger

Corynebacterium diphtheriae entdeckten. Löffler äußerte den Verdacht, das Bakterium würde im Hals des Opfers wachsen und zudem ein Toxin ausscheiden, das über den Blutstrom verbreitet wird. Die lokalen Symptome der Diphtherie waren sowieso offensichtlich – eine erstickende Schicht lebender und toter Bakterien bildet in Kehlkopf, Nasen-Rachen-Raum und Luftröhre eine dunkle, zähe und klebrige „Pseudomembran", die einen widerwärtigen Geruch verbreitet. Die Opfer schlucken und atmen immer schwerer und ersticken häufig, wobei Eiter und Blut durch die Nasenlöcher austreten.

Es gab allerdings auch Anzeichen für Schäden an Organen, die nicht direkt von den Bakterien besiedelt werden, speziell am Herzen, an den Nieren und im Nervensystem (woraus eine Lähmung des Gaumens, der Augenmuskeln, des Kehlkopfes und der Atemwege resultiert). Deshalb vermutete Löffler, daß Diphtheriebakterien eine Substanz absondern, die in diese weiter entfernten Organe gelangt.

Seine Annahme war richtig. Beide Arten von Schäden werden vom Diphtherietoxin verursacht. Emile Roux, einem Mitarbeiter Louis Pasteurs, und seinem jungen schweizerischen Assistenten Alexandre Yersin gelang der Nachweis dieser Substanz. Die beiden arbeiteten Ende der achtziger Jahre des vergangenen Jahrhunderts am neu gegründeten Institute Pasteur in Paris. Dort kultivierten sie *Corynebacterium diphtheriae* in Flüssigmedium und zeigten, daß nach Entfernung der Bakterien das Filtrat für Labortiere auf die gleiche Weise tödlich wirkte wie die Infektion mit dem Erreger selbst.

Doch warum erholten sich manche der Betroffenen? Die Antwort auf diese Frage – die Bildung von Antikörpern, die das Toxin neutralisieren – fanden Emil von Behring und Shibasaburo Kitasato am Institut für Infektionskrankheiten in Berlin. Nach Injektion einer subletalen Dosis des Toxins in ein Tier konnten sie in dessen Blut ein Antitoxin nachweisen, welches das Gift spezifisch hemmte. Darüber hinaus schützte das aus einem solchen immunisierten Tier gewonnene Blutserum manchmal nach Injektion ein vorher nicht infiziertes Tier vor Diphtherie. Mit dem Serum konnte zudem auch die Krankheit direkt behandelt werden.

Nur kurze Zeit später hatten die beiden Berliner Forscher ein Antitoxin aus Schafen gereinigt, das für klinische Versuche geeignet war. Nach jenem ersten vorsichtigen Experiment vom 24. Dezember 1891 wurden bald weitere Patienten damit behandelt. Auch wenn sowohl unter den tierischen als auch unter den menschlichen Patienten einige wenige Todesfälle auftraten, die auf ein nicht ausgewogenes Toxin-Antitoxin-Verhältnis zurückgingen, überwogen die spektakulären Erfolge. Innerhalb von drei Jahren wurden in Deutschland etwa 20 000 Kinder mit einem von der Firma Meister, Lucius und Brüning hergestellten Serum aus Schafen immunisiert.

Trotz der damaligen Erfolge hat man diese Methode zur Bekämpfung der Diphtherie – die sogenannte passive Immunisierung mit Antitoxin (das heißt mit spezifischen, gegen den Erreger und sein Toxin gerichteten Antikörpern) – durch eine aktive Schutzimpfung ersetzt, die heute noch angewandt wird. Dabei wird ein verändertes Toxin injiziert, welches die Bildung von Antitoxin durch den eigenen Körper induziert. Die Entwicklung eines einfachen Tests zur Bestimmung der Wirksamkeit eines Impftoxins, der statt in Versuchstieren im Reagenzglas durchgeführt wird, erleichterte die Perfektionierung beider Methoden sehr. Dies ist eines der ersten Beispiele für den Ersatz aufwendiger Tierversuche durch einfachere und zudem genauere Tests.

Heutzutage wird Kindern das Diphtherie-Antitoxin üblicherweise in Kombination mit Impfstoffen gegen Polio, Tetanus und Keuchhusten verabreicht. Doch gelegentliche Krankheitsausbrüche, wie die genannten in Schweden, zeigen immer wieder die Auswirkungen der Nachlässigkeit von Eltern bei der Impfung ihrer Kinder. Die Infektionen in Rußland und der Ukraine verdeutlichen einen weiteren Aspekt dieser allgegenwärtigen Bedrohung.

Genauso bemerkenswert wie die Erfolgsgeschichte der Immunisierung gegen Diphtherie ist eine andere Rolle, die *Corynebacterium diphtheriae* heute, ein Jahrhundert später, in der Medizin spielt. Die Mischung, die dem Kind in Berlin zu Weihnachten 1891 das Leben rettete, war ein Vorläufer des heute verwendeten Impfserums. Sie enthielt Antikörper gegen das Toxin, welches die quälenden und manchmal tödlichen Effekte des Leidens verursacht. Genau dieses tödliche Gift wird heute als experimentelles Werkzeug – als Wunderwaffe – zur Zerstörung von Leukämiezellen innerhalb des Körpers eingesetzt.

In den letzten Jahren haben Genetiker damit begonnen, das Diphtherietoxin zu diesem Zweck zu verändern. Charles LeMaistre und seine Mitarbeiter haben dafür den Teil des Toxins entfernt, der normalerweise an die Zielzellen bindet, und durch eine neue Region ersetzt, die gezielt nur an Leukämiezellen bindet. Das veränderte Toxin wurde einem sechzigjährigen Patienten verabreicht, dessen chronische lymphatische Leukämie auf keine der üblichen Behandlungsmethoden ansprach. Es bewirkte eine drastische Abnahme der Leukämiezellen und eine Schrumpfung seiner zuvor vergrößerten Drüsen und Milz.

Diese Art der Behandlung steckt noch in der experimentellen Phase, doch hat es je ein bemerkenswerteres Beispiel für die Umwandlung von Schwertern zu Pflugscharen gegeben?

Haemophilus influenzae
– das Bakterium,
das Grippe nicht *verursacht*

Ist dies »der Anfang vom Ende?« fragte der Herausgeber des *Journal of the American Medical Association* in der Ausgabe vom 13. Januar 1993. Er bezog sich dabei auf drei Veröffentlichungen in diesem Heft und die darin beschriebenen spektakulären Erfolge bei der Kontrolle einer Erkrankung in den USA, die durch eine hochgefährliche, jedoch relativ unbekannte Mikrobe verursacht wird – *Haemophilus influenzae* Typ B, kurz HiB (Tafel VII).

HiB ist für unterschiedliche Infektionen verantwortlich, war jedoch als Auslöser von Meningitis besonders gefürchtet. Allein diese Krankheit hat weltweit bei Zehntausenden von Kindern Hirnschäden oder den Tod verursacht. Die drei Veröffentlichungen im *Journal of the American Medical Association* berichteten vom Erfolg eines Impfstoffes, der im Jahr 1987 in den USA eingeführt wurde und sich als eine ausgezeichnete Waffe gegen dieses Bakterium erwiesen hat. Die Reduzierung der von HiB verursachten Krankheitsfälle bei amerikanischen Kindern unter fünf Jahren betrug nach dem ersten Artikel 71 Prozent zwischen 1989 und 1991, und die Zahl der Meningitisfälle ging zwischen 1985 und 1991 um 81 Prozent zurück.

Die zweite, unabhängig davon erstellte Studie ergab zwischen 1983 und 1991 in Minnesota einen Rückgang der HiB-Erkrankungen bei Kindern um 85 Prozent, in Dallas gar um 92 Prozent. Die dritte Studie befaßte sich mit Kindern von US-Soldaten; sie beschrieb ähnlich starke Abnahmen der Zahl von Meningitisfällen, aber auch von Lungenentzündung und anderen Krankheiten, die HiB hervorruft.

Man könnte sich kaum mehr schlagende Beweise für die Wirkung des HiB-Impfstoffes wünschen, der in Großbritannien erstmals im Oktober 1992 verfügbar war. Das *British Medical Journal* meinte zu der Einführung, britische Eltern könnten sich nun auf eine drastische und schnelle Reduzierung von HiB-Fällen in Großbritannien und auch in anderen Ländern freuen. Diese würde allerdings nur dann eintreten, wenn die Eltern ihre Kinder gegen diesen weiterhin sehr gefährlichen Organismus impfen ließen. Zur Zeit werden auf den britischen Inseln jährlich etwa 1 500 Infizierte registriert, von denen mehr als die Hälfte Hirnhautentzündung entwickeln. Obwohl dieses Leiden durch Antibiotika bekämpft werden kann, sterben im Schnitt jährlich 65 Kinder an HiB-Meningitis, weitere 150 tragen bleibende Hirnschädigungen davon.

Warum hat es so lange gedauert, bis ein Serum zum Schutz von Kindern vor dieser gefährlichen Mikrobe eingeführt werden konnte? Dies liegt hauptsächlich an der grundlegenden Tatsache, daß die meisten virulenten *Haemophilus influenzae*-Stämme von einer dicken Polysaccharidkapsel umgeben sind. Wird eine Person infiziert, bildet der Körper Antikörper gegen das Kapselpolysaccharid. Die resultierende Immunität ist allerdings viel kurzlebiger und deutlich schwächer als bei anderen Infektionen. Diese Nachteile haben lange Zeit die Pläne zur Entwicklung eines Impfserums vereitelt. Die Lösung dieses Problems gelang erst in jüngster Zeit durch die Kopplung des Polysaccharids an ein Protein. Auf diese Weise kann man nun ein Serum für eine langlebige und gut wirksame Impfung herstellen.

Warum war aber bis vor relativ kurzer Zeit praktisch kaum die Rede von HiB? Dies ist die weit unangenehmere Frage, denn der Organismus wurde bereits im Jahre 1892 von dem bekannten deutschen Bakteriologen Richard Pfeiffer erstmals beschrieben. Er entdeckte die Mikrobe im Hals von Opfern der großen Grippeepidemie, die 1889/90 die ganze Welt umlief. Er hielt das Bakterium für den Auslöser der Krankheit. Der Organismus war in der Tat in den

167

Atemwegen der Grippekranken weit verbreitet und stand nach damaliger Kenntnis nicht mit anderen Infektionskrankheiten in Verbindung. Der sogenannte Grippebazillus, auch als Pfeiffers Bazillus bezeichnet, erhielt 1917 den Namen *Haemophilus influenzae* und galt allgemein als Auslöser der Grippe.

Erste Zweifel kamen auf, als andere Forscher Pfeiffers Bazillus bei etlichen Grippepatienten nicht nachweisen konnten. Der Verdacht lag nahe, daß es sich um ein typisches Begleitbakterium und nicht um den primären Verursacher der Erkrankung handelte. Gegen Ende der zwanziger Jahre waren die meisten Mikrobiologen davon überzeugt, daß *Haemophilus influenzae* tatsächlich nur ein Mitläufer war, der die Gewebe des Atmungstraktes erst dann besiedelt, wenn diese bereits vom wahren Schuldigen befallen sind. War vielleicht ein Virus, also eine viel kleinere Mikrobe, der eigentliche Grund für Grippe?

Genau dieser Verdacht bestätigte sich – unter anderem durch einen glücklichen Zufall, der sich 1933 in London ereignete. Wissenschaftler der Wellcome Laboratories in London setzten damals Frettchen bei der Erforschung der Ursachen von Hundegrippe ein. Eines Tages, gerade am Höhepunkt einer Grippewelle, begannen die Forscher den Verdacht zu hegen, daß die Frettchen ebenfalls an Grippe erkrankt waren. Sie wußten, daß Christopher Andrewes, Wilson Smith und Patrick Laidlaw vom National Institute for Medical Research im Norden Londons (erfolglos) versucht hatten, verschiedene Labortiere mit Grippe zu infizieren, um die Krankheit näher untersuchen und eventuell einen Impfstoff oder eine andere Behandlungsmethode entwickeln zu können.

Wie eine Ironie des Schicksals mutet es an, daß Andrewes selbst von der Grippewelle erfaßt war, als er von dem Vorfall erfuhr. »Ich fühlte mich krank. Meine Temperatur stieg rapide. Ich bekam Grippe, und Wilson Smith gab mir etwas zum Gurgeln und zum Spülen, danach ging ich nach Hause und ins Bett«, erinnerte er sich später. Während Andrewes seine Infektion zu Hause ausschwitzte, infizierte Smith einige gesunde Frettchen mit dessen Spülflüssigkeit. Der Rest ist Geschichte. »Als ich etwa zehn Tage später zur Arbeit zurückkehrte, konnte Wilson Smith von dem ersten offensichtlich erkrankten Frettchen, das nieste und eine verstopfte Nase hatte, berichten.«

Andrewes und seine Mitarbeiter verfolgten ihren Glückstreffer weiter und konnten bald beweisen, daß der Erreger tatsächlich ein Virus war. Filter, die Bakterien zurückhalten, ließen ihn nämlich ungehindert passieren. Innerhalb weniger Jahre fanden sie auch heraus, daß es drei verschiedene Typen des Influenzavirus gab, die in der Reihenfolge ihrer sinkenden Bedeutung mit A, B und C bezeichnet wurden. Auch wenn unsere Maßnahmen gegen Grippe selbst heute noch zu wünschen übrig lassen, waren diese Beobachtungen von weitreichender Bedeutung für die Einführung von Impfstoffen sowie von Labortechniken zur Aufzeichnung und Auswertung von Grippewellen.

Doch die Medaille hat eine Kehrseite. Sobald die Influenzaviren entdeckt waren, wurde *Haemophilus influenzae* in die Fußnoten der medizinischen Lehrbücher verbannt – als die Mikrobe, die Grippe *nicht* auslöst. Große Anstrengungen einer kleinen Gruppe von Mikrobiologen in den Vereinigten Staaten und Großbritannien waren notwendig, um die Welt davon zu überzeugen, daß das Bakterium, und zwar vor allem der Stamm B, tatsächlich tödlich wirkt. Daß dies heute verhindert werden kann, verdanken wir Richard Moxon und seinen Mitarbeitern vom John-Radcliffe-Krankenhaus in Oxford. Ihre Arbeiten zur molekularen Basis der Virulenz von *Haemophilus influenzae* führten zur Entwicklung einer geeigneten Immunisierungsstrategie sowie zur Einführung verschiedener Impfseren gegen HiB (von denen jedes ein anderes Trägerprotein zur Induktion der Immunität verwendet) durch das Unternehmen Merck Sharp & Dohme und andere Firmen.

Plasmodium
– und der Fieberschweiß bei Malaria

Der angesehene französische Virologe André Lwoff verwirrte viele Teilnehmer des internationalen Mikrobiologiekongresses in Moskau im Jahre 1966 mit der Feststellung, Fieber sei normalerweise eine positive Sache und nicht etwa eine Krankheit, bei der heilende Eingriffe von Ärzten nötig wären. Er wandte sich gegen die „Anbetung von Antikörpern" – die Vorstellung, daß die Immunantwort der prinzipielle Abwehrmechanismus des Körpers gegen Infektionen sei – und wies statt dessen auf die Bedeutung von unspezifischen Faktoren wie der erhöhten Körpertemperatur hin, die eindringenden Bakterien das Leben schwer machen.

Nach Professor Lwoffs Ansicht verordneten Ärzte viel zu häufig fiebersenkende Mittel zur Behandlung von Patienten, die ihre mikrobiellen Eindringlinge genauso wirksam mit einigen Tagen Schwitzen unter der Bettdecke zurückschlagen könnten. Pflanzenpathologen hätten schon länger erkannt, daß sie ihre von Viren infizierten „Patienten" einfach durch Erwärmung behandeln konnten. Warum sollte dies beim Menschen anders sein?

Seitdem fand die Idee von der positiven Wirkung des Fiebers breitere Anerkennung – vor allem hinsichtlich viraler und auch einiger bakterieller Infektionen. Doch wie steht es mit Malaria? Ist es denkbar, daß die in Schüben auftretenden Fieberanfälle, die diese Krankheit charakterisieren und die durch die Freisetzung der parasitischen Erreger ins Blut verursacht werden, irgendeinen positiven Effekt haben? Jeder, der keine Schwierigkeiten hat, diese Annahme zu bejahen, möge die Beschreibung der Malaria von Andrew Balfour und Henry Harold Scott in *Health Problems of the Empire* („Gesundheitsprobleme im britischen Königreich") aus dem Jahre 1924 lesen:

»Der Patient kann sich plötzlich in den Klauen des Fiebers wiederfinden, von einem Krampf geschüttelt werden und dann derartig frieren, daß er zittert und mit den Zähnen klappert wie mit Kastagnetten. Er kriecht ins Bett und packt sich in dicke Kleider ein, friert aber bis auf die Knochen, obwohl seine Temperatur stark erhöht ist. Nach etwa einer Stunde beginnt die Hitzephase ... Die Haut wird trocken und brennt, starke Kopfschmerzen setzen ein und der Patient muß sich wiederholt übergeben. Bei einem heftigen Anfall steht er unter starkem Streß, das Fieber steigt auf über 40 °C. Er wirft seine Decken ungeduldig beiseite und verliert leicht den Kopf ... Dann folgt eine Transpirationsphase, der Schweiß rinnt dem Kranken die Haut herunter und durchnäßt ihn mitsamt Kleidung und Bettwäsche.«

Zwei Malariaforscher der heutigen Zeit, Dr. Brian Greenwood, Leiter der Medical Research Council Laboratories in der Nähe von Banjul in Gambia, und sein Kollege Dr. Dominic Kwiatkowski glauben durchaus, daß dieser Krankheitsverlauf Vorteile für die Infizierten mit sich bringt. Doch auch der Malariaerreger, der parasitische Einzeller *Plasmodium*, profitiert ihrer Meinung nach von dem Fieber. Ihre Theorie fußt auf einer anderen typischen und verwirrenden Beobachtung bei der Malaria und ihrer möglichen Deutung – nämlich der Tatsache, daß sich die Parasiten während derjenigen Phase ihres Lebenszyklus, die in den roten Blutkörperchen stattfindet, absolut synchron entwickeln.

Tatsächlich sind beide Phänomene eng miteinander verknüpft. Die Fieberschübe kehren bei der tertiären Malaria (die von *P. falciparum*, *P. vivax* und *P. ovale* ausgelöst wird) alle zwei, bei der quartären Malaria (durch *P. malariae* verursacht) alle drei Tage wieder, weil die Parasiten sich in Zyklen von 48 beziehungsweise 72 Stunden innerhalb der roten Blutkörperchen entwickeln und vermehren. Sie tun dies synchron, und die befallenen Blutkörperchen reifen zu sogenannten „Schizonten" heran und platzen schließlich fast alle gleichzeitig. Dabei setzen sie erneut eine große Menge Parasiten frei. Die einfachste Erklärung dafür ist, daß sich aufeinanderfolgende Generationen von Plasmodien nach einem

Mückenstich „im Gleichschritt" entwickeln. Sie ist aber unhaltbar, da sich die Parasiten in roten Blutkörperchen außerhalb ihres Wirtes nicht synchron teilen. Zudem beginnt Malaria häufig zunächst azyklisch und erreicht ihren typischen Rhythmus erst beim zweiten oder dritten Schub.

Offenbar beruht die Synchronisation auf einer Wechselwirkung zwischen dem Parasiten und seinem Wirt. Das System könnte sich so entwickelt haben, daß der Tagesrhythmus des menschlichen Körpers die Reifung der Parasiten regelt. Moskitos, die den Menschen zu einer bestimmten Tageszeit stechen, nehmen dann die Parasiten mit dem Blut auf. Greenwood und Kwiatkowski vermuten, daß der Tagesrhythmus die Synchronität zwar unterstützt, daß sie aber hauptsächlich von den Fieberschüben gesteuert wird. Sie glauben, daß der Fieberanfall, der auf das zeitgleiche Platzen vieler Schizonten folgt, die übrigen, noch reifenden Schizonten schädigt. Dies unterbindet zeitweilig ihre Teilung. Die nächste Zellgeneration allerdings überlebt das Fieber, das wiederum die Folgegeneration der Parasiten synchronisiert, die es ausgelöst haben. Zwei oder drei Tage später (abhängig von der Art) platzen die von der Nachkommenschaft dieser Parasiten gebildeten und gereiften Schizonten, das Fieber kehrt zurück und die Synchronität wird verstärkt.

Wenn Greenwood und Kwiatkowski richtig liegen, haben sich die Gattungen *Homo* und *Plasmodium* so nebeneinander entwickelt, daß das Fieber beiden nutzt. Den zentralen Punkt ihrer Theorie bildet das Argument, es wäre wohl für beide Arten tödlich, wenn die Parasiten sich während der Anfangsphase der Infektion ungehindert teilen könnten, da die übertragbare Form Zeit zur Reifung braucht. Sowohl der Parasit als auch der Wirt sind von irgendeinem Faktor abhängig, der das Wachstum reguliert, und zwar nicht von den Antikörpern, die bei einer vorherigen Exposition gebildet wurden. Ein offensichtlicher Kandidat ist eben das Fieber und die anderen unspezifischen Reaktionen des Wirtes, die damit verknüpft sind.

Im Idealfall (aus der Sicht des Parasiten) sollten solche Mechanismen aussetzen, sobald die Populationsdichte der Parasiten unter einen gewissen Wert sinkt. Dies geschieht während der Fieberanfälle. Überdies sollte sich dem Parasiten bei einer zu heftigen Attacke durch den Wirt ein Fluchtweg eröffnen. Im Fall des Fiebers stellt die Synchronisation diesen Ausweg dar. Die periodischen Fieberschübe können so den Wirt retten und gewährleisten gleichzeitig das Überleben des Parasiten.

Zwei wichtige Beobachtungen unterstützen diese Hypothese. Erstens folgt einem besonders hohen Malariafieber häufig ein starker Rückgang der Parasitenzahl im Blut. Zweitens neigt *P. vivax*, das schon bei einer niedrigeren Zellzahl als *P. falciparum* Fieber auslöst, auch zu einer geringeren Parasitenzahl im Blut. Und schließlich löst *P. falciparum* kein Fieber aus, bevor es nicht eine relativ hohe Dichte an Schmarotzern im Blut erreicht hat, obwohl es zu einer geringeren Synchronisation neigt als die anderen den Menschen infizierenden Parasiten.

Jeder, der einmal das Pech hatte, ein Malariafieber zu durchleben – sei es, weil eine Behandlung mit Chloroquin versäumt wurde oder weil der infizierende Stamm resistent dagegen war –, wird natürlich empfinden, daß die Hypothese Greenwoods und Kwiatkowskis nur von intellektuellem Nutzen ist.

Desulfovibrio und *Hormoconis*
– Zerstörer

Auf einem meiner Bücherregale liegt zur dauerhaften Erinnerung an die paradoxe Macht von Mikroben ein rostiges Stück einer Gasleitung aus Eisen, das bis vor einigen Jahren noch vor meiner Haustür in der Erde vergraben war. Die Leitung wurde damals wegen eines Lecks ausgegraben und durch ein modernes Plastikrohr ersetzt. Daß sie undicht war, sieht man deutlich an drei sehr großen Löchern in der Nähe einer Schweißnaht des Rohres. Wir können davon ausgehen, daß *Desulfovibrio* dieses dicke Eisenrohr durchlöchert hat – mit derselben Gründlichkeit, mit der *Streptococcus mutans* und andere Bakterien Email erodieren und bei mangelnder Gegenwehr Löcher in den Zähnen verursachen.

Man sollte eigentlich annehmen, daß Eisen oder Stahl, wenn sie von Erde oder Lehm dicht umschlossen, also praktisch unter Luftabschluß, vorliegen, vor Zerstörungen geschützt sein sollten. Wir alle wissen aus Schulversuchen, daß ein Nagel nicht rostet, wenn er unter Wasser und damit ohne Luftzufuhr aufbewahrt wird. Wie ist es dann möglich, daß ein Eisenrohr in Stücke zerfällt, wenn es unter Sauerstoffausschluß tief in der Erde vergraben liegt – wo Mikroben sicherstellen, daß anaerobe Bedingungen herrschen, indem sie sämtlichen Sauerstoff verbrauchen, der von der Oberfläche her in die Tiefe gelangt?

Die Antwort darauf lautet: *Desulfovibrio* und elementare Chemie. Korrosion ist die Reaktion von Eisen mit Wasser, wobei Wasserstoff und Eisenhydroxid entstehen. Unter Sauerstoffausschluß findet dieser Vorgang schnell ein Ende, da der gebildete Wasserstoff eine Art Haut um das Metall bildet und dadurch eine Fortsetzung der Reaktion verhindert. Wenn dagegen Sauerstoff vorhanden ist, reagiert dieser mit dem Wasserstoff zu Wasser. Die Korrosion kann dann so lange weitergehen, bis das Eisen verschwunden ist.

Man stelle sich nun mein altes Gasrohr vor. Jahrzehntelang von einer Wasserstoffschicht geschützt, bildete es eine sichere Zuleitung für das Erdgas, durch das die Vorbesitzer des Hauses mit Wärme und Heißwasser versorgt wurden. Doch genau diesen Wasserstoff braucht *Desulfovibrio*, um Sulfat zu Sulfit zu reduzieren und so Energie zu gewinnen. Mit der Zeit entfernten diese und andere Bakterien also den Wasserstoff, sobald er gebildet wurde. Deshalb konnte die Gasleitung schließlich doch rosten. An einigen Stellen war die bakterielle Aktivität höher als an anderen; so kam es zu den drei Löchern, durch die das Gas letztlich entweichen konnte.

Mikrobielle Korrosion ist eine teure Angelegenheit. Sie schädigt Gas- und Wasserleitungen, Entwässerungsrohre, Gas- und Ölpipelines im Meer (die betreffenden Bakterien sind gegen Salz resistent) und die Wände von Schiffen. Achten Sie doch bei der nächsten Entlüftung von Heizkörpern einmal auf den Geruch nach faulen Eiern, der durch Schwefelwasserstoff verursacht wird. Selbst die in Haushalten für Warmwasserleitungen und Heizungsinstallationen verwendeten Kupferrohre sind nicht sicher vor solchen Angriffen.

Neben infektiösen Bakterien und Viren sind viele andere lästige Mikroben erst an den Folgen ihrer langjährigen Aktivitäten zu erkennen. Eine Publikation aus dem Jahre 1992 in der Zeitschrift *Biodeterioration & Biodegradation* belegt, daß sie auch weit drastischere Effekte auslösen können. Der Beitrag stammte vom Institut für Verteidigungsforschung in Nova Scotia in Kanada und beschrieb eine mikrobielle Aktivität, die für die kanadische Marine ziemlich ärgerliche Folgen hatte.

Die Geschichte begann damit, daß ein benzinbetriebenes Turbinenschiff auf einer Route über die Tropen, wo es einen Tankstopp einlegte, von der Ost- zur Westküste des Landes fuhr. Kurz nach dem Ende der Reise zeigte das Schiff ernsthafte Maschinenprobleme und mußte für teure Reparaturarbeiten außer Betrieb genommen werden. Einige der Turbinen wiesen beträchtliche Schäden auf. Ein Teil der Schuld wurde der Mannschaft zugeschrieben, die mit dampfgetriebenen Schiffen vertrauter war als mit benzinbetriebenen. Im neuen Heimathafen hatte zudem niemand Erfahrung bei der Wartung solcher Aggregate.

Die eigentliche Schuld lag jedoch nicht bei der Besatzung, sondern bei einer Mikrobe. Als Ingenieure die Maschinen zerlegten, um der Ursache auf die Spur zu kommen, entdeckten sie den Pilz *Hormoconis resinae*, der im gesamten Benzinleitungssystem des Schiffes gewachsen war. Dies beeinträchtigte die Maschinen so stark in ihrer Leistung, daß das Schiff schließlich zum Stillstand kam. Trotz seiner sehr geringen Größe wächst *H. resinae* unter günstigen Bedingungen zu beträchtlichen Aggregaten heran und bildet dicke Schichten aus Pilzgeflecht und Schleim. Im Gegensatz zu vielen anderen Mikroben kann der Pilz in Wasser von Petroleumöl leben, auch wenn andere Nahrungsquellen und Sauerstoff fast vollständig fehlen. Sehr wahrscheinlich verstopft er daher immer wieder Treibstoffilter und verursacht in fast allen Teilen von Benzinturbinen und Treibstofftanks Probleme. Während der vergangenen Jahrzehnte haben Meeresingenieure *H. resinae* als einen ernstzunehmenden und einfallsreichen Gegner zu fürchten gelernt.

Das Ausmaß der Kontamination in diesem Fall überraschte die Nachforschenden ziemlich. Sie stellten zuerst eine Funktionsunfähigkeit der Benzinfilter fest, wodurch sich Wasser in dem System anreicherte. Die Treibstoffpumpen und -tanks sowie Kontrollelemente, Zuleitungen und Benzinfilter enthielten nicht nur Salz und Salzwasser, sondern auch Ablagerungen mikrobiellen Ursprungs. Speziell die Tanks und die Vergaser waren bis zu zwei Zentimeter dick mit Schleim ausgekleidet. Zudem begannen Leitungen und andere Elemente des Systems, die mit dem Schleim bedeckt waren, infolge des Pilzwachstums zu rosten. Weiterhin waren die Treibstoffdüsen geschädigt, so daß das Benzin nicht mehr richtig eingespritzt wurde und die Maschinen schließlich ausfielen.

Als Proben aus verschiedenen Teilen der Anlage im Labor untersucht wurden, stellte sich heraus, daß die massive Zell- und Schleimschicht, die zum Versagen der Maschinen geführt hatte, sich aus verschiedenen Mikroben zusammensetzte. Unterschiedliche Bakterien, Hefen und Pilze wurden gefunden, darunter auch *Penicillium*- und *Candida*-Arten. Hauptbestandteil war jedoch *H. resinae*. Dieser Organismus war möglicherweise in den Tropen an Bord geschleppt worden. Der Pilz war zwar bekannt dafür, daß er in feuchtem Petroleumöl wächst und Dichtungen und Schutzüberzüge angreifen kann, doch das Ausmaß der Schäden auf dem kanadischen Schiff war völlig unerwartet.

Die Lösung für das Problem der kanadischen Marine war einfach. Das Antriebssystem mußte gespült und gereinigt und zur Vermeidung einer erneuten Infektion mit einem Desinfektionsmittel versetzt werden. Die Durchführung erwies sich allerdings als sehr teuer und zeitraubend. Die Tanks und Leitungen mußten geleert und mit fusselfreien Lappen getrocknet, alle Bestandteile des Treibstoffsystems zerlegt und nach der Säuberung wieder zusammengebaut werden. Mikroben am falschen Ort, dazu noch in großen Mengen, können eine ziemliche Plage sein.

Salmonella typhi
– und ein verstümmelter Vetter

Wo immer Kriege ausbrechen oder Menschen auf der Flucht sind, wird über das mögliche Auftreten von Typhus spekuliert. Es kam daher nicht sonderlich überraschend, als die Weltgesundheitsorganisation im November 1992 von einer Typhusepidemie im ehemaligen Jugoslawien berichtete. Die Menschen in Bosnien hatten nach der Unterbrechung der normalen Wasserversorgung verschmutztes Wasser verwendet.

Typhus kann allerdings an den ungewöhnlichsten Orten zuschlagen, sei es in Windsor Castle, wo im Jahre 1861 Prinz Albert der Infektion erlag, oder 1983 auf der griechischen Ägäisinsel Kos, deren Name lange mit Gesundheit und Heilung in Verbindung gebracht worden war. Die meisten der jährlich weltweit auftretenden Fälle werden jedoch in unterentwickelten Ländern registriert. Die im Westen verzeichneten sind zumeist auf Einschleppung durch Reisende zurückzuführen, seien es nun Opfer der Krankheit, die sich in Übersee mit *Salmonella typhi* angesteckt haben, oder „Träger", die die Mikrobe ebenfalls von dort mitgebracht haben.

Die andere Möglichkeit ist die Einführung mit verseuchten Lebensmitteln. So wurde ein Ausbruch in der schottischen Stadt Aberdeen im Jahre 1964 auf eine aus Argentinien importierte Dose Corned Beef zurückgeführt. Die Dose war nicht richtig verschlossen und wurde dann zur Kühlung in Wasser untergetaucht. Als die Temperatur fiel, gelangte von dem Wasser, das zufällig mit *S. typhi* verseucht war, etwas in die Dose.

Wo auch immer eine Infektion herrührt: *S. typhi* breitet sich in Windeseile über das Wasser und die Nahrung aus. Dank der modernen Aufbereitungs- und Verteilungssysteme tritt Wasser als

Übertragungsweg jedoch heutzutage gegenüber Fleisch und anderen Nahrungsmitteln in den Hintergrund.

Typhus verläuft in zwei Stufen und beginnt damit, daß der Erreger ins Blut gelangt. Fieber, Kopfschmerzen und hartnäckige Übelkeit sind die Folgen. In der zweiten Woche kommen heftiger Durchfall und eine gerötete Haut hinzu, sobald *S. typhi* bestimmte Körperregionen befällt; dazu gehören die Gallenblase, die Nieren und ganze Zellgruppen im Darm, die aufbrechen oder zu bluten beginnen. Bei fehlender Therapie führt dies zum Tode. Heute wird die Infektion mit Antibiotika behandelt. Trotzdem stellt sie vor allem für ältere Mensche und für solche, die aufgrund anderer chronischer Erkrankungen geschwächt oder mit einem gegen die eingesetzten Antibiotika resistenten *S. typhi*-Stamm infiziert sind, eine Lebensgefahr dar. Aus diesen und auch noch anderen Gründen sind Schutzimpfungen die bessere Alternative, sowohl für Reisende in die Dritte Welt als auch für die dort ansässigen Menschen.

Alle zur Vorbeugung verabreichten Impfstoffe basieren auf den Bakterien und Viren, welche die Krankheit hervorrufen. Einige bestehen aus abgetöteten Mikroben, aus Teilen ihrer Oberfläche oder aus modifizierten Versionen ihrer Toxine (Gifte). Andere sind lebensfähige, aber abgeschwächte Mikroben. In jedem Fall stimulieren sie die Bildung von schützenden Antikörpern, ohne daß die Krankheit selbst ausbricht.

Bereits im Jahre 1896 berichtete der englische Pathologe Almroth Wright (den George Bernard Shaw in seinem Werk *The Doctor's Dilemma* in der Figur des Sir Colenso Rigeon darstellte), er habe zwei Menschen eine abgetötete *S. typhi*-Kultur injiziert und sie dadurch immun gemacht. Weitreichendere Studien durch das Royal Army Medical Corps sowie den Indian Medical Service mit Freiwilligen bestätigten Wrights Erfolg. Die gleiche Technik wird, mit einigen Verfeinerungen, noch heute angewendet.

Die vergängliche Immunität, die tote Erreger vermitteln, sowie die unangenehme Art ihrer Verabreichung ließen Raum für Optimierungen. Verschiedene Forscher haben in den zurückliegenden Jahrzehnten eine alternative Strategie verfolgt – die orale Verabreichung eines lebenden Impfserums, das genau wie *S. typhi* den Magen passieren und in den Darm gelangen kann, um die Produktion von Antikörpern auszulösen. Obwohl in der Theorie einleuchtend, brachte die Praxis nur frustrierende Ergebnisse – bis Mitte der siebziger Jahre.

Damals entwickelte das schweizerische Institut für Seren und Impfstoffe in Bern einen Stamm von *S. typhi*, der Ty21a genannt wurde. Dieser Stamm befällt, genau wie sein virulenter Verwandter, die Darmwand – doch nur für einige Tage. Dann zerstört er sich aufgrund einer „genetischen Verkrüppelung" selbst: Die Berner Forscher hatten das Bakterium so modifiziert, daß ein Enzym in der Reaktionskette fehlt, die den Abbau des Zuckers Galactose katalysiert. Daher häuft sich ein Zwischenprodukt dieses Stoffwechselweges in dem Bakterium an. Dieses stirbt und setzt die Antigene (spezielle Proteine) frei, welche die Bildung von Antikörpern auslösen.

Gegen Ende des Jahres 1992 gab es daher für Reisende, die bei der früher angewandten Methode zur Immunisierung gegen Typhus Schmerzen, Kopfweh und Übelkeit erlitten hatten, gute Nachrichten. Die Firma Evans Medical konnte unter dem Produktnamen Vivotif einen weiterentwickelten Stamm von Ty21a als Impfstoff anbieten. Das Serum wurde nicht nur in der Schweiz, sondern auch in Ägypten und Chile, wo die Krankheit endemisch ist, ausgiebig getestet. Die Erfolgsquote lag mit 70 Prozent genauso hoch wie bei den vorher üblichen Impfungen – allerdings mit weniger Nebenwirkungen und viel bequemerer Verabreichung (oral anstatt durch Injektion). Zudem hält die auf diese Weise induzierte Immunität mindestens drei Jahre vor. Mit den herkömmlichen Impfstoffen war eine solche Zeitspanne nur dann zu erreichen, wenn die Geimpften nicht vergaßen, sich nach vier bis sechs Wochen eine zweite Spritze geben zu lassen.

Vivotif hat gegenüber abgetöteten Erregern einen entscheidenden Vorteil: Es induziert zwei weitere Formen der Immunität. Zum ersten löst es die Bildung im Blut zirkulierender Antikörper aus. Da Vivotif aus lebenden Zellen besteht, mobilisiert es auch die zellvermittelte Immunantwort: Bestimmte weiße Blutzellen, die sogenannten T-Lymphocyten, werden dabei so programmiert, daß sie eindringende Bakterien angreifen und zerstören. Zum zweiten induziert es die sogenannte Mucosa-(Schleimhaut-)Immunität. Man dachte früher, diese werde dadurch verursacht, daß Antikörper aus dem Blut in Membranen wie die des Darmepithels gelangen. Heute ist jedoch bekannt, daß sie auf einem unabhängigen Mechanismus beruht, über den Mikroben die lokale Bildung eines anderen Antikörpertyps in diesen Membranen auslösen.

Nachteile des neuen Impfstoffes sind die relativ hohen Kosten und die Tatsache, daß die Kapseln, die über fünf Tage hinweg einzunehmen sind, im Kühlschrank aufbewahrt werden müssen. Dies schafft ernsthafte Probleme in der Dritten Welt, doch Reisende werden die Nachteile sicher gerne in Kauf nehmen, wenn sie an die Qualen und Schwierigkeiten denken, die mit den alten Impfseren verbunden waren.

Salmonella typhi
– Typhus-Mary lebt

Ein fundamentaler Wesenszug des Typhuserregers ist seine Neigung, gelegentlich viele Jahre in der Gallenblase oder in den Nieren eines Patienten zu überdauern, der sich von der Krankheit erholt hat. Eine solche Person scheidet dann über Jahre hinweg die Mikrobe in die Umwelt aus. Die ungeahnten Möglichkeiten, die sich daraus ergeben, veranlaßten J. F. Federspiel dazu, eine halb erfundene Erzählung über eine der berühmtesten Trägerinnen von *Salmonella typhi* zu verfassen. *The Ballad of Typhoid Mary*, im Jahre 1984 veröffentlicht, beschreibt die Geschichte einer Frau, die als Köchin in verschiedenen Häusern und Hotels in New York arbeitete und dabei über 40 Jahre hinweg den Erreger verbreitete. „Typhus-Mary" hat in dieser Zeit zehn bekannt gewordene und vielleicht noch viele weitere Ausbrüche der Krankheit verschuldet.

Federspiel hat *S. typhi* mit seinem Roman einen wahrhaft dramatischen Eingang in die Literatur verschafft. Auf den ersten 40 Seiten des Buches gibt es einen Selbstmordversuch, ein Einwandererschiff voller Schmutz und Leichen, zügellosen Geschlechtsverkehr, zwei dramatische Todesfälle und einen Obstplantagenbesitzer, der einen schweren Hirnschaden erleidet, weil eine Lawine aus Äpfeln auf seinen Kopf niedergeht. Von Marys Ankunft in den Vereinigten Staaten im Januar 1868 bis zu ihrer Ergreifung mit einem Kumpan, der sich als Latrinenanarchist entpuppt, nimmt Federspiel uneingeschränkte literarische Freiheit in Anspruch, was Ereignisse betrifft, die in der Realität gar nicht aufgezeichnet wurden. Zwar erweisen sich Marys oft wiederholte erste Worte auf englisch – „Ich kann kochen" – als eine Art Klischee, als ein Wink mit dem Zaunpfahl, um dem Leser die bevorstehende Tragödie anzukündigen. Doch die Ballade fliegt mit einer solchen Leichtigkeit und Unvorhersehbarkeit über die frühen Jahre hinweg, daß das Interesse wach bleibt und sämtliche Bedenken wegen allzu großer Wirklichkeitsnähe zerstreut werden.

Hinter all dieser Extravaganz und bildlichen Sprache verbirgt sich allerdings ein Problem. Wir wissen ohne jeden Zweifel, daß der Besitzer eines Gutes auf Long Island den Arzt Dr. George Soper im Jahr 1906 um die Untersuchung einer Typhusepidemie bat, bei der sich sechs von elf Personen aus seinem Haus infiziert hatten. Nach genauen Nachforschungen kam Soper zu dem Schluß, daß eine Köchin, die kurz in dem Haus gearbeitet hatte und nach ihrer Kündigung spurlos verschwunden war, Überträgerin des Erregers sein mußte. Als sie schließlich gefunden wurde, zeigte sich Mary entrüstet über die Verdächtigungen, sie könnte Trägerin von gefährlichen Keimen sein – obwohl sie bestätigte, daß bei einer Familie, für die sie 1902 gearbeitet hatte, ein Typhusfall aufgetreten war.

Ebenfalls aufgezeichnet sind die Befragungen der Köchin durch das Gesundheitsamt der Stadt New York, ihre Einweisung in ein dortiges Krankenhaus im Jahre 1907, ihre Verlegung in das Krankenhaus auf North Brother Island und ihre Verwahrung in einer Hütte bis zu ihrer Freilassung, nachdem sie versprochen hatte, sich nie wieder eine Beschäftigung als Küchenpersonal zu suchen. Schließlich ist noch bekannt, daß Mary ihr Versprechen nicht hielt und eine Stellung in einer Geburtsklinik annahm, wo sie eine weitere Epidemie auslöste, ehe sie wieder in der Hütte festgesetzt wurde.

Der Versuch, diese Fakten mit der literarischen Version zu vergleichen, ergibt eine Mischung aus Übereinstimmung und Unsicherheit. Während der gesamten Handlung präsentiert Federspiel eine Fülle von alltäglichen Details. Einige davon können als künstlerische Freiheit ohne Widerspruch hingenommen werden. Andere verlangen nach wesentlichen wissenschaftlichen und historischen Korrekturen. Es ist sicher amüsant zu lesen, daß Mary die Abfindungszahlung vom Hotel St. Denis zurückwies und nicht nur das Dreifache des Verdienstes des übrigen Küchenpersonals verlangte, sondern auch noch ein erstklassiges Zeugnis voll des Lobes über ihre hervorragenden Kochkünste – nur um später ein noch glühenderes Zeugnis zu fordern, das sie vom Hoteldirektor auch erhielt, da er nicht sehr scharf darauf war, der Öffentlichkeit die Epidemie, die sie ausgelöst hatte, ins Gedächtnis zurückzurufen.

Andererseits gibt es da die seltsame Episode des Kutschers mit dem Napoleonhut, der einem jungen Mongolen die Dienste Marys als Kindermädchen verschaffen sollte. »Wir haben Sie lange beobachtet. Uns fehlt sicher die Qualifikation, um uns vom medizinischen Standpunkt ein Urteil zu erlauben ... Sie sind eine Zerstörerin«, sagt er, um ihr klar zu machen, daß sie die Aufgabe hatte, das Kind des Mongolen mit ihren tödlichen Erregern zu infizieren. Kann dies im Jahre 1883 tatsächlich so gewesen sein? Es war das Jahr vor der Entdeckung von *S. typhi* durch Robert Kochs Assistenten Georg Gaffky und lange vor den Nachforschungen George Sopers. Konnte ein Beobachter Marys Überträgerstatus erkennen – vor allem ein eher zwielichtiger Zeitgenosse mit einem Napoleonhut und einer Peitsche in der Hand?

Einige köstliche dramatische Szenen ergeben sich, als George Soper Mary mit der Bitte um Proben ihres Blutes, Urins und Stuhls konfrontiert. Die erste dieser Szenen spielt in der Küche eines Hauses an der Ecke 60. Straße und Park Avenue, als sie den ohne böse Absichten erschienenen Arzt mit einer Tranchiergabel angreift. Bei der zweiten Szene in Marys Wohnung steht der anarchistische Mitbewohner neben ihr, und sie wählt ein Metzgermesser als Waffe. Kurze Zeit später sieht sie sich einem Aufgebot von Polizisten gegenüber, die sie verhaften sollen. Sie »schreit und flucht, beißt die Polizisten und kratzt nach ihren Augen, trifft einen Mann mit dem Absatz am Kinn, schlägt mit dem Knie einem anderen einen Schneidezahn aus und reißt wieder einem anderen ein Stück Ohr ab, als wäre es aus Papier«. Doch das Gesetz gewinnt die Oberhand, und die Verdächtige wird in einem Krankenhaus eingesperrt. Dort binden die Krankenschwestern sie auf einer hölzernen Bank fest, unter der ein Topf steht, bis sie nach zwei Tagen »einen Schmerzensschrei ausstößt, mit dem der versteinerte Stuhl ihren Darm verläßt«.

Ob die Geschichte sich wirklich so abgespielt hat, wissen wir nicht. Die Originalzitate aus Dr. Sopers Niederschriften und aus denen von Dr. Josephine Baker scheinen zwar im wesentlichen mit der Erzählung übereinzustimmen, sie bestätigen die bildreichen Details jedoch nicht. Überdies sind sie mit den Erinnerungen der einzigen anderen Person verknüpft, die Typhus-Mary angeblich persönlich kannte – der vermeintliche Großvater des hypothetischen Erzählers. Doch der ist vermutlich genauso eine Erfindung wie Dr. Howard Rageet. Und das Bild einer Mary, die auf einem „Thron der Erniedrigung" sitzt, strapaziert die Glaubwürdigkeit noch weiter. Während klar ist, daß zur Feststellung von *S. typhi* eine Probe des Stuhls benötigt wird, braucht man selbst mit der widerwilligsten Person nicht auf diese Art und Weise umzugehen. Die heutigen Zollbeamten wissen aus eigener Erfahrung, daß bei Reisenden, die verdächtigt werden, in Kondomen verpackte Drogen verschluckt zu haben und im Darm zu schmuggeln, nichts weiter nötig ist, als sich zurückzulehnen und zu warten.

Federspiels höchst unterhaltsame Erzählung läßt den Leser mit einer sehr unbefriedigenden Vermischung von Fakten und Erfindungen und einer verwirrenden Beimengung von Ungereimtheiten zurück. Da sein Buch zumindest zum Teil auf Tatsachen beruht, verursacht es ein gewisses Unbehagen, das andere Geschichten, die von Infektionskrankheiten handeln, aber frei erfunden sind, nicht hervorrufen.

Salmonella typhimurium
– und täuschende Natürlichkeit

Eines Tages, Mitte der achtziger Jahre, fühlten sich fünf Soldaten im schweizerischen Kanton Waadt elend, klagten über Erbrechen, Durchfall und hohes Fieber. In der Hoffnung, den Ursprung für ihre offensichtlich erlittene Lebensmittelvergiftung herauszufinden, fragte sie der zuständige Stabsarzt, was sie am Tage zuvor alles gegessen hatten. Sein Verdacht richtete sich schnell gegen einen Vacherin-Weichkäse, den die Soldaten während einer Übung im Nachbarkanton gekauft hatten. Weitere Nachforschungen ergaben, daß etliche Dorfbewohner aus derselben Gegend, in der das Manöver stattgefunden hatte, im Monat zuvor die gleichen Beschwerden erlitten hatten. Drei Mitglieder einer Familie waren derartig erkrankt, daß sie zur Antibiotikabehandlung und zum Ausgleichen des Flüssigkeitsverlustes (Rehydratation) in ein Krankenhaus eingeliefert werden mußten.

Untersuchungen von Stuhlproben der fünf Soldaten und aller getesteten Bürger ergaben, daß sie mit dem gleichen Stamm von *Salmonella typhimurium* infiziert waren. Da jedoch von dem Käse nichts mehr übrig war, ließ sich das Bakterium dort nicht mehr nachweisen. Eine Überprüfung der Käserei und ihrer Mitarbeiter auf *Salmonella typhimurium* blieb negativ. Sehr überraschend war dies allerdings nicht, denn zwischen der Herstellung von Weichkäse und seinem Verzehr verstreicht üblicherweise mindestens ein Monat.

Doch dann tauchte eine unerwartete Spur auf. Das Bakterium wurde auf seine Antibiotikasensitivität hin untersucht und war erstaunlicherweise gegen ein Medikament resistent, das normalerweise als Wachstumsbeschleuniger bei der Schweinemast verabreicht wird. Um die Käsefabrik herum gab es in der Tat einige

Schweinemastbetriebe. In einem von ihnen fand man dann auch den *S. typhimurium*-Stamm, der die Lebensmittelvergiftung ausgelöst hatte. Obwohl nach so langer Zeit kein absolut zuverlässiger Beweis mehr möglich war, galt es doch als ziemlich sicher, daß Leute, die sowohl in der Käserei als auch in den Schweineställen beschäftigt waren, die Bakterien an ihren Händen und Kleidern hatten.

Diese Geschichte sollte nicht nur als Warnung davor gedacht sein, Leute, die in Schweineställen arbeiten, nicht in der Milchindustrie einzustellen. Der Mont-d'Or-Käse, der für den Ausbruch der Lebensmittelvergiftung im Kanton Waadt verantwortlich war, wurde nach traditionellen Methoden aus Rohmilch hergestellt – mit nur geringer Unterstützung der Wissenschaft und der modernen Hygiene. Doch aufgrund des Vorfalles wurden bei der Herstellung Konsequenzen gezogen. Heute pasteurisieren alle Betriebe der Firma ihre Milch bei 60–65°C und setzen „Starterkulturen" mit Lactobacilli ein, um den Säuregrad des Ansatzes zu erhöhen, was das Wachstum von infektiösen Bakterien im Käse verhindert.

Diese Fortschritte vollzogen sich allerdings nicht ohne Widerstand. Der Ruf des Mont-d'Or-Käse, der sich sowohl bei der lokalen Bevölkerung als auch bei Städtern großer Beliebtheit erfreute, beruhte auf der ihm eigenen natürlichen Reinheit. Obwohl der Käse heute ein viel sichereres Lebensmittel ist als vor den Veränderungen, hat er nach Ansicht einiger Kunden durch die Neuerungen bei der Herstellung an Reiz verloren. Dies ist eines von vielen Beispielen, bei denen Maßnahmen zur Eindämmung von Krankheiten, die durch Lebensmittel verursacht werden, in wachsenden Konflikt mit Ansprüchen von Verbrauchern geraten, die Wert auf biologisch-dynamische Produkte ohne synthetische Zusätze legen.

Ein schlagender Beweis für die Folgen eines Verbots zeitsparender, aber gefährlicher Praktiken beim Umgang mit Lebensmitteln sind die signifikanten Veränderungen in der Infektionsstatistik

Schottlands nach der Einführung eines Gesetzes zur Pasteurisierung von Trinkmilch. Während der siebziger und frühen achtziger Jahre waren dort Salmonellosen durch Milch ein ernsthaftes Problem. Bei etwa 50 Epidemien erkrankten mindestens 3 500 Menschen, zwölf von ihnen starben. Aus diesem Grund wurde 1983 die Pasteurisierung gesetzlich vorgeschrieben. Allerdings gab es Ausnahmen; so waren Schafs- und Ziegenmilch ausgeschlossen. Gleiches galt für Milch, die in entlegenen Gemeinden produziert wurde, wo die Voraussetzungen für die Pasteurisierung fehlten, sowie für Milch, die Bauern an ihre Beschäftigten kostenlos oder als Teil des Lohnes abgaben.

Die letzte Kategorie war die größte von den dreien; sie umfaßte etwa 8 000 Arbeiter in der Milchwirtschaft und deren Angehörige (zusammen also etwa 30 000 Menschen), die regelmäßig Rohmilch erhielten. Aufgrund der Tatsache, daß die in der Landwirtschaft Beschäftigten eine genau definierte Gemeinschaft darstellten, beschlossen Mikrobiologen, die Auswirkungen des Gesetzes von 1983 in diesem Bereich zu überwachen. Die Ergebnisse waren erstaunlich. Während der drei Jahre vor der Pasteurisierungsvorschrift gab es sieben Ausbrüche von Salmonellosen (mit 52 betroffenen Personen) in Bauerngemeinden und 14 Epidemien in der übrigen Bevölkerung (mit 1 091 betroffenen Personen). Während der drei Jahre nach dem Inkrafttreten des Gesetzes gab es weit weniger Ausbrüche in den Bauerngemeinden und überhaupt keine mehr im Rest der Bevölkerung.

Die Notwendigkeit der Pasteurisierung wurde 1992 durch einen Bericht von Bernard Rowe und seinen Kollegen vom zentralen Gesundheitslabor in London bestätigt, in dem von einer Lebensmittelvergiftung mit 42 Infizierten, überwiegend im Südosten Englands, die Rede war. Sie wurde nicht von *S. typhimurium* hervorgerufen, sondern von einer verwandten Art, *S. dublin*, deren Spur die Forscher bis zu einem importierten irischen Weichkäse zurückverfolgten, der nicht pasteurisiert war. Bei Untersuchungen des

Milchviehs fand man den gleichen Erreger im Kot von vier Kühen wieder.

Dieser Vorfall beruhte nicht – wie ein Ausbruch von Typhus in Aberdeen im Jahre 1964 – auf einem Fehler in der Milchverarbeitung. Vielmehr hatten die Verantwortlichen der kleinen Familienmolkerei, deren Käse *S. dublin* enthielt, sich bewußt für den Verkauf eines rohen und unreifen Produkts entschieden. Sie hatten sich wohl entschlossen, jahrzehntelange Erfahrungen in der Lebensmittelproduktion zu ignorieren und auf den dummen Spruch zu setzen, die Natur wisse es am besten.

Ihr Handeln beziehungsweise Nichthandeln machte nicht nur Menschen krank. Es zog auch zeitaufwendige und teure Untersuchungen des Vorfalles sowie einen Importstop für das bedrohliche Nahrungsmittel nach sich. Weiterhin sah sich die irische Gesundheitsbehörde gezwungen, dafür zu sorgen, daß die Molkerei ihre Arbeit einstellte. Zudem gab sie eine Pressemeldung mit einer Warnung vor dem Verzehr des Käses heraus. An die Gesundheitsbehörden in England und Wales ging ein Rundschreiben mit einer Warnung vor der Gefahr durch den Käse und einer Aufforderung, ihn aus den Regalen der Lebensmittelgeschäfte zu entfernen.

Während der zurückliegenden beiden Jahrzehnte gab es nicht nur auf den britischen Inseln, sondern auch in anderen Teilen der Welt wiederholt Aufrufe, Käse grundsätzlich zu pasteurisieren. Auf ein entsprechendes Gesetz wartet man noch vergeblich – im Gegensatz zur USA, wo in verschiedenen Staaten das Pasteurisieren oder alternativ eine ausreichend lange Reifezeit von Milchprodukten vorgeschrieben ist, damit alle infektiösen Keime absterben. Bei dem Vorfall in Irland erklärten sich schließlich die Besitzer der Molkerei schließlich bereit, eine Pasteurisierungsanlage zu installieren. Es gibt jedoch immer noch viele Vertreiber von Milch, Sahne und Käse, die sich bis heute nicht an die elementaren Prinzipien der Lebensmittelhygiene halten.

Salmonella enteritidis
– eine verhängnisvolle Affäre

Zwei Wochen vor Weihnachten des Jahres 1988 trat die Staatsekretärin im britischen Gesundheitsministerium, Edwina Currie, vor laufende Fernsehkameras, um bekanntzugeben, daß »bedauerlicherweise die meisten im Land produzierten Eier mit *Salmonella* belastet sind«. Selten zuvor hatten wohl einige wenige aus dem Stegreif gesprochene Worte über eine winzige Mikrobe solch massive und langfristige Auswirkungen. Frau Curries Stellungnahme versetzte die Eierkonsumenten der Nation in Panik und stürzte die Eierbranche in eine Krise. Innerhalb weniger Tage verzeichneten die Supermärkte einen Verkaufsrückgang von 50 Prozent, am Ende der Woche saßen die Händler auf 350 Millionen Eiern. Die 5 000 britischen Erzeuger beklagten bald einen Einkommensverlust von 25 Millionen britischen Pfund und mußten täglich Zehntausende von Legehennen schlachten.

Kaum zwei Tage nach dieser Warnung sah sich einer von Frau Curries Ministerkollegen im Landwirtschaftsministerium zu dem Widerspruch veranlaßt, daß britische Eier unbedenklich verzehrt werden könnten. Die Regierung gab eine Ausgleichsmaßnahme mit einem Gesamtvolumen von zehn Millionen Pfund für Eierhersteller bekannt und startete eine großangelegte Werbekampagne, um die Bevölkerung zu beruhigen. Ganzseitige Anzeigen mit der Überschrift „Eier – die Fakten" erschienen in sämtlichen Tageszeitungen. Obwohl sie ein geringes Risiko beim Verzehr von rohen Eiern bestätigten, bestanden diese Annoncen darauf, Eier seien „ein wertvoller Bestandteil einer ausgewogenen Ernährung".

Selbst in der Wortwahl spiegelte sich die gereizte Diskussion zwischen den beiden Ministerien wider. Der politische Zorn wuchs, als Frau Currie sich weigerte, ihre Behauptung zu widerrufen, und Experten sich nächtelang vor den Fernsehkameras und tagelang in den Zeitungen Wortgefechte lieferten. Am 16. Dezember beugte sich Edwina Currie dem Druck und trat zurück. Doch dies bedeutete noch lange nicht das Ende der Geschichte. Ein Untersuchungsausschuß aus allen Parteien des Unterhauses begann, die Affäre zu durchleuchten. Eines der Ziele war, herauszufinden, ob dem öffentlichen Interesse genüge getan war oder eher der ungestörten Vermehrung von *Salmonella* in Eiern. Hatte die kommerzielle beziehungsweise die landwirtschaftliche Lobby die Oberhand gewonnen über den berechtigten Anspruch auf allgemeine Sicherheit? Oder waren die nicht nur von Frau Currie, sondern auch (wenngleich in abgemilderter Form) von dem leitenden Mediziner im Gesundheitsamt geäußerten Befürchtungen übertrieben?

Als der Bericht des Ausschusses schließlich vorlag, ging daraus hervor, daß Frau Currie tatsächlich falsch gelegen hatte. Doch gleichzeitig zeigte er, daß es aufgrund einer relativ neuen Quelle für Lebensmittelvergiftungen durchaus Anlaß zur Sorge gab. Denn genau wie im übrigen Europa wurden in Großbritannien während der siebziger und achtziger Jahre in ständig wachsender Zahl *Salmonella*-Stämme isoliert. Ein großer Teil der Aufmerksamkeit galt der Art *Salmonella enteritidis* (Tafel IX). Zwischen 1982 und 1987 stieg in England und Wales die Zahl der bekannten Infektionen mit diesem Organismus von 1 101 auf 6 858. Während sonst immer ein großer Teil der *Salmonella*-Infektionen von Besuchern oder Urlaubsheimkehrern eingeschleppt worden waren, nahm der Anteil einheimischer Fälle in dieser Zeit stark zu.

In Spanien und im Nordosten der USA wurde *S. enteritidis* immer häufiger in Eiern und Eiprodukten wie Mayonnaise festgestellt. Die stete Zunahme von Nachweisen dieses Stammes in Geflügel und Eiern und eine daraus resultierende wachsende Zahl von Infektionsfällen spukten Frau Currie während ihrer Fernsehwarnung sicher im Kopf herum. Es gab nur unglücklicherweise keine

Daten, die ihre Wortwahl gerechtfertigt hätten. Die Mikrobe hatte zweifellos in den zwei Jahren vor ihrer Warnung landesweit viele Infektionen verursacht, und Geflügel trug auch prinzipiell zur Verbreitung von Salmonellen bei. Doch während nur ein verschwindend geringer Teil der Fälle durch die Labors des Gesundheitsamtes auf Eier zurückgeführt werden konnte, war die wirkliche Ursache nicht bekannt. Diese Unwissenheit ermöglichte es den Erzeugern und Bauernverbänden, während der Streitigkeiten eigene Untersuchungen durchzuführen und nachzuweisen, daß in Tausenden von Eiern aus dem ganzen Land, die nach dem Zufallsprinzip ausgesucht wurden, nie *Salmonella* zu finden war. Obwohl diese Studien vom statistischen Standpunkt aus sehr fragwürdig waren, verfehlten sie nicht die von der Industrie gewünschte Wirkung in der Öffentlichkeit.

Viel umfangreichere Analysen ergaben tatsächlich einen seltenen, jedoch signifikanten Befall von Hühnereiern durch *S. enteritidis*. Bei einer 1991 in Großbritannien durchgeführten Untersuchung enthielten von 5 700 Eiern aus 15 Hühnerbeständen, in denen der Keim nachgewiesen wurde, nur 32 (oder 0,6 Prozent) *S. enteritidis*. Diese Zahl bedeutet dennoch eine potentielle Gefahr für die Bevölkerung – allerdings nur, wenn die Eier nicht ausreichend lange gekocht werden.

Eine wichtige Lektion aus der Affäre um Edwina Currie ist, daß wir herausfinden müssen, welchen Grad an bakterieller Kontamination von Lebensmitteln wir tolerieren können und wie wir uns selbst zu verhalten haben, um mit dieser Kontamination, sowohl bei der Zubereitung als auch beim Verzehr der Nahrung, richtig umzugehen. Wollen wir wirklich, im Gegensatz zu unseren Vorfahren, Brathähnchen aus der Tiefkühltruhe in dem Augenblick einkaufen können, da es uns in den Sinn kommt? Wenn ja, dann müssen wir zumindest bis in näherer Zukunft akzeptieren, daß solches Fleisch mit Salmonellen (die durch Kochen selbstverständlich abgetötet werden) belastet ist. Die Alternative wären stark

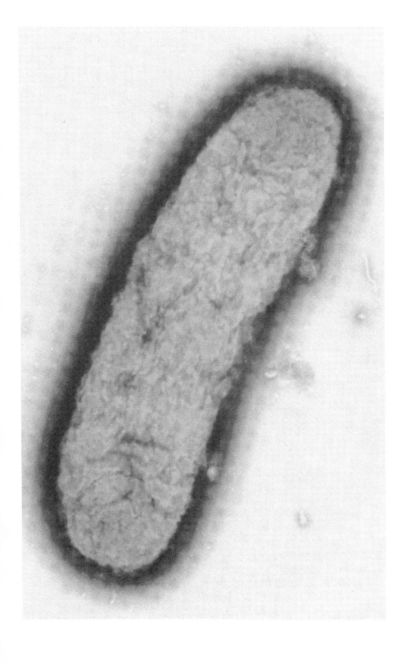

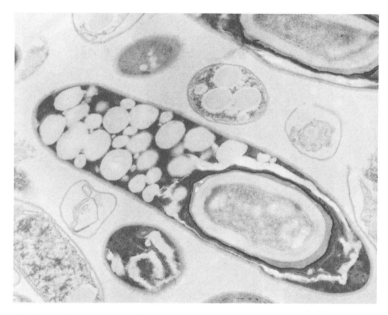

II *Clostridium acetobutylicum* – Gründer des Staates Israel (Kapitel 9). In der Zelle wird (rechts) gerade eine resistente Spore angelegt. Vergrößerung: 27 600fach.

Vorhergehende Seite:
I *Yersinia pestis* – das für den Schwarzen Tod verantwortliche Bakterium (Kapitel 3). Sein ursprünglicher Name war *Pasteurella pestis*, nach dem französischen Chemiker Louis Pasteur. Vergrößerung: 70 000fach.

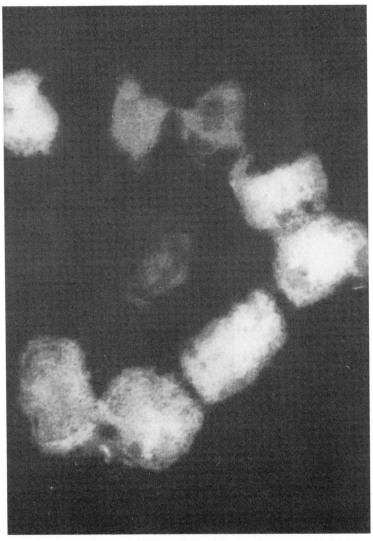

III *Das Pockenvirus* – eine mörderische Mikrobe, die uns über Jahrhunderte hinweg bedroht hat. In der Natur wurde sie inzwischen ausgerottet. Soll das Virus jetzt endgültig vernichtet werden (Kapitel 13)? Vergrößerung: 165 600fach.

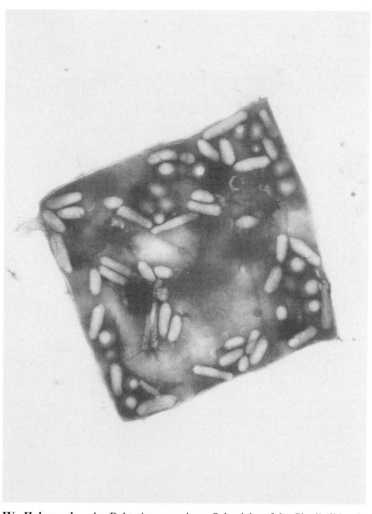

IV *Haloarcula* – das Bakterium aus einem Salzteich auf der Sinaihalbinsel, das entgegen allen Erwartungen beweist, daß Lebewesen auch quadratisch sein können (Kapitel 16). Vergrößerung: 27 000fach.

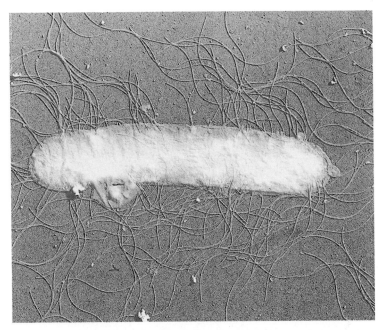

V *Proteus mirabilis* – ein naher Verwandter des Bakteriums, das polnischen Ärzten zur Vortäuschung einer Fleckfieberepidemie verhalf und damit die Nazis narrte (Kapitel 19). Vergrößerung: 19 800fach.

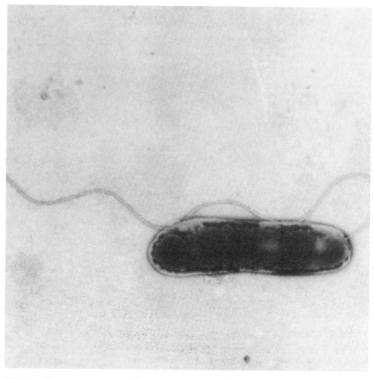

VI *Legionella pneumophila* – ein opportunistisches Bakterium, das seine Deckung verließ und eine Form der Lungenentzündung auslöste, die man heute als Legionärskrankheit bezeichnet (Kapitel 29). Vergrößerung: 21 500fach.

VII *Haemophilus influenzae* – freigesprochen von der Schuld als Grippe- ▶ erreger, doch als Verursacher von Meningitis noch immer gefürchtet (Kapitel 34). Die Struktur unten rechts im Bild ist eine abgelöste Zellwand. Vergrößerung: 85 800fach.

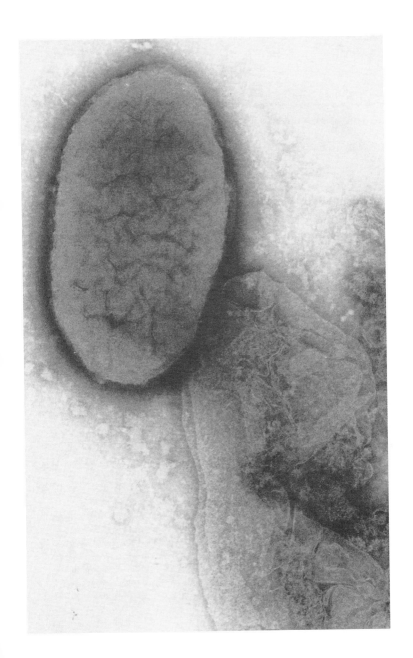

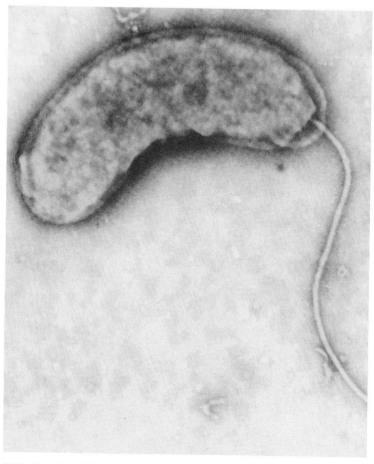

VIII *Desulfovibrio* – einer der übelsten Zerstörer in der Natur (Kapitel 36). Höchstwahrscheinlich war es dieses winzige, aber mächtige Bakterium, das meine Gasleitung angebohrt hat. Vergrößerung: 23 400fach.

IX *Salmonella enteritidis* – Lebensmittelvergifter und das Bakterium, das ▶ die Staatssekretärin im britischen Gesundheitsministerium, Edwina Currie, zum Rücktritt zwang (Kapitel 40). Vergrößerung: 52 200fach.

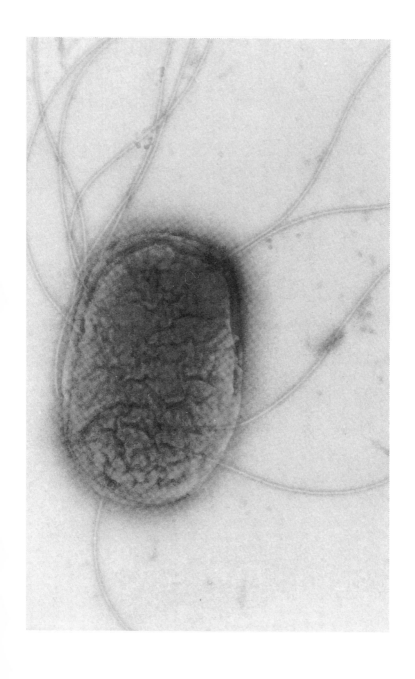

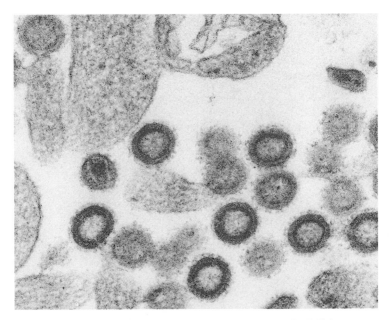

X *Simian Immunodeficiency Virus* – Auslöser einer AIDS-ähnlichen Krankheit bei Affen. Wissenschaftler haben durch das Studium dieses Virus viel über HIV (Kapitel 44) gelernt. Vergrößerung: 129 500fach.

XI *Rhizobium* – hier innerhalb der Wurzelknöllchen einer Pflanze gezeigt ▶ – ist eines der Bakterien, die Stickstoff aus der Luft fixieren und ihn damit für Pflanzen nutzbar machen (Kapitel 46). Vergrößerung: 29 900fach.

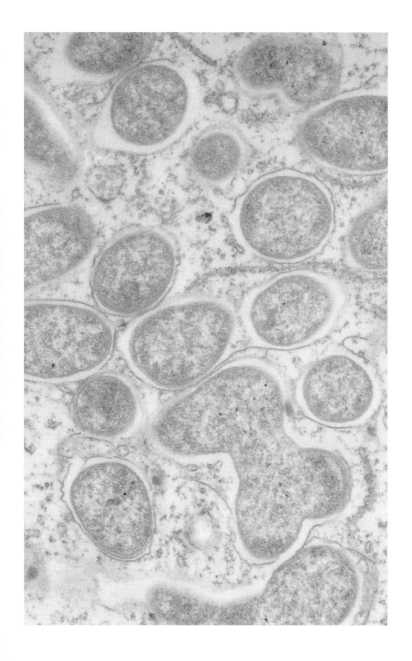

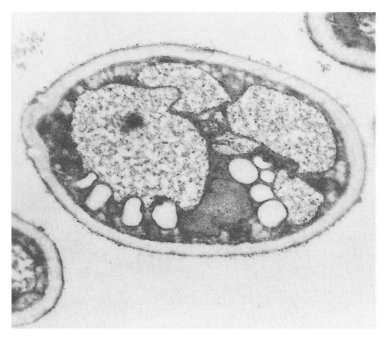

XII *Saccharomyces cerevisiae* – die Hefe, die Brot, Wein und Bier herstellt (Kapitel 47). Am linken Ende der Zelle ist eine Knospungsnarbe zu erkennen, dort hat sie sich von ihrer Mutterzelle abgeschnürt. Vergrößerung: 13 800fach.

XIII *Escherichia coli* – der bestuntersuchte aller Mikroorganismen: Ein ▶ darmbewohnendes Bakterium, das sehr häufig in der Gentechnik verwendet wird (Kapitel 55). Vergrößerung: 35 400fach.

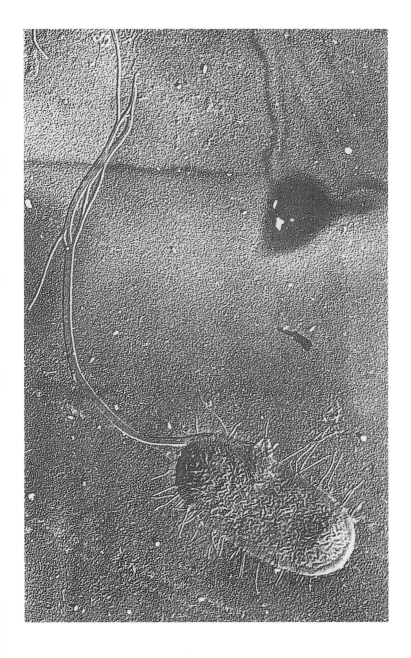

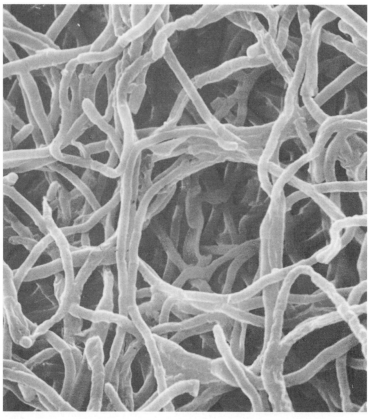

XIV *Fusarium graminearum* – ein mycelbildender Mikropilz, der als Proteinquelle für das neue Nahrungsmittel „Quorn" anstelle von Fleisch immer mehr Freunde findet (Kapitel 57). Vergrößerung: 830fach.

XV *Das Vaccinia-Virus* – von Edward Jenner zur Immunisierung gegen Pocken eingesetzt. Dieses Virus könnte in Zukunft zum Schutz vor einer ganzen Reihe von Infektionen dienen (Kapitel 63). Vergrößerung: 101 400fach.

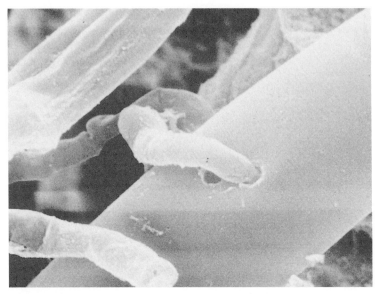

XVI *Trichoderma* – ein Pilz zur biologischen Schädlingsbekämpfung (Kapitel 71). Auf diesem Bild dringt der Pilz in die fädigen Hyphen von *Rhizoctonia solani* ein, einem Erreger von Krankheiten bei Salat. Vergrößerung: 10 000fach.

steigende Preise für die Finanzierung einer Behandlung, die dieses Risiko mindert.

Es ist natürlich eine Versuchung, über die Idee nachzudenken, *Salmonella* komplett auszurotten. Doch diese Option ist vollkommen unrealistisch. Bakterien sind überall in der belebten Welt verbreitet, wir können nur das Infektionsrisiko vermindern. Ausschließen läßt es sich nicht. Und jeder, der die Maßnahmen vor allem auf moderne, intensive Hühnerhaltungsmethoden angewendet wissen will, wird sich gar nicht über die Tatsache freuen, daß die meisten der durch Eier verursachten *Salmonella*-Infektionen auf solche von freilaufenden Hühnern zurückzuführen waren und nicht auf Eier aus Legebatterien.

Ungeachtet unserer ethischen Widerstände gegen die Käfighaltung ist es sicher, daß Tiere aus solchen Beständen eine weit geringere Chance haben, sich eine spontane Infektion zuzuziehen als Hühner, die in Freiheit gehalten werden. Der Hauptgrund für diesen scheinbaren Widerspruch rührt von der Tatsache her, daß freilaufende Hühner verstärkt Darmbakterien ausgesetzt sind, die von nah und fern – auch aus der Kläranlage – durch Vögel und andere Tiere in ihre Reichweite gelangen. Die Natur weiß es also nicht immer am besten.

Salmonella agona
– warum die Temperatur wichtig ist

Wärme, *Salmonella*, völlig unzureichende Küchenhygiene und mehr als 2 000 Leute, die sich zu einer Handelsmesse treffen – das ist der Stoff, aus dem Katastrophen entstehen. Durch die Nahrung verursachte Infektionen sind speziell in den wärmeren Monaten eine Bedrohung, doch in der Zeitschrift *Epidemiology and Infection* wurde 1993 über eine der skandalösesten Vorfälle dieser Art berichtet. Die Veröffentlichung war eine fesselnde Analyse der größten *Salmonella*-Vergiftung, die je im US-Bundesstaat South Carolina aufgetreten war; mit mehr als 800 Infizierten eine der gravierendsten jemals beschriebenen Epidemien dieser Art, die im übrigen leicht zu vermeiden gewesen wäre.

Das „Restaurant A" in Greenville, South Carolina, geriet in Verdacht, als die Gesundheitsbehörde die Krankenakten von zwei Personen erhielt, die mit ernsthafter Salmonellose ins Krankenhaus eingeliefert worden waren. Die Ärzte hatten eine Darminfektion mit *Salmonella* diagnostiziert, die Durchfall, Fieber und Unterleibsschmerzen verursachte. Häufig verläuft die Krankheit relativ harmlos (wenn sie auch den Infizierten schwächt) und verschwindet nach wenigen Tagen wieder. Doch Salmonellosen können auch einen viel unangenehmeren Verlauf nehmen und Typhus gleichkommen.

In diesem Fall waren beide Opfer Ladenbesitzer, die am Wochenende zuvor an einer Versammlung von Einzelhändlern und Herstellern von Haushaltswaren teilgenommen hatten. Die Verpflegung für die Zusammenkunft war von dem Restaurant A übernommen worden. Einige Anrufe des Gesundheitsamtes von South Carolina bei anderen Einzelhändlern genügten, um festzustellen, daß innerhalb der fünf Tage nach der Versammlung noch weitere

Personen Durchfall erlitten hatten. Nun war natürlich eine umfassende Untersuchung erforderlich.

Ermittler wurden losgeschickt mit dem Auftrag, jeden sechsten Teilnehmer auf der Kongreßliste zu kontaktieren. Sie erreichten 398 von ihnen (98 Prozent), von denen 135 Krankheitssymptome zeigten (etwa 34 Prozent) – was bedeutete, daß hochgerechnet etwa 800 der Teilnehmer des Kongresses infiziert und erkrankt sein mußten. Antworten auf die Fragen nach den verschiedenen an dem Wochenende angebotenen Mahlzeiten kreisten als wahrscheinliche Quelle der Infektion schnell das Truthahnfleisch ein, das zum Mittagessen am Sonntag, dem 26. August 1990, serviert worden war. Für eine Überprüfung der Truthähne war es zwar bereits zu spät, im Stuhl einiger der Infizierten konnte jedoch *Salmonella agona* als Auslöser für die Erkrankung nachgewiesen werden.

Die Beteiligung von Restaurant A an dem Skandal war keine besondere Überraschung, denn allein im ersten Halbjahr 1990 hatte es dort 23 Verstöße gegen Gesundheits- und Hygienevorschriften gegeben. Die Übertretungen (darunter eine Ratte, die Schaben fraß, während daneben Essen zubereitet wurde) führten wiederholt zum Entzug der Konzession für das Haus, die aber jedesmal aufgrund nachfolgender, wenn auch nur kurzzeitiger, Verbesserungen zurückgegeben wurde.

Sobald die Ermittler die Hintergründe des jüngsten Vorfalls zu durchleuchten und das Personal zu befragen begannen, deckten sie eine weitere, unglaubliche Geschichte auf, die von Verantwortungslosigkeit und hygienischer Verwahrlosung handelte. Zum ersten waren die Kühlschränke, die Herde und die weitere Ausstattung des Restaurants für 200 bis 300 Essen, die unter normalen Umständen täglich zubereitet wurden, ausgelegt, und nicht für die 7 000, die während der 30 Stunden der Versammlung erforderlich waren.

Zum zweiten hatte man das Truthahnfleisch einfach bei Raumtemperatur stehen lassen, was immer dazu führt, daß sich sehr schnell Bakterien darin vermehren. Kontamination von Geflügel mit *Salmonella* ist keineswegs ungewöhnlich, aber durch Kochen, Kühlen oder andere Maßnahmen in der Küche können die sich ergebenden Risiken normalerweise vermieden werden. Truthahn und Hähnchen sollten gründlich gegart werden. Rohes Geflügel darf nicht mit gekochtem Fleisch, Küchenutensilien und -oberflächen in Kontakt geraten, und das gegarte Geflügel muß gekühlt werden, wenn es nicht sofort serviert wird.

Am Freitag vor der Versammlung wurden an das Restaurant 92 gefrorene Truthahnbrüste geliefert. Ein Angestellter versicherte, daß bei seinem Arbeitsbeginn am Samstag, morgens um sieben Uhr, etwa 20 von ihnen fertig gegart, aber noch nicht entbeint, ungekühlt auf einem großen Arbeitstisch lagen. Sie lagen dort auch noch bei seinem Dienstschluß um fünf Uhr nachmittags, während die Arbeit daneben einfach weiterging. Ein Lastwagen ohne Kühlung beförderte die übrigen 72 Brüste zu einem Restaurant in North Carolina, etwa eine Autostunde entfernt. Sie wurden dort im Verlauf des Samstags zubereitet und am Sonntagmorgen wieder in den gleichen Laster verladen. Dieser blieb dann irgendwo auf der Strecke zurück nach South Carolina mit einem Schaden liegen. Es dauerte etwa eine Stunde, bis ein anderer, ebenfalls ungekühlter Lastwagen die Brüste auflud und zu dem Restaurant brachte. Zu dieser Zeit herrschten ungefähr 27 °C Außentemperatur.

Das Restaurantpersonal erwärmte das Fleisch in seinem Garwasser, und goß dieses Wasser über die warmen Brüste. Den Kellnern fiel irgendwann der ekelhafte Geruch des Fleisches auf, und sie brachten mehr als die Hälfte davon in die Küche zurück und forderten Ersatz. Da kein weiteres Fleisch mehr verfügbar war, spülte das Küchenpersonal die übelriechenden Stücke unter kaltem Wasser gründlich ab, wärmte sie dann unter dem heißen Wasserstrahl wieder auf und schickte sie in das Kongreßzentrum zurück, wo sie zum Mittagessen serviert wurden.

In dem Bericht über diese Kette von Ereignissen, bei der die Bakterien so viele Gelegenheiten zur Vermehrung und zur Kontamination hatten, drückten die Nachforscher ihren Unmut über die Unfähigkeit des Gesundheitsamtes aus, in einem Restaurant, das mehrfach bei Inspektionen durchgefallen war, die Hygienestandards anzuheben. Obwohl nie spezifisch nach dem Geschmack oder Geruch des Essens gefragt wurde, gaben 213 von den Befragten an, daß sie schlecht schmeckenden oder riechenden Truthahn gegessen hatten. Warum sie das getan haben, ist jedoch ebenfalls kaum zu verstehen.

Bevor wir jetzt die Gattung *Salmonella* verlassen, sollte die Gelegenheit genutzt werden, das enorme Ausmaß des Problems, das diese Bakteriengattung darstellt, zu veranschaulichen. Diese Organismen verursachen in vielen Ländern weltweit Infektionen, und zwar mit steigender Häufigkeit. Es gibt zudem buchstäblich Hunderte von *Salmonella*-Arten, jede mit einer ganz eigenen Fähigkeit, Darmerkrankungen hervorzurufen. In der Bibel der Bakteriologen, dem *Bergey's Manual of Determinative Bacteriology*, sind Details über nicht weniger als 1 300 Arten aufgeführt, und noch immer kommen neue hinzu. Viele Arten sind nach den Orten benannt, an denen sie zum ersten Mal auftauchten und gewöhnlich einen Ausbruch der Infektion verursachten.

Eine kleine Auswahl führt uns von *S. aba* und *S. abadina* bis zu *S. zuilen* und *S. zwickau*. Es gibt *S. adamstown* und *S. birmingham*, *S. cambridge* und *S. denver*, *S. elisabethville* und *S. freemantle*. Auch Länder wurden verewigt, wie etwa bei *S. gambia*, *S. india*, *S. kenya*; US-Bundesstaaten sind ebenfalls unter den Namensgebern, von *S. kentucky* bis zu *S. tennessee*. Unbekanntere Orte sind durch Arten wie *S. fischerstrasse* und *S. mishmar-haemek*, *S. onderstepoort* und *S. wilhelmsburg* repräsentiert. Außerdem gibt es noch *S. wedding* und *S. oysterbeds*, *S. infantis* und *S. banana*.

Ob der gute Daniel Salmon, der amerikanische Tierpathologe, nach dem die Gattung benannt ist, wohl glücklich wäre, wenn er wüßte, daß sein Name auf so spektakuläre Art und Weise um die ganze Welt verbreitet ist?

Campylobacter jejuni
– ein weiterer Nahrungsmittelvergifter

Nach einem ganzen Jahrhundert medizinischer Mikrobiologie mit der intensiven Untersuchung von Salmonellen und anderen Erregern von Darmkrankheiten war zu erwarten, daß die Veröffentlichung eines Berichts über einen bis dahin unbekannten, aber weit verbreiteten Erreger von Lebensmittelvergiftungen Skepsis hervorrufen würde. Die Leser des *British Medical Journal* waren in der Tat erstaunt über die folgenden Sätze in der Ausgabe vom 2. Juli 1977: »Scheinbar sind *Campylobacter*-Arten (*C. jejuni* und *C. coli*) eine wichtige Ergänzung der ständig wachsenden Liste pathogener Enterobakterien. Wenn die in unserem Labor untersuchten Proben einen repräsentativen Querschnitt durch die Bevölkerung des Landes darstellen, dürften Bakterien dieser Gattung am häufigsten überhaupt infektiösen Durchfall verursachen.«

Diese Feststellung Martin Skirrows vom Königlichen Gesundheitslabor in Worcester wurde in der Folge tatsächlich sowohl in England als auch in anderen Teilen der ganzen Welt häufig bestätigt. In Großbritannien gingen seit 1981 nach Aufzeichnungen der Überwachungszentrale für übertragbare Krankheiten des Gesundheitslabors die meisten Darminfektionen auf zwei *Campylobacter*-Arten zurück. Das bedeutet nicht, daß solche Infektionen in den Jahren davor seltener aufgetreten waren. Sie wurden bis zu Skirrows Publikation und der Anwendung seiner Nachweismethode für Campylobakterien schlichtweg nicht erkannt. Nach neuesten Erkenntnissen bewirkt *Campylobacter* mindestens ebenso häufig Darmerkrankungen wie *Salmonella*, und zwar nicht nur in Großbritannien, sondern auch in den Vereinigten Staaten und in vielen weiteren Ländern. Innerhalb von etwa zehn Jahren hat sich daher der Ruf der Campylobakterien stark gewandelt. Waren sie früher nur Tierärzten als Ursache für Fehlgeburten infolge von Infektionen bei Rindern und Schafen sowie als Grund für Darminfekte bei verschiedenen Haustieren bekannt, stehen sie heute in dem Ansehen, weltweit zum menschlichen Hygieneproblem beizutragen.

Noch in den sechziger Jahren konnten Labors nur in weniger als einem Viertel der Stuhlproben von Patienten mit akutem Durchfall mikrobielle Krankheitserreger nachweisen. Heute finden sie in 65 bis 85 Prozent der Fälle den Verursacher. Es ist kaum zu glauben, daß *C. jejuni* so lange im Verborgenen wirkte, denn das Bakterium gilt heute als der wichtigste dieser Keime. Der Schlüssel zur Entdeckung war eine von Martin Skirrow entwickelte Labormethode zur selektiven Kultivierung. Bei diesem Verfahren teilen sich die anderen im Stuhl vorhandenen Bakterien nicht, während *C. jejuni* weiterhin wächst.

In seinem Artikel von 1977 resümierte Skirrow: »Campylobakterien sind bisher wenig beachtete Auslöser für akute Darminfektionen. Doch nach den hier beschriebenen Entdeckungen müssen sie als weit verbreitete Erreger gelten.« Mit dieser Vermutung lag er richtig. Schnell rückte das Bakterium mit der Fähigkeit zur Auslösung von schlagartigem Durchfall beim Menschen ins Rampenlicht, nachdem es zuvor nur als Ursache für Abgänge bei Nutztieren bekannt war. Im Jahre 1978 erkrankten in einer Stadt im US-Bundesstaat Vermont mehr als 3 000 Menschen nach dem Verzehr nicht vollständig gegarter Hähnchen. Drei Jahre später löste mit *C. jejuni* verseuchtes Wasser eine Epidemie mit 2 000 Opfern in Zentralschweden aus. Rohe oder nicht ausreichend sterilisierte Milch stellt eine weitere Gefahr dar. Ein 1992 im *Journal of the American Medical Association* erschienener Bericht dokumentiert 20 verschiedene Ausbrüche von so verursachter Campylobakterien-Enteritis nach Schulausflügen oder anderen Jugendaktivitäten.

Nach und nach wurden auch verschiedene tierische Reservoirs von Campylobakterien und die damit verbundene Infektionsgefahr entdeckt. Ärzte in Denver machten 1982 bei einem Patienten mit deutlichen Symptomen eine gesunde Katze als Überträger der Mikrobe aus. Im Jahre 1983 fand ein Tierarzt in Henfield in der englischen Grafschaft Sussex sowohl bei Katzen als auch bei Hunden mit akutem Durchfall Campylobakterien; zwei Jahre später stellten Bakteriologen in Kalkutta fest, daß dort Haushunde als wesentliche Überträger der Erreger fungieren. Vögel sind ein weiteres Reservoir. Studien aus der US-Hauptstadt Washington aus dem Jahre 1988 belegten, daß Zugvögel eine Bedrohung darstellen, denn damals enthielten 73 Prozent der Enten und 81 Prozent der Kraniche Campylobakterien. Kürzlich gerieten auch Vögel in Großbritannien in den Verdacht, die Mikrobe weiterzugeben. Sie hatten die Verschlußkappen der Milchflaschen aufgepickt, die der Milchmann frühmorgens vor die Haustür gestellt hatte.

Martin Skirrows Arbeit erhellt noch einen ganz anderen Aspekt der Wissenschaft. Dieser wird aus den Ergebnissen einer Studie deutlich, die das Institut für wissenschaftliche Information (ISI) in Philadelphia vor kurzem durchführte. Dabei wurden die im *British Medical Journal* zwischen 1945 und 1989 am häufigsten zitierten Publikationen ermittelt. Untersuchungen dieser Art sollen – vor allem – für die weitere finanzielle Förderung von wissenschaftlicher Forschung – zeigen, welchen Einfluß die Arbeit gewisser Personen, Institute oder verschiedener Länder hat. Sie beruhen einfach auf der Annahme, daß von anderen Forschern häufig zitierte Arbeiten eine größere Bedeutung haben als weniger zitierte Artikel. In der Rangliste aller in dem bewerteten Zeitraum in dieser Zeitschrift publizierten Artikel landete Skirrows Veröffentlichung mit 808 Zitaten auf dem zweiten Rang. Der Sieger hatte 820 Zitate erreicht – ein Artikel, der die Freisetzung von Salzsäure im Magen als Reaktion auf Histamin beschrieb. Dieser war jedoch bereits 24 Jahre vorher erschienen, so daß für dessen Lektüre ein wesentlich längerer Zeitraum zur Verfügung stand.

Kritiker argumentieren gerne dahingehend, daß diese „Zitatanalysen" Veröffentlichungen, die nicht wegen einer großen wissenschaftlichen Leistung, wie zum Beispiel der Formulierung der Relativitätstheorie, sondern häufiger wegen einer neuen Methode zitiert werden, in ungerechtfertigtem Maße aufwerten. Aus rein wissenschaftlicher Sicht sind solche Publikationen von weit geringerer Bedeutung als solche, die historische, intellektuelle Fortschritte beschreiben – zum Beispiel viele der Arbeiten, die zur Verleihung eines Nobelpreises führen. Nach ihrer Ansicht wäre nichts unsinniger, als O. H. Lowry die zweifelhafte Ehrung als Erstautor für die am häufigsten zitierte Veröffentlichung zuzuschreiben. Der Biochemiker O. H. Lowry hatte 1951 zusammen mit drei gleichrangigen Kollegen einen neuen, schnellen und sauberen Test für die Quantifizierung löslicher Proteine beschrieben. Er erhielt dafür keinen Nobelpreis, und es ist vernünftig, seine Leistung nicht in der Kategorie der großen Entdeckungen anzusiedeln.

Doch Methoden sind in der Wissenschaft wichtig – wie zum Beispiel die Einführung der Elektronenmikroskopie oder in neuerer Zeit die Entwicklung grundlegender Techniken zur Klonierung von Genen und die darauf beruhenden Neuerungen in der Biologie und der Medizin. Selbst O. H. Lowrys Proteintest hatte unschätzbare Auswirkungen, indem er die Mühen an der Laborbank verkürzte und durch seine Geschwindigkeit und seine Empfindlichkeit neue Wege in der Forschung eröffnete.

Ein besseres Beispiel für den Wert einer Methode als die von Dr. Martin Skirrow entwickelte Kultivierungstechnik ist wohl kaum denkbar.

Pediococcus damnosus
– der Ruin edler Tropfen

Louis Pasteur verbrachte im Jahre 1864 seine Sommerferien mit dem Studium von „Krankheiten" des Weines – Fehlaromen und anderen Unfällen, die ab und zu während der Gärung auftreten und das Endprodukt ungenießbar machen. In einem geschlossenen Café am Rande der Stadt Arbois in Frankreich richtete er vorübergehend ein Labor ein, und der örtliche Kesselflicker und Schmied stellte einige grobe, aber gebrauchstüchtige Geräte für ihn her. Pasteur ließ sich aus den Weinkellern von Freunden aus Kindheitstagen Proben geben, untersuchte sie unter dem Mikroskop und ließ sie von einem Weinkenner bewerten.

Kurze Zeit später machte der französische Chemiker eine einfache, jedoch wichtige Entdeckung. Sein Schüler Emile Duclaux schrieb dazu später folgendes:

> »Jedesmal wenn die Weinprüfer ihn wissen ließen, daß eine Probe einen speziellen Fehler im Geschmack aufwies, fand er, vermischt mit der Hefe am Boden des Fasses, eine bestimmte Art von Mikroben, so daß er bald den umgekehrten Test machen und damit sozusagen den Geschmack des Weines durch Untersuchung des Rückstandes vorhersagen konnte. Harmonische Weine enthielten ausschließlich Hefe.«

Pasteur wurde damit klar, daß die Wechselbeziehung zwischen einer Mikrobe und einem bestimmten Vorgang nicht nur auf die Herstellung von Wein und das Brauen von Bier, sondern auch auf menschliche und tierische Infektionen zutraf. So wie bei saurer Milch oder ranziger Butter grundsätzlich eine typische Mikrobe nachweisbar ist, tauchen andere, spezielle Mikroorganismen bei Krankheiten wie Milzbrand oder Tuberkulose auf. Damit war das

Prinzip der spezifischen Ätiologe geboren – Ätiologie ist die Lehre von den Krankheitsursachen. Gemäß diesem Prinzip sind bestimmte Mikroben für entsprechende, spezifische Krankheiten verantwortlich. Bis zum heutigen Tag bildet dieses Prinzip einen der wichtigsten Pfeiler in der medizinischen Forschung.

Interessanterweise hat eine französische Arbeitsgruppe mit Hilfe moderner genetischer Methoden die Versuche zu Ende geführt, die Pasteur während seiner Ferienforschungen 1864 begonnen hatte. Aline Lonvaud-Funel und ihre Kollegen vom Weinbauinstitut in Talence haben nicht nur mit hoher Genauigkeit eine Mikrobe identifiziert, die für eine von Pasteurs Weinkrankheiten verantwortlich war. Sie haben auch durch die Entwicklung einer sogenannten DNA-Sonde den Nachweis des Bakteriums über dessen „genetischen Fingerabdruck" ermöglicht. Auf diese Weise läßt es sich wesentlich zuverlässiger bestimmen als durch mikroskopische Beobachtung.

Die Winzer von Arbois unterstützten Pasteur bei seiner Arbeit, da eine ganz spezielle Weinkrankheit sie beunruhigte – die Säure, die bisweilen die roten und weißen Weine des französischen Jura im Faß ruiniert. Die Weinbauern dort waren besonders stolz auf ihre hochgepriesenen roséfarbenen und goldbraunen Weine. Doch auch andere Sorten hatten ihre charakteristischen Fehler. Dazu gehörten der *tourne* des Claret und der *amer* oder die Bitterkeit, die Burgunder zeitweise anhaftet.

Ein ganz anderes Problem, vor allem für die Champagnerhersteller, war die sogenannte *graisse*, eine Veränderung in der Viskosität des Weines, die zwar den Geschmack kaum verändert, jedoch verhindert, daß der Wein normal fließt und somit eine ernsthafte ästhetische Beeinträchtigung mit sich bringt. Das Problem dieser Zähigkeit kann sowohl während der Gärung als auch nach der Abfüllung noch auftreten. Es ist zwar nicht weit verbreitet, hat aber die Winzerei noch Jahrzehnte nach dem Ende von Pasteurs Arbeit beeinträchtigt. Die gleiche Art von Viskosität, die das betroffene Produkt unverkäuflich macht, tritt auch bei Bier und Cidre ab und zu auf.

Aline Lonvaud-Funel und ihre Mitarbeiter konnten den für die hohe Viskosität verantwortlichen Mikroorganismus entlarven. Er sondert ein Glukan, ein Polysaccharid (ein großes Molekül aus vielen, miteinander verknüpften Zuckermolekülen, wie auch die Stärke), in den Wein ab. Der Schuldige ist ein Stamm der Art *Pediococcus damnosus*, ein naher Verwandter anderer Pediokokken, welche die Qualität von Rotwein vermindern, indem sie Weinsäure in Milchsäure umwandeln und damit den Säuregehalt des Weines reduzieren. Den Forschern gelang die Isolierung dieser Mikrobe aus infiziertem Wein. Sie zeigten auch, daß der Mikroorganismus nach Zugabe zu vorher sterilisiertem Wein genau die gleichen Veränderungen bewirkt.

Doch nur bestimmte Stämme von *P. damnosus* verursachen die Krankheit. Sie können über eine DNA-Sonde, die spezifisch nur an die DNA dieses Stammes bindet, identifiziert werden. Obwohl andere Stämme der gleichen Art gelegentlich in normalem Wein enthalten sind, bilden diese das störende Glukan nicht. Der für die Zähflüssigkeit verantwortliche *P. damnosus*-Stamm unterscheidet sich von seinen harmlosen Verwandten auch dadurch, daß er gegenüber anderen Faktoren im Wein, wie dem enthaltenen Alkohol und auch dem zur Konservierung zugesetzten Schwefeldioxid, erstaunlich resistent ist.

Einen Schlüssel zum Durchbruch in Talence lieferten Arbeiten einer anderen Gruppe zu einem ähnlichen Problem, das durch verwandte Bakterien hervorgerufen wurde, nämlich durch die Lacto-Streptokokken in gegorener skandinavischer Milch. Die Ergebnisse jener Studien zeigten, daß die Fähigkeit dieser Organismen zur Bildung und Ausscheidung unerwünschter Polysaccharide nicht von Genen im Bakteriengenom codiert wird. Die Information liegt vielmehr auf Plasmiden, separaten DNA-Stücken in der Bakterienzelle. Vielleicht paßte diese Beobachtung auch auf *P. damnosus* und das Gen für sein schleimiges Glukan? Und vielleicht würde dies der Gruppe von Frau Lonvaud-Funel die Herstellung einer Sonde ermöglichen, die spezifisch glukanproduzierende Stämme erkennt. Ihre bisherigen Bemühungen hatten nur zu einer Sonde geführt, die sowohl an die DNA aus normalen als auch an die aus glukanbildenden Stämmen band.

Als die Forscher aus Talence Bakterien aus verdorbenem Wein in Abwesenheit von Alkohol kultivierten, verloren einige der Stämme die Fähigkeit zur Glukanbildung. Sie kehrte auch dann nicht zurück, wenn man diese Stämme wieder mit Alkohol wachsen ließ. Die Bakterien hatten das Plasmid verloren, auf dem die Gene zur Glukanbildung codiert liegen. Sie bildeten in Anwesenheit von Alkohol erst dann wieder den Zucker, wenn ihnen die dafür notwenige DNA wieder zur Verfügung stand. Aline Lonvaud-Funel und ihre Mitarbeiter schleusten das Plasmid in *Escherichia coli* (Seite 254) ein, um es zu vermehren, und konnten daraus ein DNA-Fragment isolieren, das nur mit der DNA aus den „klebrigen", aber nicht mit der aus anderen Stämmen von *P. damnosus* reagierte.

Auf diese Art und Weise haben die geistigen Nachfahren Pasteurs, mehr als hundert Jahre nach seinem ersten vorsichtigen Blick auf die für klebrigen Wein verantwortlichen Bakterien in Arbois, ein ausgeklügeltes System für Routineuntersuchungen auf diese äußerst unwillkommenen Organismen geschaffen.

HIV
– der Schrecken von AIDS

Etwa um das Jahr 1980 herum, also zu der Zeit, als Wissenschaftler sich gerade im Triumph über die Auslöschung der Pocken (Seite 75) sonnten, rückte eine viel schrecklichere Epidemie ins Blickfeld – die erworbene Immunschwächekrankheit AIDS (*acquired immune deficiency syndrome*). Die Krankheit, die zunächst als Hintergrund für das vermehrte Auftreten einer ansonsten eher seltenen Krebsart, des Kaposi-Sarkoms, bei homosexuellen, jungen Männern unter anderem in Kalifornien entdeckt wurde, zehrt den Körper auf besonders peinigende Weise aus.

Das für AIDS verantwortliche Virus tritt nicht einfach in den Darm ein, wie *V. cholerae*, und attackiert auch nicht einfach, wie das Hepatitis-B-Virus, die Leber. Statt dessen greift es das körpereigene, zelluläre Immunsystem an, wobei Teile dieses Systems, die im Blut zirkulierenden T-Lymphocyten, dezimiert oder gänzlich vernichtet werden. Das Virus nimmt so dem Körper den Schutz vor einer Reihe potentiell tödlicher, „opportunistischer" Infektionen in vielen verschiedenen Geweben. Auch diverse Formen von Krebs, wie etwa das erwähnte Kaposi-Sarkom, treten bei AIDS-Infizierten vermehrt auf. Das verwandte *Simian Immunodeficiency Virus* (SIV; Tafel X) kann ähnliche Effekte bei verschiedenen Affen hervorrufen. Die Untersuchung von SIV gibt möglicherweise einen Einblick in die Ursprünge des *Human Immunodeficiency Virus* (HIV).

HIV wurde zu Beginn der achtziger Jahre entdeckt – etwa ein Jahrzehnt, nachdem sich die Krankheit, vielleicht von Afrika her, unbemerkt über die gesamte Welt auszubreiten begonnen hatte. Schon im Jahre 1986 galt AIDS als wichtigste Todesursache bei jungen Männern in San Francisco. Zu dieser Zeit wurde zudem das

Ausmaß der internationalen Verbreitung von AIDS immer deutlicher. Ein Jahr später gab die Weltgesundheitsorganisation (WHO) bekannt, daß in Nordamerika, Europa, Australien und Neuseeland insgesamt bereits 40 000 Menschen an den Folgen der Infektion gestorben waren.

1991 befand sich AIDS auf dem Weg nach Lateinamerika und Asien; in Afrika hatte die Krankheit schon ein erschreckendes Ausmaß erreicht. Dort waren bis dahin sechs Millionen Erwachsene und 500 000 Kinder infiziert. Die WHO prognostizierte, etwa 15 bis 20 Prozent der Bevölkerung könnten auf dem schwarzen Kontinent der Krankheit erliegen. Sie würden während der nächsten zehn Jahre bis zu zehn Millionen Waisen zurücklassen. Auch wenn nicht alle HIV-Infizierten die Krankheit sofort in vollem Umfang entwickeln, ist die Wahrscheinlichkeit für den Ausbruch bei unterernährten und körperlich geschwächten Menschen deutlich erhöht. Im Jahre 1992 schätzte die WHO die Zahl der Infizierten auf weltweit zehn Millionen und rechnete mit einer Vervierfachung bis zum Jahre 2 000. Experten in den USA schätzten, daß bis 1995 an den Folgen von AIDS verstorbene Eltern etwa 246 000 Kinder und 10 000 Erwachsene als Waisen zurücklassen, was eine soziale Katastrophe auslösen würde.

HIV wird am häufigsten beim Geschlechtsverkehr übertragen, vor allem dann, wenn härtere Praktiken ins Spiel kommen, bei denen leicht kleine Wunden entstehen. Aber das Virus nimmt jede Gelegenheit wahr, in den Blutkreislauf seiner Opfer einzudringen. In der entwickelten Welt ist AIDS am weitesten unter männlichen Homo- oder Bisexuellen sowie unter intravenös Drogensüchtigen verbreitet. Dagegen wird das Virus in Afrika und in der Karibik überwiegend durch heterosexuelle Kontakte weitergegeben. Bluter und andere Patienten wurden häufig über kontaminierte Blutkonserven infiziert, doch dieses Risiko ist durch eine verschärfte Kontrolle der Konserven inzwischen weitgehend ausgeschlossen. Eine infizierte Schwangere gibt HIV mit einer Wahrscheinlichkeit von

50 Prozent an ihr Baby weiter. Studien in Schweden ergaben 1991, daß das Virus üblicherweise unmittelbar vor oder direkt bei der Entbindung, seltener während der Schwangerschaft über die Plazenta übertragen wird.

Sowohl psychologische als auch politische Faktoren haben die Bemühungen von Epidemiologen behindert, die Verbreitung der Krankheit aufzuzeichnen und Kontrollmaßnahmen einzuleiten. Die Ansichten über den Sinn von Bluttests bei Personen außerhalb der Risikogruppen und bei solchen, die nicht wegen eines Aidsverdachts die medizinische Aufmerksamkeit auf sich ziehen, gehen in etlichen Staaten weit auseinander. Eine derartige Überprüfung – zum Beispiel bei Patienten, die aus anderen Gründen ein Krankenhaus aufsuchen – würde zweifellos HIV-Überträger ans Licht bringen und die Ausbreitung des Virus bremsen. Doch solch eine Maßnahme kann auch als Einschränkung der persönlichen Freiheit interpretiert werden. Von der WHO und anderen Organisationen wurde die Überprüfung internationaler Reisender in Erwägung gezogen. Man gelangte jedoch zu dem Schluß, daß die kurzzeitige Behinderung der Ausbreitung von AIDS die ethischen und rechtlichen Probleme, die sich durch die Zurückweisungen ergeben würden, nicht rechtfertigt. Über Maßnahmen wie Zwangsquarantäne wurde ebenfalls laut nachgedacht, sie wurden jedoch verworfen.

Einige Experten beklagten, daß die Regierungen in Teilen von Zentral- und Westafrika die Durchführung sorgfältiger Untersuchungen der Krankheit in ihrem Lande nicht ausreichend unterstützten. Doch solche ablehnenden Haltungen sind nicht auf die Dritte Welt beschränkt. Im Jahre 1989 schritt die britische Premierministerin Margaret Thatcher ein, um die staatliche Förderung einer Studie über das Verhalten von Erwachsenen, einschließlich des Sexualverhaltens, zu verhindern. Die Studie hatte zum Ziel, die Mechanismen zur Verbreitung von AIDS aufzuklären. Frau Thatcher hielt das Projekt für „zu aufdringlich"; daraufhin übernahm der Wellcome Trust die Finanzierung, und die Ergebnisse wurden 1992 publiziert.

Die von den Gesundheitsbehörden verfolgte Hauptstrategie zur Hemmung der weiteren Ausbreitung von HIV ist die Empfehlung, Kondome zubenutzen; diese garantieren zwar keine 100prozentige Sicherheit, reduzieren aber das Risiko der Übertragung stark. Zidovudin zählt zu den Medikamenten, welche die Symptome von AIDS mildern, doch es hat toxische Nebenwirkungen. Aufgrund der wachsenden Anzahl von Kindern unter den Infizierten wurden die Bemühungen intensiviert, effektivere und sicherere Behandlungsmethoden vor allem für junge Patienten zu entwickeln. Didesoxyinosin ist zum Beispiel gut verträglich und zeigt vielversprechende Wirkungen bei HIV-infizierten Kindern. Bei Studien im Hauptkrankenhaus von San Francisco erwies sich auch Didanosin als wirksam. 1991 wurde es formal zugelassen. Verabreichte man HIV-Positiven und Personen im frühen Stadium der Infektion Didanosin als Ersatz für Zidovudin, so verlangsamte dies das Fortschreiten von AIDS.

Bei einer anderen Therapieform wird eine Antikörperpräparation gegen HIV eingesetzt. Bei infizierten Kindern mit frühen Symptomen verlängert diese Immunglobulinbehandlung die Zeitspanne, während derer sie frei von ernsthaften Infektionen durch „opportunistische" Bakterien bleiben.

Das Hauptziel im Kampf gegen AIDS bleibt die Immunisierung. Während das Fehlen eines vollständig wirksamen Medikaments unsere allgemein schlechten medizinischen Voraussetzungen zur Bekämpfung von Viruserkrankungen widerspiegelt, gibt die Feststellung, daß beim Umgang mit anderen Viruserkrankungen Impfstoffe höchst erfolgreich waren, nur wenig Trost. Es wird zwar gegenwärtig an verschiedenen Ansätzen gearbeitet, doch liegt ein innerer Widerspruch bereits in der Idee, einen Impfstoff zu entwikkeln, der das Immunsystem gegen ein Virus aktivieren soll, dessen Angriffsziel eben diese körpereigene Abwehr ist.

Die Katzenkratzkrankheit
wer die Wahl hat...

Woher wissen wir eigentlich genau, daß eine bestimmte Mikrobe eine bestimmte Krankheit auslöst? Die formale Antwort lautet: durch Anwendung der sogenannten Kochschen Postulate. Dies sind die bereits von dem deutschen Pathologen Jacob Henle im Jahre 1840 formulierten, doch erst von seinem Landsmann Robert Koch 36 Jahre später erstmals experimentell angewandten Bedingungen, die zur Feststellung einer Mikrobe als Auslöser einer bestimmten Krankheit erfüllt sein müssen. Sie schließen, wenn auch anders formuliert, die strikten Anforderungen von Pasteurs spezifischer Ätiologie (Seite 198) ein. Die vier Regeln lauten wie folgt: 1) Der Organismus muß bei jedem Krankheitsfall auftreten. 2) Er muß aus einem erkrankten Tier isoliert und in Reinkultur gezüchtet werden. 3) In einem gesunden Empfängertier muß der Erreger dieselbe Krankheit wieder hervorrufen, und 4) er muß dann erneut aus diesem Tier isoliert werden.

Seit einigen Jahren diskutieren Mikrobiologen, ob all diese zeitaufwendigen Bedingungen tatsächlich erfüllt sein müssen und ob sie bei der Vielzahl neuer, einfallsreicher Methoden zur Untersuchung übertragbarer Krankheiten überhaupt noch sinnvoll sind. Der Anstieg und Abfall der Menge an Antikörpern gegen eine bestimmte Mikrobe vom Höhepunkt einer Infektion bis zur Erholungsphase gilt normalerweise als eindeutiger Hinweis dafür, daß diese Mikrobe auch für die Krankheit verantwortlich ist. Durch solche Hinweise wurden viele Viren als Krankheitserreger entlarvt, ehe es gelang, sie in Reinkultur zu vermehren. Außerdem können verschiedene Bakterien, die ohne Zweifel bestimmte Infektionen verursachen, überhaupt nicht in Labortieren wachsen. Müssen wir wirklich auf einer Isolierung des Erregers in jedem einzelnen

Krankheitsfall weltweit bestehen und eine Mikrobe als Erreger in Frage stellen, nur weil dies in einem Fall nicht gelingt?

Solche Fragen führten während des zurückliegenden Jahrhunderts zu vielen erbitterten Diskussionen. Dabei hat eine Infektion, die Katzenkratzkrankheit (Felinose), für besonders viel Verärgerung gesorgt. Diese fiebrige Infektion wird durch Kontakt mit Katzen übertragen. An der Stelle eines Kratzers durch die Katze oder einer Verletzung bildet sich eine Papille, in der Nähe befindliche Drüsen schwellen als Reaktion auf die Infektion an. Für diese Krankheit wurde über die Jahre hinweg eine große Zahl an Mikroben verantwortlich gemacht, von verschiedenen Bakterien bis zu einer verwirrenden Vielfalt von Viren.

Doch wie eindeutig die Hinweise auch immer erschienen, jede Vermutung scheiterte früher oder später an den Kochschen Postulaten. Was sie allesamt erreichten, war ein erneutes Aufflammen der Diskussionen – manchmal freundlich, häufig gereizt – über die Wichtigkeit von Beweisen zur Identifikation spezifischer Mikroben als Auslöser einer Krankheit.

In dieser emotional aufgeladenen Atmosphäre rief eine Publikation von Michael Gerber und seinen Kollegen von der Abteilung für Medizin und Zahnmedizin der Universität von Connecticut, die am 1. Juni 1985 in der Zeitschrift *Lancet* erschien, zögerlichen Optimismus hervor: Der Beitrag mit dem Titel „Der ätiologische Auslöser der Katzenkratzkrankheit" ging offenbar viel weiter als jeder der vorherigen vorsichtigen Vorschläge zur Lösung des Problems, um die jahrzehntelange Unsicherheit ein für alle Mal zu beenden. Der Titel der Veröffentlichung klang so, als ob der Erreger der Felinose endlich isoliert wäre, obwohl die Autoren in dem Artikel lediglich vermuteten, daß ihr Organismus ein Vertreter der Gattung *Rhotia* sein konnte.

Es war eine ungeheuerliche Behauptung, vor allem auch deshalb, weil genau eine Drüse von einem einzigen Patienten untersucht worden war. Innerhalb weniger Wochen wurde der Anspruch des Titels elegant, jedoch sehr deutlich, in Frage gestellt. »Nach den folgenden Kriterien gilt ein Bakterium als ätiologischer Auslöser«, schrieb Charles English von der Abteilung für Pathologie infektiöser und parasitärer Krankheiten des US Armed Forces Institute of Pathology in Washington D.C. zusammen mit vier Mitarbeitern dort und in Bethesda, Maryland. Unter den aufgelisteten Kriterien der militärischen Zurückweisung befanden sich auch diese: Die Symptome sollten sich nach einer Behandlung, die sich im Reagenzglas als wirksam erwies, verbessern. Und der Spiegel an Antikörpern gegen einen verdächtigen Organismus sollte am Höhepunkt der Infektion wenigstens um das Vierfache des Wertes angestiegen sein, auf den er bei Erholung wieder absinkt.

In Hinblick auf die Publikation aus Connecticut stellte die Gruppe um English fest, daß »*Rothia* gegen fünf Antibiotika sensitiv ist, von denen mindestens vier bekanntlich keinen Einfluß auf die Symptome zeigen«, und daß »die Bakterien nicht auf Kreuzreaktion mit Seren von genesenen Felinosepatienten getestet wurden«.

English und seine Mannschaft zerlegten die Publikation weiter, indem sie die Leser daran erinnerten, daß *Rothia dentocariosa*, die Mikrobe der Connecticut-Gruppe, noch nie aus Lymphknoten von Felinosepatienten isoliert werden konnte, »trotz einer Unzahl vergeblicher Versuche durch viele Forscher über 35 Jahre hinweg«. Sie schlossen mit einer freundlichen, aber bestimmten Vorhersage: »Der ätiologische Auslöser von Felinose wird vielleicht, so er denn einmal isoliert ist, ein bis dato völlig unbekannter Mikroorganismus sein. Er sollte in den Wänden von Blutgefäßen wachsen, aus wenigstens zehn Patienten isoliert werden, die Felinosesymptome zeigen, und mit Antikörpern aus Seren von genesenen Patienten reagieren.«

Kaum drei Jahre später hatten English und sein Team mindestens zehn Felinosepatienten untersucht, ein vormals unbekanntes Bakterium aus deren Drüsen isoliert und es als Krankheitsursache identifiziert. Ihr Artikel im *Journal of the American Medical Asso-*

ciation aus dem Jahre 1988 trug den kompromißlosen Titel „Katzenkratzkrankheit. Isolierung und Kultivierung des bakteriellen Erregers" und sollte beispielhaft zeigen, wie diese Art von Forschung durchzuführen ist. Die Amerikaner hatten ihren Erreger in zehn Felinosepatienten gefunden – jedoch nicht in Personen mit anderen Krankheiten. Ehemalige Opfer der Krankheit hatten entweder einen erhöhten Antikörperspiegel gegen den kultivierten Organismus oder zeigten mindestens eine vierfache Erhöhung des Spiegels zwischen Krankheitshöhepunkt und Erholungsphase. Ein Gürteltier, dem das verdächtige Bakterium injiziert wurde, entwickelte Läsionen, die denen auf menschlicher Haut ähnlich waren. Das Bakterium konnte aus diesen Läsionen auch wieder isoliert werden.

Die Forscher aus Bethesda und Washington zögerten nicht, zu behaupten, sie hätten die Kochschen Postulate voll erfüllt. Sie stützten ihren Fall mit Fotografien, die mit ausgeklügelten Methoden gemacht waren und das Bakterium sowohl in menschlicher als auch in Gürteltierhaut zeigten. Es wurde *Afipia felis* genannt, zu Ehren des US Armed Forces Institute of Pathology (AFIP), wo der größte Teil der Forschung durchgeführt worden war.

Doch dies ist nicht das Ende der Geschichte. Bis zum Jahre 1993 wiesen andere Artikel darauf hin, daß ein ganz anderes Bakterium, *Rochalimaea henselae*, weit häufiger für die Infektion verantwortlich ist. Und wieder machte sich Verwirrung breit. »Weitere Untersuchungen«, meinte das renommierte *New England Journal of Medicine*, »sollten helfen, die Rolle von *R. henselae* und *A. felis* sowie möglicherweise weiterer Mikroben bei der Auslösung der Felinose zu klären«.

IV. Die Nützlichen

Mikroben, von denen wir abhängig sind

Die Neigung bestimmter Mikroben, menschliches, tierisches, pflanzliches, ja terrestrisches Leben überhaupt anzugreifen und teilweise zu vernichten, prägt zweifellos unsere Vorstellungen von Mikroorganismen als „Erregern". Doch wie dramatisch die Auswirkungen der Mikroorganismen auch immer sein mögen, die bei weitem meisten Populationen von Mikroben auf der Erde agieren in ausschließlich positivem Sinne. Ohne ihre Mitwirkung – die wir mit der Zeit immer effektiver für uns zu nutzen gelernt haben und die heute in einem sich rasend entwickelnden Wissenschaftszweig, der Biotechnologie, verwertet wird – wäre Leben in der Form, wie wir es kennen, einfach nicht denkbar. In dem nun folgenden Teil wollen wir mikrobielle Aktionen betrachten, die nicht Krankheit, Fehlfunktionen oder gar den Tod nach sich ziehen, sondern von weitreichendem Nutzen sind.

Die Stickstoffixierer
– Bodenernährer

Stickstoff ist in Proteinen, DNA und anderen lebenswichtigen Substanzen enthalten und bildet mit fast 80 Prozent den Hauptanteil unserer Luft. Als Gas ist er allerdings inert und daher für Pflanzen und Tiere nicht zugänglich. Tiere erhalten den Stickstoff durch das Fressen von Pflanzen und/oder anderen Tieren. Pflanzen müssen sich dieses lebenswichtige Element aus ihrer Umgebung beschaffen. Von allen Elementen, die Pflanzen zum Aufbau neuen Gewebes benötigen, ist Stickstoff das am schwierigsten zugängliche: Stickstoffmangel limitiert häufig das Wachstum auf verarmten Böden.

Ehe Pflanzen den Stickstoff nutzen können, muß er als Salz, das sich in Wasser löst, „fixiert" werden. In der modernen, intensiven Landwirtschaft bringt der Bauer solche Salze, ganz besonders Nitrate, als Kunstdünger auf die Felder aus. Ihre Herstellung beginnt mit einem industriellen Prozeß, der nach den deutschen Chemikern Fritz Haber und Carl Bosch benannt ist, die 1918 beziehungsweise 1931 mit dem Nobelpreis ausgezeichnet wurden. Beim Haber-Bosch-Verfahren wird Stickstoff aus der Luft zusammen mit Wasserstoff bei hohem Druck und einer Temperatur von 500 °C über einen Eisenkatalysator geleitet; es entsteht Ammonium. Das Ammonium kann in Nitrit und dieses in Nitrat umgewandelt werden.

Weltweit sind allerdings stickstoffixierende Bakterien viel wichtiger als die vom Menschen hergestellten Kunstdünger. Die Fruchtbarkeit des Bodens beruht in der Natur fast ausschließlich auf diesen Organismen. Besonders wichtig bei der Verfügbarkeit von Stickstoff für Reis in den Reisfeldern Asiens sind Cyanobakterien wie *Anabaena* und *Nostoc*. Obwohl für etwa ein Drittel der Menschheit Reis als wichtigstes Grundnahrungsmittel gilt, werden dennoch viele Reisfelder nicht zusätzlich gedüngt. Die Cyanobakterien leben innerhalb der Blätter des winzigen Wasserfarnes *Azolla*, sie kommen aber in vielen tropischen Böden auch frei vor, wo sie während einiger Wochen eine Syntheseleistung erreichen, die auf ein Jahr hochgerechnet 750 Kilogramm Stickstoff pro Hektar ergibt. Diese Mikroorganismen liefern damit den größten Einzelbeitrag zur weltweiten Stickstoffproduktion.

Weiter in der Welt verbreitet sind zwei andere Kategorien von Stickstoffixierern. Die erste ist durch ihren besonderen Lebensraum charakterisiert: Sie lebt in enger, symbiontischer Gemeinschaft mit einer Pflanze, und beide profitieren von diesem Zusammenschluß. Die Mitglieder der anderen Gruppe leben frei im Boden oder anderswo.

Als der klassische Vertreter für die erste Kategorie gilt *Rhizobium* (Tafel XI), ein Bakterium, das in Knöllchen an den Wurzeln von Erbsen, Bohnen, Klee, Luzerne und anderen Schmetterlingsblütlern (Leguminosen) vorkommt. Ihretwegen wurde und wird der althergebrachte Fruchtwechsel durchgeführt, wobei die Leguminosen die Bodenfruchtbarkeit erhalten. Umgekehrt nimmt die Fruchtbarkeit des Bodens ab, wenn jedes Jahr die gleiche Pflanze gesät wird, sei es Gras, Gerste oder Weizen. Die Erklärung liegt in den symbiontischen Knöllchen, in denen die Rhizobien Stickstoff fixieren. Die Bakterien fangen so viel von dem Element ein, daß es für ihre eigenen Zwecke wie für die Bedürfnisse der Pflanze ausreicht.

Viele Rhizobien haben einen spezifischen Partner – die Symbionten aus den Erbsen würden also keine Knöllchen an Lupinen bilden und umgekehrt. Einige Stämme induzieren Knöllchen effektiver als andere, daher versetzen Bauern inzwischen ihr Saatgut mit speziell ausgewählten Stämmen. Besonders effektive Rhizobienstämme werden heutzutage auch durch genetische Manipulationen erzeugt.

Ein weiterer wichtiger Stickstoffixierer in der Natur ist *Frankia*, ein Vertreter aus der Gruppe der Actinomyceten, die man auch als „höhere" Bakterien bezeichnet. Das Bakterium tritt in Gemeinschaft mit der Erle (*Alnus*) auf, die dadurch auf trockenen Böden und im Gebirge wachsen kann. Eine verwandte Mikrobe bildet Symbiosen mit der Sumpfbeere (*Myrica*) und der Büffelbeere (*Shepherdia*), beides winterharte Pflanzen, die mit Hilfe der Symbionten in nährstoffarmen Böden, wie Sümpfen und Steppen, gedeihen können. Bakterien der Gattung *Azospirillum* sind mit bestimmten Gräsern, gelegentlich mit Mais, assoziiert; sie fixieren in einigen Teilen der Welt ebenfalls Stickstoff.

Typische asymbiontische, freilebende Fixierer sind Gattungen wie *Azotobacter*, der gut belüftete Böden und neutrale bis schwach alkalische Umgebung bevorzugt. *Azotobacter* trägt allerdings nur in geringem Umfang zur Stickstoffixierung bei. Einen wichtigen Anteil an der Produktion leisten andere Bakterien aus unterschiedlichsten Gruppen. Darunter befinden sich *Beijerinckia*, verschiedene *Clostridium*-Arten und *Bacillus polymyxa*.

Betrachtet man die jährlich fixierte Stickstoffmenge, liegt *Rhizobium* mit deutlichem Vorsprung an der Spitze der Rangliste. Luzerne mit *Rhizobium* kann bis zu 282 Kilogramm Stickstoff pro Hektar jährlich binden, bei Cyanobakterien sind es nur zehn Kilogramm, *Azotobacter* bringt es gerade einmal auf bescheidene 113 Gramm.

Die Herstellung von Kunstdüngern durch das Haber-Bosch- und andere Verfahren frißt nicht nur Energie und Zeit, sie ist auch teuer. Zudem gibt es zunehmend Streit über Umweltverschmutzungsprobleme, die durch das Auswaschen von Nitrat in die Gewässer entstehen. Die Kombination von Kunstdüngern und schweren landwirtschaftlichen Maschinen hat in vielen Teilen der Welt zur irreversiblen Zerstörung der organischen Struktur des Bodens und damit zu gravierenden Problemen geführt. Daher suchen Wissenschaftler vermehrt nach Möglichkeiten, die mikrobiellen Prozesse, durch die Mikroben den Pflanzen Stickstoff zugänglich machen, noch besser auszunutzen. Die Schlüsselrolle bei dem Vorgang spielt die sogenannte Nitrogenase. Dieses zweiteilige Enzym bewerkstelligt den überwiegenden Teil der weltweiten Stickstofffixierung ohne die hohen Drucke und Temperaturen des Haber-Bosch-Verfahrens, über das nur etwa 25 Prozent der Stickstoffmenge hergestellt wird, die jährlich durch bakterielle Fixierung in den Boden gelangt.

Andere Arten von Mikroben sind für weitere Unwandlungen des Elements Stickstoff verantwortlich. Eine Gruppe baut tierische und pflanzliche Abfälle sowie totes Gewebe ab, während andere den Stickstoffkreislauf vervollständigen, indem sie elementaren Stickstoff in die Atmosphäre freisetzen. Am ersten dieser Prozesse nehmen verschiedene Typen von Mikroorganismen teil; sie zerlegen die großen und komplexen Gewebe und Moleküle in einfachere Grundbausteine. Im Falle von Proteinen und anderen nitrathaltigen

Materialien entsteht dabei Ammonium. An diesem Punkt setzt die Arbeit zweier Bakteriengruppen ein. *Nitrosomonas* und *Nitrocystis* oxidieren Ammonium zu Nitrit, *Nitrobacter* wandelt Nitrit in Nitrat um. Durch die Tätigkeit der Denitrifizierer, zu denen unter anderem *Pseudomonas denitrificans* zählt, gelangt Stickstoff in die Atmosphäre zurück.

Wie hoch ist der Umsatz des Stickstoffzyklus? Die Menge des durch Mikroorganismen aus der Luft fixierten Stickstoffs liegt zwischen 150 und 200 Millionen Tonnen pro Jahr. Nur etwa ein Viertel dieses Wertes wird durch das Haber-Bosch-Verfahren erreicht, etwa 15 Prozent entstehen durch elementare Prozesse wie Blitzeinschlag. Der Löwenanteil entfällt also auf die Stoffwechselaktivitäten unsichtbarer Mikroben.

Saccharomyces cerevisiae
– *das Geheimnis von Brot, Wein und Bier*

Die Kommission der Europäischen Gemeinschaft war verständlicherweise hocherfreut, als sie 1992 bekanntgab, daß im Rahmen eines EG-finanzierten Projekts die gesamte Sequenz (315 000 Einheiten) eines der 16 Chromosomen der Hefe *Saccharomyces cerevisiae* (Tafel XII) entschlüsselt wurde. Dieser Kraftakt war das bemerkenswerte Ergebnis der Zusammenarbeit von Wissenschaftlern in 35 Labors in 17 verschiedenen Ländern und bedeutete einen wichtigen Schritt im Hinblick auf das Ziel, alle Chromosomen der Hefe durchzusequenzieren. Die Hefe wurde zum einen wegen ihrer wirtschaftlichen Bedeutung gewählt, zum anderen enthält ihre DNA, im Gegensatz zu den meisten hö-heren Organismen, nur wenig bedeutungslose „Abfall"-Sequenzen.

Doch *S. cerevisiae* hielt eine Überraschung in der Hinterhand, die diese spezielle Mikrobe, mit der wir schon so lange vertraut sind, noch bemerkenswerter macht. Über Jahrhunderte hinweg haben Bäcker, Bierbrauer und Winzer verwandte Stämme eben dieser Hefe für die Herstellung ihrer weitverbreiteten Produkte eingesetzt. In allen Fällen wird dabei die enorme Kapazität der Hefe zur Gärung ausgenutzt. Hefezellen wandeln mit hoher Effizienz Zukker in zwei verschiedene Produkte um – Alkohol und Kohlendioxid. Dadurch gewinnt die Hefe unter anaeroben Bedingungen, also ohne Sauerstoff, Energie für Wachstum und Syntheseprozesse, genau wie wir in unseren Zellen durch Abbau von Zuckern über einen aeroben Prozeß, also unter Verwendung von Luftsauerstoff, Energie gewinnen. Aus Sicht der Hefe sind Kohlendioxid und Alkohol Abfallprodukte, für uns haben sie unschätzbaren Wert. Der Bäcker nutzt das erste von beiden Produkten, um einen lockeren

Teig herzustellen, Brauer und Winzer schätzen das zweite für ihre vielgerühmten Erzeugnisse.

Wissenschaftler beschäftigen sich erst seit viel kürzerer Zeit mit der Hefe. Trotzdem haben sie diesen Organismus während des zurückliegenden Jahrhunderts derartig intensiv untersucht, daß wir heute seine Biochemie und seine Genetik so gründlich kennen wie die keines anderen höheren Organismus. Doch in dem Augenblick, als die Sequenzierung des Chromosoms beendet war, trat *S. cerevisiae* in Cambridge, Massachusetts, in einer nie vorher beschriebenen Verkleidung auf.

S. cerevisiae überraschte sämtliche Wissenschaftler, die glaubten, alles über die Gestalt ihrer Lieblingsmikrobe zu wissen. Der Pilz wuchs nicht in der üblichen ovalen und einzelligen Gestalt, sondern als Mycel, also in fädiger Form. Die Veränderung war nicht das Ergebnis einer Spontanmutation. Obwohl nie zuvor beschrieben, scheint das Wachstum als Mycel gelegentlich in der immensen Zahl an untersuchten Kulturen aufzutreten und ein Aspekt des normalen Lebens der Hefe in der Natur zu sein.

Vom menschlichen Standpunkt aus erscheint der Schritt vom einzelligen Stadium zum fädigen Wachstum trivial. Biologisch ist er höchst bemerkenswert, denn es muß einen genetischen Schalter zwischen beiden Lebensformen geben. Obwohl Forscher solche Schalter, die eine Transformation von der zellulären zur fädigen (filamentösen) Lebensform auslösen, bei verschiedenen verwandten Pilzen bereits entdeckt haben, gingen sie immer davon aus, daß *S. cerevisiae* diese Fähigkeit während seiner Evolution verloren hat. Durch die neuen Entdeckungen bietet sich die Hefe als nützliches Labormodell für das Studium von Krankheiten (wie zum Beispiel dem vaginalen Soor) an, die von anderen Hefen ausgelöst werden, welche regelmäßig in einer fädigen Form auftreten.

S. cerevisiae wurde von Menschen bereits vor mindestens 6 000 Jahren genutzt, als das Brauwesen in Mesopotamien seine Anfänge nahm. Die wissenschaftlichen Untersuchungen begannen mit Arbeiten Louis Pasteurs gegen Ende des vergangenen Jahrhunderts. Sie reiften über die Jahrzehnte, als Biochemiker durch Studien an Hefe die einzelnen Schritte entschlüsselten, über die lebende Zellen Nahrung abbauen. Einer der ersten ergründeten Stoffwechselwege war der, über den Hefe Zucker in Alkohol und Kohlendioxid umwandelt und Energie gewinnt – zum großen Nutzen von Brauern und Bäckern.

Jahrzehnte später erst lokalisierten Molekularbiologen die für viele dieser chemischen Vorgänge verantwortlichen Gene. Tatsächlich kennt man die Genetik der Hefe inzwischen so gut, daß *S. cerevisiae* heute zu den bevorzugten Organismen der Genetiker zählt. Das Klonieren (vielfache Kopieren) von Genen aus anderen Zellen erlaubt deren Expression und die Bildung der entsprechenden Proteine in Hefe. Eine Anwendung dieser Technik ist die Aufbewahrung von fremden, großen DNA-Stücken in Form von künstlichen Hefechromosomen (*yeast artificial chromosomes*, YACs) zur Erstellung einer Genbank höherer Organismen. Im Verlauf des EG-Projekts wird wohl noch vor Ende des Jahrhunderts die gesamte Sequenz der chemischen Bausteine der Gene aller 16 Chromosomen von *S. cerevisiae* entschlüsselt sein.

Zweifellos werden sich unter den Genen dann eines oder mehrere finden, die das von Gerald Fink und seinen Kollegen vom Whitehead-Institut und vom Massachusetts Institute of Technology beschriebene Umschalten von der zellulären zur filamentösen Form bewirken. Was die Entdeckung der filamentösen Form so bemerkenswert macht, ist die Tatsache, daß sie nicht durch einen komplizierten wissenschaftlichen Ansatz gefunden wurde, sondern durch einen einfachen Versuch, den jeder Erstsemesterstudent hätte durchführen können. Fink beschloß, die Mikroben nicht unter Bedingungen, bei denen sie mit sämtlichen notwendigen Nährstoffen versorgt sind, sondern unter teilweisem Nährstoffentzug wachsen zu lassen, wie er in der Natur häufig ist. Was würde geschehen, wenn der Hefe ein oder mehrere Nährstoffe fehlen?

Beim Studium von Stickstoff kam dann der Durchbruch. War von diesem Element nichts vorhanden, wuchs die Hefe überhaupt nicht mehr. Doch in einem Medium, das nur geringfügig weniger als das Optimum an Stickstoff enthielt, begann der Organismus, fädig zu wachsen. Tochterzellen, die sich normalerweise abschnüren, um unabhängige Zellen zu bilden, blieben mit den Eltern verbunden – und bildeten weitere Tochterzellen. So entstanden Ketten von verbundenen Zellen.

Als Folge der veränderten Lebensweise dringen die Filamente im Gegensatz zu den „normalen", unabhängigen Zellen in den Nährstoffagar ein, auf dem sie wachsen. Fink mutmaßt, daß diese Veränderung im Verhalten ein vorausschauendes Manöver ist. Während einzelne Zellen sich nicht aktiv bewegen, sondern lediglich passiv in eine neue Umgebung gelangen, kann die filamentöse Hefe in der Hoffnung, Orte mit neuen Nährstoffquellen zu erreichen, sich selbst ausbreiten. Pathogene Hefen wie *Candida* scheinen auf diese Weise auf Nahrungssuche zu gehen, wenn sie in anfällige Gewebe des Körpers eindringen.

Dies ist also die Entdeckung, die ich und viele andere Hefeforscher nie gemacht haben. Als junger Doktorand in den frühen sechziger Jahren, mit meinem geringen Wissen vor dem unerklimmbaren Berg der Wissenschaft, verwendete ich viele Stunden auf die Anzucht von *S. cerevisiae.* Auch ich ließ die Zellen unter Entzug wichtiger Nährstoffe wachsen. Doch mir ging es damals vor allem um das B-Vitamin Biotin, dessen Rolle bei der Enzymsynthese ich zu ergründen versuchte. Auch wenn auf meinen elektronenmikroskopischen Bildern ab und zu Zellen zu erkennen waren, die sich nicht voneinander trennten, konnte ich die von Gerald Fink beschriebenen Filamente nie entdecken. Ich erinnere mich nur an eine offensichtliche Veränderung durch den Biotinmangel: Die Zellen nahmen eine bezaubernde Farbe an, die mein Betreuer als Brustwarzen-Pink bezeichnete. Stickstoffmangel haben wir nie untersucht. So ist das Leben.

Penicillium camemberti
– *der Freund der Feinschmecker*

Der Schimmelpilz *Penicillium* ist hinlänglich bekannt durch das Antibiotikum, das er produziert. Er leistete aber schon lange vor Alexander Flemings Aufzeichnungen über seine kontaminierte Agarplatte, und ehe Howard Florey und Ernst Chain sein lebensrettendes Potential freisetzten (Seite 51), einen geschätzten Beitrag zum menschlichen Wohl. Denn verschiedene *Penicillium*-Arten verwöhnen uns seit langer Zeit mit einigen der feinsten und edelsten Käsesorten der Welt.

Milch wird sauer, wenn gewisse Bakterien Milchzucker (Lactose) abbauen und Milchsäure freisetzen, die dann wiederum Casein und andere Proteine gerinnen läßt. Dieser Vorgang bewirkt die Konservierung eines sonst instabilen Nahrungsmittels, denn die Säure stoppt das Wachstum zerstörerischer Bakterien in der Milch. Als die Menschen vor langer Zeit lernten, Käse und andere fermentierte Milchprodukte herzustellen, wurden diese Erzeugnisse möglicherweise anfangs vor allem wegen ihrer Haltbarkeit geschätzt. Mit der Zeit allerdings erkannte man den gastronomischen Wert von Käse, und die Käseerzeugung verbreitete sich über die ganze Welt. Heutzutage genießt Käse nicht nur gastronomische Hochachtung, er ist auch das Produkt eines riesigen Industriezweiges. Etwa 20 Milliarden Kilogramm Käse werden weltweit jährlich produziert, der größte Teil aus Kuhmilch, der Rest aus Ziegen- und Schafsmilch.

Beim ersten Schritt der Käseherstellung gerinnen die Milchproteine, wodurch eine feste Masse entsteht, der das meiste Wasser entzogen wird. Diese Gerinnung bewirken Mikroben, genau wie bei saurer Milch. Bei der traditionellen Käserei wird der Milch zu diesem Zweck seit langem Rennin (heute Chymosin) zugesetzt.

Dieses Enzym, das Proteine abbaut, wird normalerweise aus Kälbermägen gewonnen. Verstärkt setzt man heute jedoch, besonders in den Vereinigten Staaten, zu diesem Zweck Enzyme aus dem Pilz *Mucor miehei* ein, die eine ähnliche koagulierende Wirkung zeigen wie das Chymosin. Obwohl die Enzyme aus *M. miehei* zur Herstellung schnellreifender und vegetarischer Käse, die in letzter Zeit verstärkt an Popularität gewinnen, sehr gut geeignet sind, verlieren sie schnell ihre Aktivität und sind daher kein vollwertiger Ersatz.

Vor sehr kurzer Zeit haben Genetiker die Gene zur Chymosinherstellung in Bakterien, in die Hefe *Kluyveromyces lactis* und in den Pilz *Aspergillus nidulans* eingeschleust, um diese manipulierten Organismen zur Chymosinherstellung einzusetzen. Inwieweit Vegetarier diese Produkte akzeptieren, läßt sich kaum vorhersagen. Für traditionelle Käsefreunde wird aber das Chymosin aus Kälbermägen nie durch das mikrobielle Produkt ersetzbar sein, da bei der Reinigung des tierischen Enzyms Spuren von anderen Enzymen anfallen, die wichtige Auswirkungen auf den Geschmack während der Reifung haben.

Sowohl vom mikrobiologischen als auch vom gastronomischen Standpunkt aus sind Hütten- und Rahmkäse die einfachsten Käse von allen. Sie entstehen in einem einzigen Schritt, durch Zusatz von *Leuconostoc* zu pasteurisierter Milch. Von den Bakterien gebildete Milchsäure fällt den Quark aus der Milch aus, der in Würfel geschnitten und durch vorsichtiges Erhitzen verfestigt wird. Vor dem Verpacken setzt man eventuell Salz und etwas Sahne zu.

Die meisten – und sicher auch die besten – Käse müssen durch die Wirkung von Bakterien und Pilzen reifen. Obwohl anfänglich fast alle natürlichen Käse ähnlich aussehen, entsteht durch Unterschiede bei der Zusammensetzung dieser Mikroben und durch von ihren Enzymen bewirkte Effekte eine große Vielfalt an Käsesorten. *Penicillium roqueforti* ist für die Reifung eines der besten von allen Edelpilzkäsen verantwortlich, des Roquefort, der aus der Milch von Schafen hergestellt wird. Der gleiche Pilz ist auch maßgeblich an der Reifung von Stilton und Gorgonzola beteiligt; er verursacht die charakteristischen blauen Adern im Käse.

Propionibakterien bewirken die Reifung von Schweizer Käse. Sie wandeln die Milchsäure in der geronnenen Milch in Propionsäure und andere Säuren um, die den wohlbekannten Geschmack ergeben. Zudem erzeugen sie Kohlendioxid, das zu den typischen Löchern im Käse führt. Ironischerweise werden dieselben Bakterien bei der Herstellung von Schmelzkäse, der in den USA besonders beliebt ist, als unerwünschte Auslöser von Fäulnis betrachtet.

Im Cheddar bewirken die Bakterien, die (zusammen mit Rennin) das Milchprotein gerinnen lassen, auch die Reifung des Käses. Sobald sie absterben, werden aus den Bakterien Enzyme frei, die auf das Milchfett und die Proteine wirken und damit die vielen verschiedenen Komponenten formen, die dem Cheddar sein typisches Aroma verleihen. Der Wert des Käses steigt während der Reifung, da die Bakterien Vitamine synthetisieren, vor allem solche aus dem B-Komplex. Die erste Koagulation tritt sehr schnell (nach etwa 20 bis 40 Minuten) auf; das gefällte Milchprotein wird erhitzt, in Stücke geschnitten und gestapelt, um die Molke herauszupressen. Die Reifung von Cheddar, der noch gesalzen und in mit Seihtuch ausgelegte Ringe gepackt wird, kann mehrere Monate dauern. Innerhalb der ersten Wochen dieses Reifungsprozesses entstehen pro Gramm Käse viele hundert Millionen Bakterien.

Weiche und halbweiche Käse wie Camembert und Limburger erhalten ihre Konsistenz und ihren Geschmack durch Mikroben, die den Käse während der Reifung weich werden lassen. Eine Population aus Bakterien, Hefen und Pilzen lebt auf der Oberfläche dieser Käse in einem Schleim, der bis zu zehn Milliarden Organismen pro Gramm enthalten kann. Ihre Enzyme diffundieren in den Käse, weichen ihn auf und verleihen ihm sein typisches Aroma. *Penicillium camemberti* ist die wichtigste Mikrobe bei der Reifung von Camembert. Viele weitere sind aber nicht nur toleriert, sondern durchaus willkommen – die äußere Hülle von Camembert enthält eine enorme Anzahl und ein breites Spektrum von Mikroorganismen. Käser beimpfen neue Stapel mit der Oberflächenschmiere eines älteren Käses, unterdrücken andere Organismen aber nicht. Immer mehr werden jedoch auch sorgsam gehütete „Starterkulturen" zur Beimpfung eingesetzt.

Wie bei der Brauerei und der Weinherstellung sind die richtigen Mikroben in beiden Phasen der Käseherstellung essentiell für den Erfolg. Reine Stämme von *Penicillium* sind bei den heutigen präzisierten Bedingungen genauso wesentlich, wie sie schon bei der traditionellen Herstellung waren. Doch wenigstens hat der Drang zur Vereinfachung und Mechanisierung, wie er in der Brauindustrie zu beobachten ist, die Käseherstellung noch nicht ergriffen. Ein dahingehender Versuch endete komisch. In den fünfziger Jahren gelang es Wissenschaftlern, etwas zu produzieren, was in Erscheinung und chemischer Zusammensetzung dem Cheddar glich. Sie gingen von steriler Milch aus und addierten eine Chemikalie (Gluconolacton) zur Fällung des Proteins. Doch ihre Arbeit war schnell vergessen und ging in die Annalen der unangebrachten Wissenschaften ein. Der von ihnen hergestellte Cheddarersatz schmeckte nicht im entferntesten nach Käse.

Antibiotikaproduzenten
– der Sieg über Krankheiten

Die moderne pharmazeutische Industrie wird häufig wegen ihrer maßlosen Profitsucht kritisiert, kann jedoch in der Tat viele großartige Erfolge für sich verbuchen. Sie reichen von gezielt angreifenden Medikamenten, die vielen der Menschen, die an Magengeschwüren leiden, eine Operation ersparen, bis hin zu Wirkstoffen, die Schizophrenen und anderen Menschen mit ernsthaften psychischen Störungen ein weitgehend normales Leben außerhalb einer Anstalt erlauben. Für einen großen Teil dieser pharmazeutischen Revolution waren Chemiker verantwortlich, die heutzutage von Computerprogrammen zur molekularen Modellierung von Wirkstoffen unterstützt werden.

Beim anhaltenden Krieg gegen übertragbare Krankheiten stehen von Mikroben synthetisierte Verbindungen immer noch im Zentrum des Geschehens. Als Arbeitstiere der Pharmaindustrie produzieren Mikroorganismen nicht nur die wohlbekannten Antibiotika. Sie sind auch weiterhin die Quelle für neue „Wunderwaffen" im Umgang mit bislang nicht heilbaren Leiden und bei den Auseinandersetzungen mit infektiösen Bakterien, die resistent gegen das bestehende Arsenal an Medikamenten geworden sind. In mindestens einem Fall zeigte sich die Industrie, wie wir gleich sehen werden, ziemlich uninteressiert an einem Mikroorganismus, der schließlich den Forschern eine ganze Reihe neuer Waffen gegen Infektionen in die Hand gab.

Der Macht, der Vielseitigkeit und dem Einfallsreichtum der mikrobiellen Welt ist es zu verdanken, daß Wissenschaftler bei ihren Untersuchungen in der Umwelt, speziell in den Böden in den verschiedensten Teilen der Welt, immer wieder auf unbekannte Mikroben stoßen, die neue Antibiotika produzieren. Die Vorgehensweise bei der Suche nach neuen antimikrobiellen Agentien auf diesem Wege ist gut bekannt. Sie soll durch eine Entdeckung veranschaulicht werden, die vor einem halben Jahrhundert im Zuge der Entwicklung von Penicillin (Seite 51) gemacht wurde.

Im Jahre 1945 bemerkte Professor Guiseppe Brotzu, Bakteriologe an der Universität von Cagliari auf Sardinien, daß das Meer um die Küste von Cagliari herum kaum infektiöse Keime enthielt. Im Zentrum des Gebiets entließ ein Abwasserrohr der Kanalisation seine Fracht ins Meer. Brotzu begann sich daher zu fragen, ob eine oder mehrere Mikroben mit der Fähigkeit zur Bildung von Antibiotika für die außergewöhnliche Sauberkeit des Wassers verantwortlich waren. Gerade zu der Zeit hatten Howard Florey und Ernst Chain das Penicillin von Alexander Fleming in eine verwertbare therapeutische Form gebracht, und Selman Waksman und Albert Schatz setzten das ebenfalls hochwirksame Streptomycin zur Behandlung von Tuberkulose ein (Seite 55).

Also begab sich Guiseppe Brotzu zu dem Abflußrohr, nahm einige Proben des Ausflusses und brachte sie im Labor auf verschiedenen Nährmedien aus. Schnell wuchs auf dem Medium ein Pilz, *Cephalosporium acremonium*, der einen Stoff absonderte, der auf mehrere infektiöse Bakterien hemmend wirkte. Brotzu hatte guten Grund anzunehmen, daß diese Substanz als Medikament gegen einige Infektionen dienen konnte. Deswegen stellte er einen Extrakt aus dem Pilz her und verabreichte ihn Patienten mit Typhus, Brucellose und von Staphylokokken verursachten Abszessen. Die gewünschte Wirkung setzte tatsächlich ein – wenn auch nur in einem begrenzten Ausmaß, da das relativ unsaubere Produkt zu wenig von der Wirksubstanz enthielt, um die Infektionen drastisch einzuschränken.

Brotzu war sicher ziemlich verblüfft, als sich die Industrie nicht gerade interessiert an seinen Ergebnissen zeigte. Er hatte sich nämlich vergeblich an verschiedene Firmen gewandt, um ihre Unterstützung bei der Reinigung der Antibiotika aus *Cephalosporium* zu gewinnen. Genauso überraschend war, daß der entmutigte Brotzu zwar die Ergebnisse seiner Arbeit veröffentlichte, um auf diese Weise Interesse für seine Arbeit zu wecken, daß er aber dafür ein Forum von nur begrenzter Reichweite wählte, die hausinterne Schrift *On the Works of the Institute of Hygiene in Cagliari* („Über die Forschungen am Institut für Hygiene in Cagliari"). Er hatte jedoch eine Kopie des Manuskriptes an einen britischen Arzt geschickt, der in Sardinien als Gesundheitsbeamter gearbeitet hatte. Dieser informierte sofort den Medizinischen Forschungsrat (Medical Research Council) in England über Brotzus Arbeit.

An diesem Punkt kam die Geschichte ins Rollen. Der Ausschuß informierte Howard Florey in Oxford, der sich sofort mit Brotzu in Verbindung setzte, um eine Kopie des Manuskriptes und eine Probe von dem Pilz zu erhalten. Er gab sie an zwei junge Kollegen weiter, Edward Abraham und Gordon Newton, die sich unverzüglich in die Arbeit stürzten – mit anfangs sehr seltsamen Ergebnissen.

Brotzu hatte nachgewiesen, daß sein Pilzextrakt sowohl gegen Typhuserreger (die zu den gramnegativen Bakterien zählen, da sie sich mit einem von dem dänischen Arzt Christian Gram 1884 eingeführten Färbeverfahren nicht färben lassen) als auch gegen Staphylokokken (die grampositiv sind) wirkt. Die Forscher in Oxford fanden aber zunächst lediglich eine Substanz, die grampositive Bakterien abtötete. Doch die Verwirrung war nur vorübergehend. Bei einer zweiten Untersuchung des Extraktes entdeckten sie eine weitere Substanz, die tatsächlich gramnegative Bakterien angriff.

Abraham und Newton nannten die erste Substanz Cephalosporin P und die zweite (die sich später als Penicillinderivat erwies) Cephalosporin N. Beide zeigten sich allerdings bei weitem nicht so wirksam wie zuerst erhofft. Der wirkliche Durchbruch gelang erst 1953, nach jahrelanger frustrierender Arbeit. In jenem Jahr stolperten Abraham und Newton zufällig über ein drittes Antibiotikum,

Cephalosporin C. Es griff nicht nur grampositive und gramnegative Bakterien gleichermaßen an, sondern zerstörte auch Staphylokokkenstämme, die damals gerade Resistenzen gegen Penicillin zu entwickeln begannen. Die Wirkung von Cephalosporin C erschien so vielversprechend, daß ein Patent bei der National Research Development Corporation (NRDC) angemeldet wurde. Diese Gesellschaft war kurz zuvor von der britischen Regierung zum Schutz und zur Förderung von Entdeckungen im Vereinigten Königreich ins Leben gerufen worden.

Die Reinigung der Substanz bereitete wieder Schwierigkeiten. Doch dank der Zusammenarbeit zwischen dem Labor für Antibiotikaforschung des medizinischen Forschungsrates in Clevedon und der Pharmafirma Glaxo wurde nicht nur dieses Hindernis aus dem Weg geräumt. Sie führte auch zur Isolierung eines Mutantenstammes von *C. acremonium*, mit dem man viel höhere Antibiotikaausbeuten als mit dem Wildstamm erzielte. Dieser Durchbruch erlaubte es Abraham und Newton, die chemische Struktur von Cephalosporin C aufzuklären und einige Ereignisse in die Wege zu leiten, die in der Entwicklung einer ganzen Reihe von Cephalosporinen mündeten. Sie erwiesen sich noch auf Jahre hinaus als die große Goldgrube für den NRDC.

Heute sind etwa 5 000 verschiedene Antibiotika bekannt. Von diesen werden gegenwärtig etwa 100 zur Behandlung von Infektionskrankheiten eingesetzt. Einige, wie die Cephalosporine, sind Waffen mit einer großen Wirkungsbreite, andere sind in ihrer Wirkungsweise und Anwendung spezifischer. Die meisten Antibiotika werden von Pilzen und bestimmten Bakterien, den sogenannten Actinomyceten, gebildet. Gegenwärtig finden Forscher Antibiotikaproduzenten nicht nur in diesen, sondern auch in anderen Gruppen – in letzter Zeit vor allem bei den gramnegativen Bakterien. Die antimikrobielle Kapazität der mikrobiellen Welt scheint unerschöpflich.

Bacteroides succinogenes und *Ruminococcus albus*
– *Pansenknechte*

Es gibt das (aus der Sicht einer Kuh) verleumderische Gerücht, Kühe würden beim Dahintrotten über die Wiesen enorme Mengen Methan und andere übelriechende Gase aus ihren Gedärmen freisetzen. Die Geschichte wird normalerweise mit der Feststellung verbunden, Rinder trügen dadurch mindestens im gleichen Maße wie die Menschheit zu den negativen Veränderungen in der Atmosphäre bei, die für den zusätzlichen Treibhauseffekt und die Aufheizung unseres Planeten verantwortlich sind.

Die Meinungen der Experten zum Einfluß des Verdauungssystems von Rindern auf die Zerstörung des Planeten gehen allerdings weit auseinander. Eine neuere Schätzung geht davon aus, daß Methan etwa 14 bis 18 Prozent der Treibhausgase ausmacht und daß Wiederkäuer etwa die Hälfte davon bilden. Doch über die Unrichtigkeit des anderen Teils der üblen Nachrede bestehen keine Zweifel. Kühe produzieren sicherlich eine Menge Gas – im Schnitt etwa 150 bis 200 Liter pro Tag, wobei die Spitzenleistung eines besonders großen Tieres sogar doppelt so hoch sein kann. Aber die Gase treten keineswegs überwiegend durch den Darm aus. Sie werden größtenteils als Rülpser durch das Maul ausgestoßen, und das ist natürlich weniger anrüchig.

Aber warum stoßen Rinder – genau wie Schafe, Ziegen und auch andere Wiederkäuer – so viel mehr an Abgasen aus als andere Tiere einschließlich des Menschen? Die Antwort steckt in ihrer gänzlich andersartigen und in der Tat vielseitigeren Verdauung. Sie beziehen ihre Energie und ihre Baustoffe aus dem Abbau von Kohlenhydraten, Proteinen und Fetten. Ebenso erhalten sie Vitamine und Spurenelemente aus ihrer Nahrung – genau wie wir auch.

Wiederkäuer besitzen jedoch die zusätzliche Kapazität zum Aufschluß von Cellulose, dem wichtigsten Baumaterial von Halmen, Blättern und anderen Pflanzenteilen. Für den Menschen hat diese Substanz keinerlei Nährwert, obwohl sie als Ballaststoff den Verdauungstrakt in Schwung hält. Wiederkäuer könnten mit Cellulose ebenfalls nichts anfangen, würden sie nicht bei deren Verwertung von Mikroben unterstützt.

Wiederkäuer haben nämlich einen zusätzlichen Magen, den Pansen. Die reichhaltige und dichte Mikrobenpopulation in diesem Magenteil (bis zu zehn Milliarden Zellen pro Milliliter Pansenflüssigkeit) baut nicht nur Kohlenhydrate, Proteine und Fette, sondern auch Cellulose und begleitende Substanzen wie Pektin zu Fettsäuren, Methan und Kohlendioxid ab. Der Prozeß läuft bei relativ hoher Temperatur und ohne gelösten Sauerstoff ab; es handelt sich um eine Art der Gärung, ähnlich der Umwandlung von Zucker in Alkohol bei den Hefen. Dieser Gärprozeß spielt sich beinahe ununterbrochen ab, wie ein industrieller Vorgang, bei dem eine Pilzkultur in einem rostfreien Edelstahltank ein Antibiotikum oder ein Vitamin herstellt. Verschiedene Bakterien und Protozoen spielen bei der Verdauung im Pansen eine wesentliche Rolle, doch zwei Bakterienarten, *Bacteroides succinogenes* und *Ruminococcus albus*, leisten den Löwenanteil bei der Zerlegung von Cellulosemolekülen in ihre Untereinheiten.

Der Grund, warum die gebildeten Gase durch das Maul und nicht durch den Darm entweichen, ist einfach: Der Pansen ist der erste und nicht der letzte Teil des Verdauungstraktes. Sofort nach dem Kauen gelangt die Nahrung in dieses riesige Organ (es faßt bei Rindern 100 bis 150 Liter), wo sie kreisend herumbewegt und mit der vorhandenen Bakterienpopulation durchmischt wird. Im Pansen verbleibt die Nahrung für mehrere Stunden und wird zu immer kleineren Stücken zermahlen. Die Cellulose und andere Bestandteile vergären stufenweise. Anschließend wird das Material in den Netzmagen transportiert. Dort verklumpt es zu kleinen Stükken, die von der Kuh hochgewürgt und ein zweites Mal gekaut werden. Von diesem Vorgang leitet sich die Bezeichnung Wiederkäuer ab. Die zweite Stufe der Verdauung beginnt damit, daß die Kuh das noch einmal durchgekaute Material wieder schluckt. Dieses nimmt nun allerdings einen anderen Weg und erreicht direkt den eigentlichen Magen des Tieres. Hier übernehmen, wie auch in Dick- und Dünndarm, Verdauungsenzyme ähnliche Aufgaben wie die entsprechenden Enzyme im menschlichen Verdauungssystem.

Während der vielen Stunden im Pansen spielen *Bacteroides succinogenes* und *Ruminococcus albus* eine zentrale Rolle beim Abbau von Cellulose zu Zucker. Sie tun dies auf verschiedene Weisen. *Bacteroides* wird mittels eines Enzyms in seiner Zellwand, der Cellulase, aktiv. Das Bakterium bleibt daher während des Abbaus an einer Faser hängen. *Ruminococcus* scheidet seine Cellulase dagegen in die Umgebung aus. Das Ergebnis ist in beiden Fällen das gleiche – Glucose wird freigesetzt und dann weiter zu Methan und Kohlendioxid sowie einigen flüchtigen Fettsäuren wie Essigsäure, Buttersäure und Propionsäure abgebaut. Die Abbauprodukte gelangen über die Wand des Pansens in das Blut der Kuh und dienen als Hauptenergiequellen.

Bacteroides amylophilus, ein enger Verwandter der beiden Cellulosespalter, ist zusammen mit *Succinomonas amylolytica* für den Abbau von Stärke zuständig, die einige Pflanzenzellen als Speichersubstanz enthalten. Diese beiden Bakterien treten bei der Verdauung dann in Erscheinung, wenn ein Bauer die Fütterung seiner Herde von Gras, üblicherweise das einzige Futter, auf Getreide umstellt, das fast ausschließlich aus Stärke besteht. Bei anderen Gelegenheiten übernimmt das Bakterium *Lachnospira multiparis* eine Schlüsselrolle innerhalb der Mikrobengemeinschaft. Es bildet ein Enzym, welches Pektin anzugreifen vermag, und wird besonders wichtig, wenn die Tiere mit Leguminosenheu gefüttert werden, da dieses sehr viel Pektin enthält.

Obwohl die Bakterien- und Protozoengemeinschaft im Pansen ziemlich anpassungsfähig ist, können doch bei einer zu abrupten Umstellung der Ernährung ernsthafte Schwierigkeiten bei der notwendigen Anpassung der Verhältnisse zwischen den unterschiedlichen Bakterien auftreten. Zum Beispiel kann sich *Streptococcus bovis* rapide vermehren, wenn eine Kuh zu schnell mit Getreide statt mit Gras gefüttert wird. Unter Ausnutzung der plötzlich verfügbaren großen Mengen an Stärke vermehrt sich das Bakterium explosionsartig und bildet große Mengen Essigsäure. Diese neutralisiert das normalerweise basische Milieu des Pansens, und viele der anderen Mikroben sterben ab. Im Extremfall kann das Tier in der Folge sogar verenden.

Ein weiterer Beteiligter an dem komplexen Mosaik von Umsetzungen im Pansen, *Methanobrevibacter ruminantium*, wandelt Wasserstoffgas, eines der primären Gärungsprodukte, in Methan und Kohlendioxid um. Daher reichert sich auch Wasserstoff nicht in den Magenwinden der Kuh an. Am meisten überrascht vielleicht die Tatsache, daß nicht das Futter, sondern die Mikroben im Pansen der Wiederkäuer die Hauptquelle für Vitamine und für Aminosäuren zur Synthese von Proteinen sind. Viele der im Pansen wachsenden Bakterien werden im Verdauungstrakt weiter hinten selbst verdaut, wodurch ihre wesentlichen Bestandteile frei werden.

Häufig wird dem Futter von Rindern Harnstoff zugesetzt, um den Bakterien eine Stickstoffquelle anzubieten und damit die Proteinsynthese anzukurbeln. Ordentlich in Aminosäuren zerlegt, die dann wieder zu jetzt tierischem Protein zusammengesetzt werden, taucht der Futterzusatz bald auf den Tellern von Fleischessern im Beefsteak auf. Doch ob wir nun den Nutzen des Wiederkäuers oder den des Menschen im Hinterkopf haben: Ziel unserer genauen Betrachtung dieser Art der Verdauung ist es, ihre Vorteile gegenüber dem Nahrungsabbau im Menschen und in anderen Nicht-Wiederkäuern deutlich zu machen. Versuchen Sie einmal, Gras zu essen, und Sie werden schnell ihre Unterlegenheit spüren.

Die Darmflora
– Blähungen könnten viel schlimmer sein

Verglichen mit Rindern und anderen Wiederkäuern sind die vom menschlichen Körper freigesetzten Gasmengen eher bescheiden. Wir produzieren nicht nur *weniger* Gas, wir geben es auch seltener ab. Doch auch hierbei spielen Mikroben eine wesentliche Rolle, die bei weitem nicht so einfach ist wie einst angenommen. Bis vor sehr kurzer Zeit standen Mikroben als wichtigste Darmgasproduzenten noch im Verdacht, gegen das menschliche Wohlbefinden zu arbeiten. Heute wissen wir, daß sie auch zu der positiven Seite einer komplexen Bilanz beitragen. Trotz ihrer weiten Verbreitung wurde die Freisetzung der schädlichen Gase aus dem menschlichen Darm in der feinen Gesellschaft selten akzeptiert. Vor ungefähr 200 Jahren schrieb Benjamin Franklin an die königliche Akademie in Brüssel:

>»Es ist weltweit gut bekannt, daß bei der Verdauung unserer gewöhnlichen Nahrung in den Eingeweiden menschlicher Wesen eine große Menge von Winden produziert wird. Und daß das Entweichenlassen dieser Luft, die sich dann mit der Atmosphäre vermischt, normalerweise eine Beleidigung für die Gesellschaft ist – ganz abgesehen von dem Gestank, der dies begleitet. Daß alle wohlerzogenen Menschen daher, um eine solche Beleidigung zu vermeiden, die Bemühungen der Natur, diese Winde freizusetzen, mit aller Macht bremsen. Daß diese der Natur widersprechende Zurückhaltung nicht nur häufig unmittelbar Schmerzen verursacht, sondern spätere Krankheiten wie Koliken, einen Bruch, das Platzen der Trommelfelle und anderes begünstigt, häufig zerstörerisch auf die Konstitution wirkt und manchmal das Leben selbst gefährdet.«

Der berühmte amerikanische Wissenschaftler bemerkte weiterhin, die Akademie solle doch einen Wettbewerb mit einer Preisfrage starten. Das zu prämierende Ziel wäre, »ein Medikament zu finden, nützlich und wohlschmeckend, das – in unser tägliches Essen oder in die Soßen gemischt – die natürlichen Entladungen der Winde aus unseren Körpern nicht nur als nicht unangenehm, sondern die Düfte gar als willkommen erscheinen läßt«.

Es gibt keine Aufzeichnungen darüber, ob Le Petomane, der „größte Furzer in der Geschichte", bei seinen öffentlichen Auftritten ein Jahrhundert später den Gestank zu vermeiden versuchte. Le Petomane, der als Joseph Pujul im Jahr 1857 in Toulon geboren wurde, verlangte für jeden seiner spektakulären Auftritte 20 000 Francs (Sarah Bernhardt erhielt dagegen nur 8 000 Francs). Bei seinen Vorführungen imitierte er Donnergrollen, das Zerreißen von Stoff und das Abfeuern einer Kanone. Er konnte eine musikalische Note für zehn bis 15 Sekunden halten, und als Höhepunkt seiner Auftritte blies er eine Kerze aus einer Entfernung von etwa 30 Zentimetern mit einem wohlgezielten Furz aus.

Möglicherweise hat Franklin in seinem Schreiben die Risiken der Unterdrückung des Furzens leicht übertrieben. Er sprach aber dennoch ein beträchtliches Problem an, das mit der Zeit eine neue Dimension erreicht hat. Ein Beispiel ist das medizinische Problem von Patienten, die aus völlig unbekannten Gründen wahrhaft erstaunliche Mengen an Winden produzieren. Viel ernsthafter sind jedoch die gelegentlichen Explosionen, wenn eine elektrische Entladung während einer Operation ein kritisches Gemisch von Wasserstoff und Methan im Darm eines Patienten entzündet. Tatsächlich liegt der Gehalt der Winde an Wasserstoff (zwischen 4 und 74 Prozent) oder Methan (5 bis 13 Prozent) häufig im explosiven Bereich. Dies kann ernsthafte Folgen haben. Michael Levitt bemerkte vor einigen Jahren im *New England Journal of Medicine* ganz richtig, daß »ein Funke in einem ungeeigneten Augenblick einen furchterregenden Knall verursachen kann«.

Den Lehrbüchern zufolge haben Winde verschiedene Quellen. Eine ist einfach geschluckte Luft – eine große Plage für Menschen mit nervöser Veranlagung. Eine weitere ist das Kohlendioxid aus normalen Stoffwechselvorgängen. Die Hauptverursacher scheinen veschiedene Spezies von Bakterien zu sein. Sie leben im Verdauungstrakt, bilden Methan, Wasserstoff und einen geringen Anteil an riechenden Gasen, von denen die meisten noch nicht identifiziert sind. Kurzum, Mikroben sind anscheinend die wahren Schuldigen des von Benjamin Franklin angesprochenen Problems.

Doch die Lehrbücher geben kein vollständiges Bild von der Sachlage. Nach einem Übersichtsartikel in der Zeitschrift *Gut* („Darm") von 1989, der den aktuellen Forschungsstand zusammenfaßte, ginge es uns – was unser unterleibliches Wohlbefinden, das Verhältnis von Chirurgen zu Patienten wie auch das gesellschaftliche Leben überhaupt betrifft – ohne die Aktionen der Bakterien in unseren Eingeweiden viel schlechter. Berechnungen zur Population von gasbildenden Bakterien im Darm ergaben, daß ein Erwachsener täglich durchschnittlich etwa 24 Liter Wasserstoff und sechs Liter Methan freisetzen müßte. In Wirklichkeit geht aber täglich nur etwa ein Liter an Winden insgesamt ab. Der Grund: Während einige Bakterien Methan und Wasserstoff bilden, wird der größte Teil dieser Gase von anderen Bakterien in nichtflüchtige Substanzen umgewandelt.

Die Geschichte hat eine weitere positive Fußnote. Während der siebziger Jahre wurde mit Studenten der University of California in Berkeley eine Studie durchgeführt, deren Ziel es war, diejenigen Bestandteile der menschlichen Nahrung zu ermitteln, die für die Gasproduzenten unter den Bakterien am wertvollsten sind. Die Studenten erhielten eine kontrollierte Diät und waren dazu angehalten, von ihren ausgestoßenen Winden so viel wie möglich in Plastiktüten aufzufangen, deren Inhalt dann analysiert wurde. Die Ergebnisse deuteten auf drei Zucker – Raffinose, Stachyose und Verbascose – als Hauptschuldige hin. Während andere Kohlenhydrate im Dünndarm abgebaut und die Produkte absorbiert werden, scheinen die Enzyme zum Abbau dieser drei Zucker zu fehlen.

Daher gelangen sie unverändert in den Dickdarm, wo sie von Bakterien fermentiert werden. Dabei entstehen die bekannten Mischungen unserer „Abgase".

Das Northern Regional Research Center des amerikanischen Landwirtschaftsministeriums in Peoria, Illinois, hat inzwischen die Züchtung von Sojabohnen, denen diese drei Zucker fehlen, in die Wege geleitet. Dies ist die Folge anhaltender Beschwerden von Verbrauchern, die von extremen Winden geplagt wurden, nachdem sie Lebensmittel zu sich genommen hatten, die als Fleischersatz in vegetarischen Proteinerzeugnissen oder als Ballast in normalem Essen entfettete Sojabohnen enthielten. Zunächst versuchen die Forscher, natürliche Sojabohnen, die diese Zucker nur in geringem Maße enthalten, zu selektieren und anzubauen. Sollte sich dies als unmöglich erweisen, wollen sie gentechische Methoden zur Eliminierung der Zucker einsetzen.

An dieser Stelle erfährt die Geschichte eine interessante Wendung. Das Northern Regional Research Center ist jenes Forschungszentrum, das bei der ersten Herstellung von Penicillin vor fünfzig Jahren eine wichtige Rolle gespielt hat. Dort erkannten die Wissenschaftler, wie sie die Penicillinproduktion verstärken konnten, indem sie dem Wuchsmedium einen Abfallstoff zusetzten, der nach dem Einweichen von Getreide und der Entfernung der Körner zurückbleibt. Das neue Projekt in Peoria hat möglicherweise einen ähnlich dramatischen Einfluß auf menschliche Belange.

Wasserstoffbildner
– die globale Putzkolonne

Ende des Jahres 1930 belangte die Ouse-and-Cam-Fischereibehörde in England eine Zuckerrübenfabrik am Great Ouse, direkt unterhalb von Ely in Cambridgeshire, wegen einer über zwei Jahre hinweg erfolgten Verschmutzung des Flusses. Der Fall wurde zwischen dem 3. und 27. März 1931 verhandelt. Die Behörde gewann, erhielt 200 Pfund Schadensersatz und Kostenerstattung sowie das Recht, im Wiederholungsfalle innerhalb der nächsten zwölf Monate eine einstweilige Verfügung gegen die Fabrik erwirken zu können. Scheinbar ist dieses Prinzip, das während der achtziger Jahre wieder aufgegriffen wurde und demzufolge „der Verschmutzer den Schaden bezahlt", doch nicht so neu.

Es gab damals allerdings einen unerwarteten Gewinner. Neben der Behörde triumphierte nämlich auch die Wissenschaft, denn im Zuge der Untersuchungen wurde eine Gruppe von Mikroorganismen entdeckt, die eine wichtige Enzymklasse bilden, die Hydrogenasen. Diese Enzyme nehmen bedeutende Aufgaben beim Abbau verschiedener Substanzen in der Umwelt wahr, von denen sich einige ansonsten als zu hartnäckig gegenüber Angriffen erweisen würden. Heute werden Organismen, die Hydrogenasen bilden, auf ihre Eignung in der Biotechnologie hin untersucht.

Die Entdeckerin der im übelriechenden Schlick des Ouse lebenden Mikroben war Marjory Stephenson, die an der Universität Cambridge arbeitete und die mikrobielle Physiologie als Wissenschaftsdisziplin etablierte. Sie wurde 1885 als Tochter eines betuchten Bauern in dem kleinen Dorf Burwell in Cambridgeshire geboren. Ihr Vater war immer darauf bedacht, wissenschaftliche Methoden in der Landwirtschaft anzuwenden, und obwohl er nicht studiert hatte, galt Robert Stephenson doch als glühender Verfechter der Darwinschen Lehre. Er zeigte zudem großes Interesse für die fundamentalen Arbeiten Gregor Mendels zu den Mechanismen der Vererbung.

Marjory Stephenson liebte die Landschaft um die beiden Flüsse; daher war sie sehr verärgert über die Abfälle, die von der Zuckerraffinerie zwischen 1928 und 1930 in den Ouse geleitet wurden. Aus zwei Gründen war das Jahr 1930 besonders wichtig für sie. Zum einen erschien die erste Auflage ihres Lehrbuches *Bacterial Metabolism* („Bakterieller Stoffwechsel"). Dieses Buch reflektierte und katalysierte gleichzeitig den Fortschritt in der Wissenschaft der chemischen Vorgänge, mit denen verschiedene Typen von Bakterien atmen, Photosynthese betreiben, Stickstoff aus der Luft fixieren, Gärungen durchführen und die Abertausenden Reaktionen ausführen, die für das Leben auf unserem Planeten so wichtig sind. Die Wissenschaftlerin beschrieb den Stand der Forschung zu jener Zeit so:

>»Wir befinden uns in etwa in der gleichen Lage wie jemand, der sich ein Bild von dem Leben in einer Hausgemeinschaft machen will, indem er genau beobachtet, welche Personen und Dinge in das Haus hinein gelangen beziehungsweise es wieder verlassen; wir zeichnen an der Tür akkurat die Nahrung und die sonstigen Waren auf, nehmen geduldig den Inhalt des Mülleimers unter die Lupe und bemühen uns, aus den Daten die Ereignisse zu rekonstruieren, die sich hinter den verschlossenen Türen abspielen.«

Zum anderen war 1930 das Jahr, in dem Marjory Stephenson im Rahmen einer Serie von Radiointerviews, die von Mitgliedern der biochemischen Abteilung der Universität Cambridge gegeben wurden, über die Verschmutzungen am Great Ouse sprach. »Nicht weit von meinem Zuhause gibt es eine Zuckerraffinerie, die bis vor kurzem noch ihre gesamten Abfälle in den schlammigen Fluß zu leiten pflegte«, erzählte sie während der Sendung, die über BBC ausgestrahlt wurde. »Eine Woche nach der Einleitung des Abfalles in den Fluß drang von dort ein grauenhafter Gestank her. Noch mehrere Meilen unterhalb der Fabrik stiegen aus dem Wasser Gasblasen auf. Das Schlimmste daran war, daß alle Fische starben ... Sobald der Zuckerrübenabfall ins Wasser gelangte, vermehrten sich auf dem Grund des Flusses jene Bakterien besonders intensiv, die sich von Zuckern ernähren, wobei sie große Mengen des Abfalles beseitigen.« Die Mikrobiologin erklärte auch, daß die Mikroben den Zucker nicht in Alkohol, sondern überwiegend in Gas umwandeln.

In Zusammenarbeit mit L. H. Strickland kultivierte Marjory Stephenson einige der Gasproduzenten im Labor. Die beiden Wissenschaftler zeigten schnell, daß diese Bakterien Wasserstoff zur Umwandlung von Sulfaten in Schwefelwasserstoffgas (das auch für den Geruch von faulen Eiern verantwortlich ist) und zur Umwandlung von Kohlendioxid in Methan (Sumpfgas) verwenden. Wurden die Bakterien in Röhren mit Methylenblau gegeben, reduzierten sie den Farbstoff – aber nur in Anwesenheit von Wasserstoff. Die beiden Forscher schlossen daraus, daß die Mikroben ein Enzym enthalten mußten, das Wasserstoff irgendwie aktiviert.

Der Name, den sie dem Enzym gaben – Hydrogenase –, steht heute für eine ganze Klasse von Enzymen. Diese katalysieren eine Vielzahl von Vorgängen, die mit der Bildung oder dem Verbrauch von Wasserstoff verknüpft sind. Viele dieser Reaktionen sind umkehrbar, und etliche spielen eine wichtige Rolle beim Stoffkreislauf organischen Materials in der Umwelt. Zwei solche Bakteriengruppen – die Sulfatreduzierer und die Methanogenen – wuchsen auch in den gemischten Kulturen, die Stephenson und Strickland untersuchten.

Obwohl ein Fall von rücksichtsloser Verschmutzung diese Anaerobier (ohne Sauerstoff lebende Organismen) ans Licht brachte, müssen sie nach heutigen Kenntnissen den besonders wertvollen Abfallverwertern zugerechnet werden. Zum ersten leisten sie einen enormen Beitrag zur globalen Reinhaltung, indem sie organische

Säuren abbauen, die andere Anaerobier in Flüssen und Seen beim Abbau von tierischen und pflanzlichen Resten freisetzen. Zum zweiten spielen sie, wenn auch unter menschlicher Kontrolle, zusammen mit anderen Mikroorganismen (Seite 246) eine wichtige Rolle beim Abbau und der Entgiftung von Abfällen, die in einem unaufhörlichen Strom den Kläranlagen zufließen.

Bestimmte Bakterienfamilien, die mit Hilfe von Hydrogenasen ihren Lebensunterhalt bestreiten, sind eine Plage. Das von Sulfatreduzierern gebildete Sulfid fordert einen ökonomischen Tribut durch die Korrosion von Metallrohren und Vorratsbehältern. Andere Bakteriengruppen ziehen jedoch wegen ihres potentiellen Nutzens für die biotechnologische Industrie wachsende Aufmerksamkeit auf sich. Einige solcher Bakterien können zur Bildung von Wasserstoff aus Wasser oder organischem Abfall eingesetzt werden. Ist billiger Wasserstoff und Kohlendioxid vorhanden, können andere zur Bildung von sogenanntem Einzellerprotein (für Nahrungsmittel oder Futter) oder von Polyhydroxybuttersäure, die bei der Kunststoffherstellung (Seite 294) gebraucht wird, herangezogen werden.

Marjory Stephenson überzeugte mehr als irgend jemand sonst andere Forscher davon, daß Mikroben sich ideal für das Studium biochemischer Veränderungen eignen, da sie so einfach im Labor zu kultivieren und zu kontrollieren sind. Obwohl sie bereits 1948 starb, fünf Jahre, bevor Francis Crick und James Watson ihre Entdeckung der DNA-Doppelhelix bekanntgaben, wurde die Richtigkeit ihrer Argumente auch in der Genetik bereits erkannt. Sie wäre zweifellos erfreut, wüßte sie, daß Organismen ähnlich denen, die sie als Verschmutzer ihrer geliebten Heimat identifiziert hatte, heute für die praktische Nutzung in der Industrie manipuliert werden.

Mikrobengemeinschaften
– die Abwasserreiniger

Stellen Sie sich für einen Augenblick Abwasser vor – diese übelriechende, reichhaltige Mischung an Stoffen, die in den Frühstadi-
en der Fäulnis in einer Kläranlage ankommt. Sie besteht aus Re-
genwasser, dem öligen Dreck der Straßen, der schmutzigen Seifen-
lauge aus den Waschmaschinen, fettigen Küchenabfällen, menschlichen und tierischen Ausscheidungen, Erbrochenem, legal und illegal entsorgtem Abfall des Malers, des Bauern, der Autowerkstatt
sowie einer unerfreulichen Fülle an anderem in die Kanalisation
gespülten Unrat aus unzähligen Abflüssen der Industrie und der
Haushalte, aus Schleusenräumen und Abwasserrohren.

Innerhalb der verschiedenen Reinigungsstufen der Klärwerke
nehmen Mikroben diese Dreckbrühe auf und verwandeln sie in
Wasser, das wieder sauber genug ist, um in einen Fluß geleitet zu
werden oder chloriert und behandelt als Trinkwasser zu dienen.
Viele Bakterien, Pilze und Protozoen sind an diesem Säuberungs-
prozeß beteiligt, über dessen Effizienz und Komplexität die eher
unauffällige Erscheinung einer typischen Kläranlage hinweg-
täuscht. Die verschiedenen Behälter und Rieselfilter mit ihren
langsam rotierenden Armen spiegeln kaum die emsige chemische
Aktivität wider, mit welcher die mikrobiellen Aasfresser die vielen
verschiedenen Komponenten des Abwassers abbauen und umwandeln.

Obwohl zur Optimierung der Abwasserreinigung Wissenschaft
und Technologie bemüht wurden, stammen die verantwortlichen
Bakteriengesellschaften ursprünglich aus dem Boden und aus anderen natürlichen Quellen. Sie haben sich sozusagen in der Kläranlage in einer für sie günstigen ökologischen Nische getroffen. Tatsächlich reflektieren die grundlegenden Aktivitäten bei diesem

Prozeß die Vorgänge, durch die tierische und pflanzliche Abfälle beseitigt werden. Mikroben zerlegen komplexe Proteine und andere Bestandteile des Abwassers in einfachere Substanzen. Der Stickstoff aus organischen Molekülen wird in Ammonium umgewandelt, ihr Kohlenstoffgerüst als Kohlendioxid freigesetzt. Das Ammonium wird, wie im Boden, zu Nitrat oxidiert. Zusätzlich zu diesen und weiteren natürlichen Stoffwechselleistungen bauen spezialisierte mikrobielle Aasfresser die vielen künstlichen Verbindungen ab (wie zum Beispiel Detergentien aus Spül- und Waschmitteln), die heutzutage ebenfalls ins Abwasser gelangen.

Die in der Kläranlage attackierte organische Substanz besteht sowohl aus toter Materie als auch aus Bakterien wie etwa *Escherichia coli*, die über die Toiletten in riesigen Mengen eingeleitet werden. Krankheitserreger, wie zum Beispiel das Typhusbakterium, werden wirksam zerstört. Dank der Arbeit der Kläranlagenfauna können Erreger wie die von Typhus, Cholera und Ruhr sich nicht mehr so ausbreiten wie in früheren Zeiten, als der Abfall noch auf die Straße geworfen wurde und das Trinkwasser aus verseuchten Quellen kam.

Einer der wesentlichen Vorgänge bei der Entgiftung (nach der Entfernung von grobem Material wie Flaschen, Holz und anderen Feststoffen, die bei der biologischen Abwasserreinigung nichts verloren haben) besteht aus einer komplexen Abfolge chemischer Reaktionen, die in einem Fermentationsbehälter unter Luftabschluß ablaufen. Einige dieser Umwandlungen ähneln denen der Verdauung im Pansen (Seite 234), andere der alkoholischen Gärung (Seite 222). Viele verschiedene Bakterien sind an den Vorgängen beteiligt, die von so schwierigen Ausgangssubstanzen wie Fasern und Cellulose zu den beiden Gasen Methan (das zum Betreiben von Heizungen abgeleitet werden kann) und Kohlendioxid führen.

Mindestens vier Gruppen der mikrobiellen Abwasserreiniger haben spezielle Aufgaben in diesem Gärbehälter. Einige verdauen unter Einsatz ihrer Enzyme die organische Substanz und setzen lösliche Verbindungen frei. Andere Mikroorganismen vergären diese Verbindungen zu Alkohol und Säuren, die von einer dritten Gruppe zu Kohlendioxid und Wasserstoff abgebaut werden. Schließlich nehmen einige Spezialisten einen Teil dieser beiden Gase auf und bilden Methan. Dieser gesamte Vorgang verläuft halbkontinuierlich in großen, verschlossenen Tanks. Von Zeit zu Zeit wird neues Abwasser zugeleitet, die Produkte werden abgezogen. Was übrigbleibt, ist ein fester Bodensatz und ein flüssiger Überstand, der durch die Umwandlungen seiner organischen Komponenten in gasförmige Stoffe stark reduziert ist. Obwohl der Vorgang nicht sonderlich schnell abläuft, ist er erstaunlich effizient. So verschwindet ein Stück Leinen durch die Aktivitäten von Bakterien innerhalb von nur fünf bis sieben Tagen.

In einigen Kläranlagen werden auch Reinigungsstufen mit Mikroben betrieben, die in Anwesenheit von Sauerstoff arbeiten. Der Rieselfilter besteht in diesem Fall einfach aus einer etwa zwei Meter dicken Stein- oder Koksschicht, auf deren Oberfläche das abzubauende Material aufgespritzt wird, normalerweise über rotierende Arme. Die Flüssigkeit stammt entweder aus den Abbauprozessen in dem anaeroben Behälter oder direkt aus der Kanalisation. Eine gemischte Population von Mikroben gedeiht auf den Steinen, und während die Abwässer nach unten sickern, steigt Luft durch den Filter nach oben. Fädige Pilze und Bakterien entfernen gemeinsam mit schleimbildenden Mikroorganismen organisches Material aus dem Rieselgut und helfen gleichzeitig, den mikrobiellen Film auf den Steinen festzuhalten. Eingelagerte Algen bilden Sauerstoff. Einige der Mikroben werden mit der Zeit von Protozoen gefressen, die wiederum von größeren Organismen verschlungen werden. Als Ergebnis dieser Nahrungskette wird in der Rieselanlage das organische Material aus dem Abwasser entfernt und durch die Atmung der Protozoen schließlich in Kohlendioxid umgewandelt.

Währenddessen laufen noch andere chemische Prozesse ab. Während Spezialisten das organische Material aufnehmen und oxidieren, wird der Stickstoff als Ammonium frei. Sonst nur im Boden vorkommende Bakterien oxidieren dieses zu Nitrat. Ähnlich verhält es sich mit dem organischen Schwefel. Dieser wird als Schwefelwasserstoff von verschiedenen Bakterien in die weniger gefährlichen Sulfate umgewandelt. Schließlich extrahieren weitere Organismen Phosphor aus Nucleinsäuren und bauen ihn zu Phosphat ab.

Eine andere, weiter verbreitete Methode zur aeroben Abwasseraufbereitung ist die des Belebtschlammes. Große Mengen Preßluft oder Sauerstoff werden durch einen Behälter mit Abwasser gedrückt. Suspendierte Partikel flocken nach einiger Zeit in winzigen klebrigen Massen aus, die mit Bakterien durchsetzt sind, welche auf dem organischen Material gedeihen und dieses schnell und effizient abbauen. Diese Flocken bezeichnet man als Belebtschlamm. Das Bakterium *Zoogloea ramigera* nimmt in den Flokken eine Schlüsselrolle ein, indem es Schleim bildet, an dem Protozoen und andere Mikroben haften. Der Schlammanteil wird immer größer, wenn Luft durch den Behälter zirkuliert und dessen Inhalt vermischt wird. Die zugrundeliegenden chemischen Reaktionen laufen in einer ähnlichen Reihenfolge ab wie in den Rieselfiltern. Ab und zu wird die Flüssigkeit des Behälters in einen Ruhetank gepumpt und anschließend ein Teil des sedimentierenden Schlammes zum Starten des Vorgangs in den Haupttank zurückbefördert. Der getrocknete Rest kann als Dünger verwendet werden.

Welchen von all diesen Prozessen wir auch betrachten, jeder verdeutlicht die bemerkenswerte Wirksamkeit und Vielseitigkeit von Mikroben, die so gut wie nie versagen. Wenn Schwankungen in einer der Entsorgergemeinschaften auftreten, liegt dies immer daran, daß irgendein illegal in großer Menge in das Abwasser geleitetes Gift die Population aus dem Gleichgewicht bringt. Ansonsten arbeiten die Mikroben in der Kläranlage leise und stetig und bauen alles ab, was immer wir ihnen schicken.

Mikrobengemeinschaften
– die Ölfresser

Der Öltanker *Braer* lief am 5. Januar 1993 um 11.15 Uhr vor den Shetlandinseln auf Grund, nachdem er etwa sechs Stunden lang von einem Sturm mit Windstärke zwölf hin- und hergeworfen worden war. Einige der Tanks des Schiffes barsten sofort, und das austretende Öl schwappte an die Südstände der Inseln. Während der nächsten Tage entwich die gesamte Ladung des Tankers ins Meer: 85 000 Tonnen leichtes Rohöl und 500 Tonnen Treibstoff.

Der Unfall war eines der schwersten Unglücke dieser Art in europäischen Meeresgewässern. Die Massenmedien konfrontierten die Öffentlichkeit mit Bildern von schwarzen Stränden, toten Seevögeln und enormen Mengen von Öl, das sich durch den Sturm bis auf das Land verbreitete. Die Verseuchung des Weidelandes reichte bis zu anderthalb Kilometern ins Landesinnere und verlieh der Tragödie eine zusätzliche Dimension. Pläne zur Evakuierung der Bewohner und der Schafe in sichere Gebiete lagen bereits in den Schubladen, als Experten bekanntgaben, die Katastrophe würde die Menschen, ihre Gesundheit und ihren Lebensunterhalt auf Jahrzehnte hinaus beeinträchtigen.

Kaum drei Wochen später war ein großer Teil des Öls von der schwer verseuchten östlichen und südlichen Küste Shetlands verschwunden. Der Fall *Braer* verschwand so schnell aus den Medien, wie er dort aufgetaucht war. Wenige Monate danach war offensichtlich, daß die Auswirkungen des Öls weit geringer waren als ursprünglich angenommen – auch wenn es bei Vögeln, Menschen, Fischen und Schalentieren etliche Schäden hinterlassen hatte. Ironischerweise hatte der schwere Sturm, der ursprünglich für das Zerreißen des Ölteppichs und die Verbreitung der Verschmutzung sowie die Behinderung der Reinigungsarbeiten verantwortlich gemacht worden war, sehr dabei geholfen, das Öl auf eine große Fläche zu verteilen. Gleichermaßen wichtig für die Beseitigung der Katastrophe waren auf lange Sicht jedoch marine Mikroorganismen, die in der Folgezeit die verschiedenen Komponenten des Öls abbauten.

Die Shetlandinseln kamen im Januar 1993 recht glücklich davon. Doch es lag nicht am menschlichen Eingreifen, daß eine Tragödie verhindert wurde. Der Vorfall bot den Mikrobiologen eine ideale Gelegenheit, ein besseres Verständnis von den Reinigungsprozessen in der Natur zu erhalten, was dann bei zukünftigen Katastrophen eine Steuerung dieser Aktivitäten ermöglichen und erleichtern könnte. Seit einigen Jahren werden Diskussionen über die besten Ansätze zur biologischen Entsorgung geführt, nämlich über die Nutzung mikrobieller Kräfte zur Reinigung der Umwelt (Seite 286). Eine Strategie ist die genetische Manipulation, um effizientere Stämme gezielt zum Abbau bestimmter Verschmutzungen einzusetzen. Wissenschaftler, die auf diesem Weg schnell Fortschritte erzielen wollen, müssen allerdings mit Beschränkungen durch Behörden rechnen, die diese Art von Arbeit kontrollieren. Der andere Weg sieht die Förderung des Wachstums und der Aktivitäten der bereits vorhandenen Bakterien in Boden und Wasser durch Maßnahmen wie Belüftung und Nährstoffzufuhr vor. In diesem Falle ist aber aufgrund fehlender genauer Kenntnis der vorhandenen Mikroben theoretisch die Möglichkeit gegeben, daß ungiftige Substanzen in toxische Verbindungen umgewandelt werden, obwohl das Gegenteil angestrebt ist.

In jedem Fall ist ein genaues Studium der Wege, auf denen Öl und andere Gifte auf natürliche Weise in der Umwelt entsorgt werden, unverzichtbar. Zwar sind bereits einige erdölabbauende Bakterienspezies isoliert und im Labor untersucht, doch herrscht gegenwärtig offenbar erst ein recht geringes Interesse an den Mikrobengemeinschaften, die täglich die Biosphäre reinigen und sich als Reaktion auf spezielle Ereignisse schlagartig vermehren.

Man halte sich nur einmal einige Fakten im Zusammenhang mit den mikrobiellen Gemeinschaften im arabischen Golf vor Augen. Zusätzlich zu den jährlich dort legal und illegal verklappten 160 000 Tonnen Rohöl wurde die dortige Bakterienpopulation mit der größten bisher bekannt gewordenen Ölverschmutzung überhaupt konfrontiert. Die irakische Armee ließ am 19. Januar 1990 500 000 Tonnen Öl aus dem Mina-Al-Ahmadi-Terminal ins Meer laufen. Verheerende Auswirkungen wurden befürchtet, die Schlagzeilen sagten die Auslöschung aller Lebensformen in der Region voraus.

Die Prognose war jedoch falsch. Ende des Jahres 1992 beschrieb Thomas Höpner von der Universität Oldenburg mit Kollegen von der Universität Kuwait in der Zeitschrift *Nature* die starke Verbreitung blaugrüner Matten von Mikroben nach dieser teuflischen Verschmutzung. Sie lagen, eingebettet in Schleim, über öligen Flächen in der Gezeitenzone der Golfküste. Die mikrobiellen Matten waren allein schon wegen der Beobachtung, daß sich in diesen stark verschmutzten Gebieten überhaupt wieder Leben ansiedelte, die ersten Anzeichen einer Selbstreinigung der Natur dar.

Höpner und seine Mitarbeiter betonten, daß Matten dieser Art nie zuvor beschrieben worden waren. Jedes Gramm der frischen Matten enthielt, eingebettet in den von fädigen Cyanobakterien gebildeten Schleim, Millionen von Zellen mit der Fähigkeit, Rohöl anzugreifen und seine Fraktionen als einzige Kohlenstoff- und Energiequelle zu nutzen. Es ist noch immer unklar, ob auch die Cyanobakterien Öl abbauen. Die Vergesellschaftung mit ihnen bietet den ölfressenden Bakterien zwei offensichtliche Vorteile: Sie werden mit Sauerstoff versorgt und sie werden in Schleim gehüllt, der sie zusammenhält und davor schützt, ins offene Meer hinausgespült zu werden.

Die Matten sind ein Beispiel für eine bislang unbekannte mikrobielle Vergesellschaftung als Reaktion auf ein außerordentliches Ereignis. Genau wie in der Kläranlage fanden gewisse Organismen, die in der Umwelt bereits vorhanden waren, in einer symbiontischen Gemeinschaft günstigere Bedingungen vor (während viele andere zweifellos von dem Öl überwältigt wurden und ausstarben). Eine solche Situation fördert zudem möglicherweise den horizontalen Gentransfer zwischen den beteiligten Organismen, wodurch diese die Fähigkeit zum Wachstum auf Substraten erhalten, die für sie in ihrer ursprünglichen Umgebung sogar giftig sind.

Auch an anderen Orten wurden zum ersten Mal am Ölabbau beteiligte Mikroorganismen beschrieben. Zwei Mikrobiologen der Universität Lagos in Nigeria berichteten zum Beispiel 1993 von einem ölaufnehmenden *Aspergillus niger*-Stamm, der in der Bucht von Lagos in der Vergangenheit intensiv erforscht worden war. In dieser Region treten wiederholt Verunreinigungen mit leichtem wie mit schwerem Öl auf. Vorhergehende Untersuchungen hatten gezeigt, daß Arten der Gattungen *Micrococcus*, *Pseudomonas* sowie weitere Bakterien an der Wasserreinigung beteiligt waren. Laboruntersuchungen mit ölgetränkten Filtern bewiesen schließlich, daß *Aspergillus* ebenfalls eine wesentliche Rolle bei dieser biologischen Selbstreinigung spielt.

Gleichzeitig machten die beiden Biologen in Lagos die wichtige Beobachtung, daß sich die Zusammensetzung der Population verändert, wenn sie zunächst die leichte und später die schwere Fraktion des Erdöls angreift. Sei es nun im Golf von Arabien oder Mexiko, in der Nordsee oder aber im Prinz-William-Sund in Alaska: Nicht bestimmte Stämme reinigen die Umwelt, sondern enge Assoziationen verschiedener Organismen. Möglicherweise gelingt es den Biotechnologen in der Zukunft, die in solchen Gemeinschaften ablaufenden Vorgänge besser zu verstehen und ihre Leistungen durch gezielte Eingriffe unseren Bedürfnissen noch besser anzupassen.

Escherichia coli
der Gentechniker

Die zurückliegenden 20 Jahre standen im Zeichen eines gewaltigen Booms in der Biotechnologie – der Verwendung von Mikroben und anderen Arten von Zellen zur Herstellung nützlicher Produkte wie Pharmazeutika und zur Erleichterung verschiedener Prozesse. Doch so gesehen wäre Biotechnologie an sich gar nichts Neues. Denn eigentlich hätte sie dann bereits mit dem Einsatz von Hefen zur Vergärung von Zucker bei der Herstellung von Getränken (Seite 222) begonnen. Die Synthese von Penicillin und anderen Antibiotika in großem Maßstab kam erst in jüngerer Zeit hinzu (Seite 230). Doch diese gesellschaftlichen und später industriellen Aktivitäten wurden alle von Mikroben aus der Natur bewerkstelligt. Bis zu den siebziger Jahren bestand der menschliche Einfluß allein aus der Entwicklung und Anwendung von Methoden zur Identifizierung und Selektion von Organismen, die eine gewünschte Substanz besonders effektiv erzeugten. So wurde auch der ursprüngliche Oxforder *Penicillium notatum*-Stamm bereits durch andere, effizientere Penicillinproduzenten ersetzt.

Starke Veränderungen erfuhr die Biotechnologie durch die Entdeckung von Methoden zur gezielten Manipulation des genetischen Materials – der DNA – innerhalb lebender Zellen. Dabei entsteht sogenannte „rekombinierte DNA". Diese Techniken zur genetischen Manipulation haben die Bedeutung, Spezifität und Spannbreite der Biotechnologie stark ausgeweitet und der pharmazeutischen wie auch anderen Industrien gänzlich neue Möglichkeiten eröffnet. Das wichtigste Objekt für die Studien war *Escherichia coli* (Tafel XIII), ein Bewohner des menschlichen und tierischen Darmes, der schon seit längerer Zeit intensiv untersucht wird. Normalerweise ist dieses Bakterium vollkommen harmlos (obwohl verschiedene Stämme Toxine bilden und damit Durchfall auslösen können). Der für die Untersuchungen verwendete *E. coli*-Stamm hatte aufgrund jahrelanger Kultivierung seine Fähigkeit zur Besiedelung des Verdauungstraktes bereits verloren.

Seit den Arbeiten von Marjory Stephenson (Seite 242) und anderen Pionieren wird *E. coli* für Untersuchungen der chemischen Reaktionen im Stoffwechsel, die zum Abbau der Nahrung und zur Synthese neuer Verbindungen führen, im Labor kultiviert. Genetikern erschien *E. coli* ebenfalls als besonders reizvolles Objekt, vor allem für das Studium der Regulation von Genen – also des Ein- und Ausschaltens je nach Bedarf.

Die Entdeckungen, die zu den gegenwärtigen Möglichkeiten der genetischen Manipulation von Mikroben und Pflanzen führten, wurden zu Beginn der siebziger Jahre gemacht. Herbert Boyer vom Zentrum für Gesundheitswissenschaften an der Universität von Kalifornien in San Francisco und Stanley Cohen von der Stanford-Universität hatten herausgefunden, daß es möglich ist, Gene, die sie aus anderen Bakterien (und schließlich sogar aus vollkommen anderen Organismen wie Pflanzen und Tieren) isoliert hatten, in *E. coli* einzuschleusen.

Zuerst lernten sie, DNA in handhabbare Stücke zu zerlegen. Als nächstes entdeckten sie, wie solche Stücke in einen Vektor – dies ist die Bezeichnung für ein Werkzeug zum Transfer eines Objektes von einem Ort zu einem anderem – plaziert werden konnten. So, wie Moskitos als Vektoren bei der Übertragung von Malaria fungieren (Seite 170), wird als Vektor für ein Gen normalerweise ein Bakteriophage (ein Virus, das keine tierischen oder pflanzlichen Zellen, sondern Bakterien angreift) oder ein Plasmid (ein sich selbst verdoppelndes Stück ringförmiger DNA außerhalb des Bakterienchromosoms) verwendet. Cohen und Boyer setzten ihre Vektoren ein, um ein ausgewähltes DNA-Stück in ein Empfängerbakterium zu übertragen. Die transferierte DNA verdoppelt sich in der Empfängerzelle bei jeder Zellteilung, und es entsteht ein Klon von

Zellen, die alle mindestens eine Kopie des Vektors mit dem einge-
bauten Gen enthalten. Diese Technik wurde unter dem Begriff
Genklonierung bekannt. Ihr folgt die Selektion der Empfängerzel-
len, die das gewünschte Gen enthalten. Ein anderer Weg zur Genmanipulation führt über die Deletion von Genen. Eine dritte Möglichkeit ist die direkte Manipulation eines Gens, die Mutagenese,
um das gebildete Protein zu verändern.

Als die ersten Genetiker *E. coli* genauer unter die Lupe nahmen,
entdeckten sie, daß die Enzyme zum Ausschneiden von DNA-
Stücken bei diesem Vorgang mit hoher Spezifität vorgehen. Daher
können Gene mit außerordentlicher Genauigkeit aus der DNA eines Organismus ausgeschnitten und in einen anderen eingebracht
werden. Solche Vorgänge eröffnen uns die Möglichkeit, Gene zu
verknüpfen, die in der Natur sonst wohl nie zusammenkommen
würden. Welche Produkte dabei entstehen können, ist viel besser
vorherzusagen als bei den Vorgängen des natürlichen Gentransfers.
Dies erwies sich als eine der überzeugendsten Antworten auf den
Einwand, Genmanipulation könne insofern gefährlich sein, als un-
beabsichtigt Organismen entstehen könnten, die eine nicht vorhersehbare Gefahr darstellen – zum Beispiel solche, die unaufhaltsame Krankheitsepidemien auslösen.

Derartige Ängste wurden sicherlich auch durch einige Wissenschaftler geschürt, die sich ebenfalls mit rekombinierter DNA beschäftigten. Auf bemerkenswerte Weise forderten und erreichten
sie mit Unterstützung der Öffentlichkeit ein Moratorium, wonach
solche Manipulationen verboten sein sollten, bis die Risiken ab-
schätzbar wären. Tatsächlich wird seit etwa 20 Jahren weltweit in
den Labors genetisch gearbeitet, ohne daß je irgendein ernstzuneh-
mender Unfall publik wurde. Diese praktische Erfahrung stützt das
theoretische Argument, daß die außerordentliche Genauigkeit und
Kalkulierbarkeit beim Schneiden und Zusammenfügen von Genen
als Sicherheit ausreicht. Zwar bleibt theoretisch weiterhin die
Chance, durch die Verknüpfung von Genen zufällig einen bedrohli-

chen Organismus zu erzeugen. Doch die strengen Vorschriften und Maßnahmen in diesem Wissenschaftszweig machen solche Zufälle höchst unwahrscheinlich. Zudem glauben Wissenschaftler, daß die Gefahren unvergleichlich geringer sind als die Risiken durch die astronomische Anzahl an Gentransfers und Mutationen, welche täglich in der Natur stattfinden – durch die dann ab und zu ein Krankheitserreger wie HIV (Seite 206), ein neues Influenzavirus (Seite 122) oder das Cholerabakterium (Seite 153) entsteht.

Durch die Mobilisierung von DNA-Stücken (einschließlich Kopien menschlicher Gene) stellen Gentechniker heute veränderte Mikroben für eine große Palette von Anwendungen in Industrie, Medizin und Landwirtschaft her. Das menschliche Insulin, das normalerweise in der Bauchspeicheldrüse entsteht, ist das erste kommerzielle Erzeugnis, das von gentechnisch veränderten Mikroorganismen produziert wird. Solche Substanzen entstehen innerhalb eines Bioreaktors mit Nährmedium durch die Syntheseleistungen von Kulturen der veränderten Mikrobe. Zu den weiteren Stoffen zählen unter anderem das antivirale Agens Interferon und das menschliche Wachstumshormon. Dieses Hormon wurde vorher aus menschlichen Leichen gewonnen. Damit bestand ein gewisses Risiko der Kontamination mit krankheitserregenden Viren, das bei dem rekombinanten Produkt ausgeschlossen ist.

Aus den Entdeckungen an *E. coli*, die eine neue Ära der Genetik begründeten, gingen weitere präzise Methoden zur Untersuchung und Identifizierung von DNA-Segmenten hervor. Sie alle bedienen sich der genannten Restriktionsenzyme, um bestimmte Gene aus der DNA herauszuschneiden. Eine besonders weit verbreitete Anwendung finden DNA-Sonden (Seite 202). Dies sind kurze DNA-Stücke, die sehr spezifisch an entsprechende DNA-Segmente binden und so eine Möglichkeit zur zweifelsfreien Identifizierung von Organismen bieten. Solche DNA-Sonden werden zunehmend in einer Reihe von Nachweisverfahren in der Biologie und Medizin eingesetzt. Sie können jedoch nicht nur zur Identifizierung bestimmter Mikroben benutzt werden. Mit ihnen lassen sich auch in Zellen von Individuen DNA-Sequenzen auffinden, die für bestimmte Erbkrankheiten verantwortlich sind. Es gibt zum Beispiel Gensonden zur Erkennung von Trägern eines der Gene, die Cystische Fibrose verursachen. Der Einsatz solcher Sonden ermöglicht die genetische Beratung von Paaren, die entsprechende Gene tragen. Innerhalb der nächsten Jahre werden sicher noch sehr viel mehr solcher Tests verfügbar sein.

Ashbya gossypii
– der Vitaminproduzent

Wir leben nicht nur von Proteinen, Kohlenhydraten, Fetten und Ballaststoffen. Menschen und Tiere benötigen zusätzlich verschwindend kleine Mengen verschiedener „Spurenelemente" (wie der Metalle Zink und Kupfer) und ähnlich winzige Mengen an Vitaminen. Auch wenn nicht alle Tiere die gleichen Vitamine brauchen – wir nehmen Vitamin C (Ascorbinsäure) auf, Mäuse synthetisieren dieses selbst –, spielen Vitamine in den Zellen verschiedener Arten jeweils die gleiche Rolle. Sie sind nämlich Schlüsselkomponenten bei wichtigen Teilen der Stoffwechselmaschinerie. Vitamin A (Retinol) ist zum Beispiel die Vorstufe von Rhodopsin, dem lichtempfindlichen Pigment in der Retina. Ein Mangel an Vitaminen führt zu entsprechenden Erkrankungen – wie Skorbut bei Vitamin-C-Mangel oder Rachitis bei Unterversorgung mit Vitamin D (Calciferol).

Nach einigen Berichten soll ein sehr hoher Vitamin-C-Spiegel Erkältungen und sogar Krebs bekämpfen können, doch viele Experten halten dies für Unsinn. Durch jahrzehntelange Studien und Beobachtungen hat man den Bedarf an Vitaminen zur Gesunderhaltung ermittelt. Eine qualitativ hochwertige, ausgewogene Ernährung deckt nach Ansicht von Wissenschaftlern den täglichen Bedarf mehr als ausreichend. Bestimmte Nahrungsmittel, wie zum Beispiel Getreideflocken, werden zudem mit wichtigen Vitaminen wie B_2 (Riboflavin), B_{12} (Cobalamin) oder D versehen.

Woher stammen die Vitamine? Einige können von der chemischen Industrie hergestellt werden, doch andere haben einen derart komplizierten molekularen Aufbau, daß sie die Chemie überfordern würden. Sie werden daher aus Mikroben gewonnen. Im menschlichen oder tierischen Darm synthetisieren Mikroorganismen bestimmte dieser Substanzen für sich selbst. Die Fähigkeiten anderer Mikroben verwerten wir für die industrielle Produktion bestimmter Schlüsselvitamine.

Als eine der ersten Mikroben nahm der Pilz *Ashbya gossypii* im Jahre 1947 die zentrale Rolle bei einem Fermentationsprozeß zur Herstellung von Riboflavin ein. Die Tatsache, daß die Zellen eines höher entwickelten Organismus eine Substanz nutzen können, die von einem vergleichsweise primitiven Mikroorganismus eigentlich für eigene Zwecke synthetisiert wird, ist äußerst bemerkenswert. Sie verdeutlicht die „Einheit" allen Lebens auf der Erde und unterstreicht den gemeinsamen entwicklungsgeschichtlichen Ursprung von lebenswichtigen Prozessen in den vielen verschiedenen Arten von Lebewesen. Beim Riboflavin oder Vitamin B_2 handelt es sich um eine der fundamentalsten Verbindungen überhaupt. Vitamin B_2 spielt in bakteriellen wie in allen anderen Zellen eine wesentliche Rolle als Bestandteil der Proteine des Elektronentransportsystems. Es bringt die Energie, die beim aeroben Abbau der Nährstoffe entsteht, in eine Form, die in anderen zellulären Prozessen genutzt werden kann.

Der 1947 zur Herstellung von Riboflavin ausgeklügelte Prozeß findet weitgehend noch heute Anwendung. Man läßt *Ashbya gossypii* einfach in Nährmedium wachsen. Der Pilz akkumuliert innerhalb eines Zeitraums von sieben Tagen bemerkenswerte Mengen des Vitamins – bis zu sieben Gramm pro Liter Flüssigkultur –, das teils ins Medium ausgeschieden wird, teils an das Mycel des Pilzes gebunden bleibt. Man extrahiert und reinigt das Riboflavin, um es anschließend der Nahrung zuzusetzen oder es allein oder zusammen mit anderen Vitaminen in Tablettenform zu pressen. Riboflavinmangel verursacht Hautausschläge, Geschwüre im Mund, Entzündungen an den Lippen und Risse in der Hornhaut des Auges.

Für die ursprünglich eingesetzten *A. gossypii*-Stämme galt genau das gleiche wie für die ersten Antibiotikaproduzenten: Sie erzeugten nur sehr geringe Mengen an Riboflavin. Mit der Zeit stieg die Ausbeute allerdings um einen Faktor von mehr als 20 000. Dies ist teils auf die Selektion besonders produktiver Stämme zurückzuführen, teils auf Veränderungen der Kulturbedingungen. Heute wird auch ein verwandter Pilz, *Eremothecium ashbyii*, zur Erzeugung des Vitamins herangezogen. Eine dritte Mikrobe, die inzwischen den beiden Pilzen Konkurrenz macht, ist das Bakterium *Bacillus subtilis*, von dem bestimmte Stämme das Vitamin überproduzieren und ins Medium ausscheiden.

Es liegt nie im Interesse eines Mikroorganismus, irgendeinen Stoff, gemessen an seinen eigenen Bedürfnissen, im Überschuß herzustellen. Die Bildung eines Vitamins in großen Mengen bedeutet den Verbrauch wertvoller Reserven an Energie und Bausteinen; sie tritt nur auf, wenn ein Organismus die Kontrolle über den eigenen Stoffwechsel verloren hat. Während *A. gossypii* und andere Mikroben in der Vergangenheit erfolgreich dazu gebracht wurden, auf diese Weise zu arbeiten, eröffnet die Gentechnik noch weitergehende Perspektiven. Die regulierenden Gene können so verändert werden, daß die Mikroben mehr denn je ihre Energie und ihre Rohstoffe in die Produktion eines einzigen, gewünschten Vitamins oder eines anderen Endprodukts stecken.

Bei der Gewinnung von Vitamin B_{12} oder Cobalamin wurden ähnliche Verbesserungen wie bei Riboflavin erzielt. Ein Mangel an diesem Vitamin, der von einer Fehlfunktion bei der Absorption im Darm oder, seltener, von einer unausgewogenen Ernährung herrührt, verursacht folgenschwere Anämien. Im Gegensatz zu Vitaminen wie Vitamin C, das in Zitrusfrüchten vorkommt, wird Vitamin B_{12} ausschließlich von Mikroorganismen produziert. Wir beziehen es, abgesehen von Vitaminpräparaten oder Lebensmittelzusätzen, nur über die Aufnahme tierischer Produkte.

Seit Jahren wird Vitamin B_{12} entweder von einer einzelnen Bakterienart oder aber von einem Mikrobenpaar hergestellt. Bei dem einstufigen Prozeß erzeugt *Pseudomonas denitrificans* das Vitamin während eines viertägigen Wachstums in Zuckerrübenmolasse. Die

Molasse enthält neben den Nährstoffen und der Energie auch die Substanz Betain, welche die Ausbeute an Vitamin B_{12} wesentlich erhöht. Der andere, zweistufige Prozeß dauert insgesamt sechs Tage. Dabei produziert ein *Propionibacterium shermanii*-Stamm ein Zwischenprodukt, das er ausscheidet und das dann weiter zu dem Vitamin umgebaut wird. Die beiden beteiligten Mikroorganismen bilden bei dem industriellen Prozeß über 50 000mal mehr von dem Vitamin als in ihrer natürlichen Umgebung. Sie produzieren jedes Jahr etwa 10 000 Kilogramm für die pharmazeutische und die Lebensmittelindustrie.

Die Herstellung von Vitaminen zur Ergänzung der menschlichen Ernährung und für Tierfutter (nicht zu vergessen die zeitgemäße Modeerscheinung, Vitaminpillen einzunehmen, deren Vitamingehalt häufig weit über dem Bedarf liegt) stellt einen mächtigen pharmazeutischen Industriezweig dar – gemessen am Verkauf der Produkte den zweitgrößten direkt hinter den Antibiotika. Der gegenwärtige Umsatz in dieser Branche beträgt etwa 800 Millionen US-Dollar jährlich. Mehr als die Hälfte dieser Summe entfällt zwar momentan auf chemisch synthetisierte Verbindungen wie Ascorbinsäure, doch die Verhältnisse könnten sich bald verschieben, da durch Genmanipulationen eine neue Generation von Bakterien- und Pilzstämmen entsteht. Dann könnten Mikroben ein viel größeres Spektrum an Vitaminen erzeugen als nur Riboflavin und Cobalamin, von denen sie während der zurückliegenden fünf Jahrzehnte riesige Mengen produziert haben.

Fusarium graminearum
– ein Mikropilz auf dem Eßtisch

Gegen Ende des Jahres 1991 gab Marlow Foods, ein Tochter-unternehmen der Imperial Chemical Industries (ICI), den geplan-ten Bau einer Produktionsanlage im Wert von 20 Millionen briti-schen Pfund zur Erzeugung großer Mengen des Pilzes *Fusarium graminearum* (Tafel XIV) bekannt. Dieser mikroskopisch kleine Pilz wurde erstmals aus Erde in der Nähe von Marlow in Bucking-hamshire, England, isoliert. Bis dahin war sein Name nur Pflanzenpathologen geläufig, die ihn als Verursacher von Wurzel-fäule bei Wei-zen kannten. Supermarktkunden in ganz England und auch in anderen Ländern war die Bezeichnung für diesen Pilz dagegen bisher völlig unbekannt, und sie wird es auch weiterhin bleiben. Doch die Mikrobe selbst lernen immer mehr von ihnen als höchst schmackhaftes Nahrungsmittel zu schätzen. Der Pilz wird nämlich nach Verarbeitung unter dem Markennamen „Quorn" ver-kauft. Der Übergang zur Großproduktion verdeutlicht das Vertrau-en von Marlow Foods in das Erzeugnis und die Zuversicht des Unternehmens, daß Quorn eine große Zukunft auf dem Weltmarkt bevorsteht.

Mit Quorn wurde aus *F. graminearum* ein gastronomisch dem menschlichen Geschmack angepaßtes und vom Nährwert gesehen den gesundheitsbewußten Verbraucher ansprechendes Lebensmit-tel entwickelt. Tatsächlich macht es seine Zusammensetzung – mit etwa zwölf Prozent Protein und keinerlei tierischem Fett oder Cho-lesterin – vom gesundheitlichen Standpunkt aus sehr interessant. Der Pilz wächst nicht in Form von Einzelzellen, sondern als Mycel aus vielen winzigen Fäden. Quorn trägt zur Reduktion des Blutfet-tes bei, und auch seine faserige Struktur macht ihn aus ernährungs-physiologischer Sicht attraktiv. Diese Textur bewirkt nicht zuletzt

263

eine für den Gaumen angenehme Konsistenz. Daher kann Quorn einfach als Klumpen verkauft werden, statt unter irgendeiner Tarnung, wie andere ähnliche Erzeugnisse, in den Ladenregalen zu erscheinen. Als „Mycoprotein" muß es nicht in irgendwelche künstlichen Fasern eingesponnen werden, wie etwa Sojaprotein, oder in Steakgestalt gebracht werden. Die Popularität des Produkts in den Kantinen von Rank Hovis McDougall – der Gesellschaft, die mit der Hälfte der Finanzierung an der Entwicklung durch Marlow Foods beteiligt war, ehe ICI die Firma ganz übernahm – belegt die Akzeptanz beim Verbraucher.

F. graminearum wächst auf Glucose statt auf teuren Erdölfraktionen – ein weiterer Vorteil des Pilzes gegenüber anderen Mikroben in weniger erfolgreichen Nahrungsmittelprojekten dieser Art. Der Herstellungsprozeß kann damit überall auf der Welt leicht den lokalen Gegebenheiten und Märkten angepaßt werden. In Großbritannien stammt die Glucose aus Kartoffeln oder aus Weizenstärke. In anderen Regionen kann diese Glucosequelle durch Pflanzen, die billiger oder in größeren Mengen verfügbar sind, ersetzt werden, in den Tropen beispielsweise durch Cassava.

Nicht alle Bemühungen zur Nutzung von Mikroorganismen als Nahrungsquelle waren so erfolgreich wie Quorn. Einer dieser Versuche war ein besonders spektakulärer Flop. Er wird häufig als klassisches Beispiel dafür genannt, daß ein Projekt nicht aufgrund technischer Schwierigkeiten, sondern wegen mangelnder Weitsicht gescheitert ist. Im Jahre 1971 beteiligte sich British Petroleum (BP) an der Herstellung von „Toprina", einem Erzeugnis aus Hefe, die auf Resten von Rohöl wächst, durch die italienische Firma ANIC. Zu dieser Zeit galten sogenannte „Einzellerproteine" (*single cell proteins*) – Mikrobenzellen, die große Mengen eines einzelnen Proteins anreichern – als interessante und billige Alternative zu Sojakuchen, der sonst üblichen Hauptproteinquelle in Tierfutter. Es gab auch Vorschläge, diese zur Ergänzung der schlechten Ernährung der Bevölkerung in der Dritten Welt einzusetzen.

Entsprechend hoch waren die Erwartungen von BP/ANIC in die auf Sardinien errichtete Toprina-Fabrik. Doch das ganze Unternehmen scheiterte; beide Firmen erlitten erhebliche finanzielle Verluste, und das Image der gerade aufkeimenden Biotechnologie erhielt einen ernsthaften Kratzer. Noch mehr als zwei Jahrzehnte später streiten sich die Gelehrten wegen der Angelegenheit, allerdings nicht darüber, was bei der Sache schief ging, denn die Fakten sprechen für sich. Vielmehr gehen die Meinungen darüber auseinander, welcher Teil der Schuld den verschiedenen Faktoren zuzuschreiben ist, die zum Zusammenbruch des Projektes führten. Die weltweite Ölkrise hatte sicher einen nachteiligen Einfluß, indem sie den Preis für die Nahrungsgrundlage von Toprina in die Höhe trieb. Die Sojalobby wurde zudem auf der politischen Ebene aktiv, indem sie Zugeständnisse machte, die den Preis von Soja stark reduzierten.

Es gab auch Diskussionen über die Unbedenklichkeit von Toprina aufgrund seines hohen Gehaltes an Nucleinsäuren (DNA und RNA), obwohl dieses Problem leicht hätte geklärt werden können. (*Fusarium* zur Herstellung von Quorn enthält genau wie Hefe und alle anderen lebenden Organismen DNA und RNA, doch die Mengen im Endprodukt sind völlig unbedenklich.) Schließlich bestanden Befürchtungen, die Fabrik würde ein nicht zu akzeptierendes Maß an Verschmutzung erzeugen, obwohl auch diese durch entsprechende Maßnahmen hätte begrenzt werden können. Die Politik, die öffentliche Meinung und die Umweltlobby erwiesen sich jedenfalls als die Stärkeren, verglichen mit der Ungefährlichkeit der Technologie oder der Schmackhaftigkeit der Mikrobe.

Aus der Geschichte der mikrobiellen Nahrungsmittel lassen sich bisher zwei interessante Lehren ziehen. Zum ersten haben Fehlschläge in der Wissenschaft und in der Technologie immer ausgleichende Wirkung. Neben der Toprina-Episode, deren technisches Know-how für die Zukunft genutzt werden kann, gibt es eine weitere Geschichte, die über die letzten 20 Jahre hinweg für viel Ärger gesorgt hat: die Erzeugung von „Pruteen" durch ICI als Tierfutter in einer Fabrik in Billingham im nordenglischen Teesside. Pruteen besteht aus der Mikrobe *Methylophilus methylotropus*. Man ließ sie ursprünglich mit Methan, später mit Methanol wachsen. Bei der Herstellung traten technische Probleme auf, und der Preis von Pruteen konnte nie mit dem von Soja konkurrieren. Dennoch floß einiges an Erfahrung bei der Entwicklung des Produktionsprozesses in die großtechnische Realisierung der Quorn-Herstellung ein – trotz des Unterschiedes zwischen den beiden Produkten .

Die andere Lektion stammt aus dem Sardinienabenteuer von BP. Dies zeigte nämlich, wie gefährlich es ist, industrielle Entwicklungen zu planen, ohne dabei mit großer Weitsicht die Aspekte zu betrachten, die einen Einfluß auf den Erfolg eines solchen Projektes haben. Kluge Biotechnologen beobachten genau gesellschaftliche Veränderungen – selbst die unwahrscheinlichsten. So kam der Mikropilz *F. graminearum* genau in dem Moment auf den Markt, als die Verbraucher nach mehr natürlichen und fleischlosen Produkten verlangten. Während die vegetarische Ernährung heute eine Blüte erlebt und zunehmend Bedenken über die Methoden bei der Fleischproduktion aufkommen, entsteht für Quorn eine wachsende Nische auf dem Markt. Champignons und andere Speisepilze sind seit Jahrhunderten ein wesentlicher Bestandteil unserer Küche. Jetzt ist die Zeit reif für den kleinen Bruder.

Rhizopus arrhizus
– Steroidumwandler

Wie wir gesehen haben (Seite 254), ist die Biotechnologie bei weitem nicht so neu, wie oft angenommen wird. Wann immer Kommentatoren dies betonen, führen sie als Beispiel alkoholische Getränke an, die Menschen schon seit Jahrhunderten durch Gärung herstellen, sowie die Antibiotika, deren Entdeckung die Behandlungsmethoden für Infektionskrankheiten zu Beginn dieses Jahrhunderts revolutionierte. Doch ein weiteres Kapitel in der Geschichte unserer Partnerschaft mit den Mikroben begann mit spektakulären Erfolgen und hat noch immer große Bedeutung. Es ist die Geschichte der Steroide.

Nobelpreise werden meist erst viele Jahre nach den preiswürdigen Entdeckungen vergeben. Einer der am schnellsten verliehenen Nobelpreise ging im Jahre 1950 an den amerikanischen Rheumatologen Philip Hench und zwei seiner Kollegen. Während der späten vierziger Jahre beobachtete Hench ein interessantes Phänomen, das seine ganze Aufmerksamkeit in Anspruch nahm: Die Symptome von chronischer rheumatischer Arthritis lassen häufig im Verlauf zweier physiologischer Zustände nach, die von einem Anstieg der Konzentration gewisser Steroide im Blut begleitet sind – zum einen während der Schwangerschaft, in deren Verlauf der Spiegel an weiblichem Geschlechtshormon ansteigt, zum anderen bei Gelbsucht, bei der verstärkt Gallensäuren ins Blut entlassen werden. Hench überlegte, ob nicht ein nahe verwandtes Steroid, das Hormon Cortison, eine ähnliche Wirkung auf Patienten mit rheumatischer Arthritis haben könnte. Cortison war kurz zuvor zum ersten Mal, wenn auch noch in sehr bescheidenem Umfang, künstlich synthetisiert worden und damit für Tests verfügbar.

Henchs Annahme bestätigte sich kurz darauf, und zwar auf verblüffende Weise. Als er 14 Arthritispatienten der Mayo-Klinik in Rochester, Minnesota, Cortison injizierte, milderten sich die Symptome selbst bei vollständig unbeweglichen Patienten schlagartig. Innerhalb weniger Tage verschwand ihre Steifheit, die Schwellungen gingen zurück, und vorher bettlägerige Patienten konnten ohne fremde Hilfe aufstehen, sich rasieren, die Tür öffnen und Treppen steigen. Die Lahmen konnten wieder gehen. Im April 1949 teilten Hench und seine Kollegen aus der doch etwas ungeeigneten Umgebung des Waldorf-Astoria-Hotels in New York über die Medien der Weltöffentlichkeit ihre Entdeckungen mit. Cortison wurde sofort weltweit zum Wundermittel erklärt.

Die Begeisterung war allerdings verfrüht. Nachdem einige Monate verstrichen waren, stellten die Ärzte fest, daß Cortison kein Heilmittel war, schon gar kein Wundermittel. Eine fortdauernde Behandlung war erforderlich, und diese führte nicht nur zu einer verminderten Wirksamkeit des Präparats, sondern auch zu unangenehmen Nebenwirkungen. Trotz alledem hatte Henchs Arbeit ein weit verbreitetes Interesse an Cortison und anderen Steroiden ausgelöst. Diese nehmen seither einen wichtigen Platz in der Medizin ein, auch wenn ihre Rolle nicht ganz so bedeutend ist wie zunächst angenommen. Steroide haben heute ein breites Anwendungsgebiet, das von der Verminderung allergischer Reaktionen und Hautkrankheiten bis hin zur Hemmung verschiedener Entzündungen reicht. Sie werden außerdem zum Ausgleich von Hormonmangelerscheinungen, zur Linderung von Autoimmunkrankheiten (bei denen das Immunsystem körpereigene Gewebe angreift) und zur Vermeidung von Abstoßungsreaktionen nach der Transplantation von Organen eingesetzt.

Die Forschung an der Mayo-Klinik löste auch Bemühungen aus, Steroide viel billiger zu produzieren, als es zu dieser Zeit möglich war – durch Einsatz von Mikroben zur Umwandlung von chemischen Vorstufen. Denn 1949 war die Synthese von Cortison noch ein mühsames und daher teures Unterfangen. Ausgangssubstanz war die Desoxycholsäure, die aus der Galle gewonnen wurde. Nicht weniger als 37 einzelne chemische Reaktionsschritte mußte der Rohstoff durchlaufen, ehe das fertige Hormon vorlag. Allein zehn dieser Reaktionen waren notwendig, um ein einfaches Sauerstoffatom von einer Stelle des Moleküls an eine andere zu bringen. Selbst wenn der Prozeß besonders penibel ausgeführt wurde, betrug die Ausbeute an Cortison gerade einmal 0,15 Prozent des eingesetzten Ausgangsmaterials. Die einzige Alternative war die Extraktion des Hormons aus den Nebennierenrinden von Rindern – doch dabei waren mindestens 6 000 Tiere notwendig, um 100 Milligramm der Substanz anzureichern. Es ist nicht weiter verwunderlich, daß die Substanz zu jener Zeit für 200 Dollar pro Gramm gehandelt wurde.

Alle Steroide (einschließlich des Cholesterins sowie der männlichen und weiblichen Geschlechtshormone) haben die gleiche „Kern"-Struktur. So bestand die Aussicht, daß eine einfachere, biologische Methode zur Umwandlung eines Steroids in andere zu finden war. Durey H. Peterson und seine Kollegen von der Upjohn Company in Kalamazoo, Michigan, lösten mit Unterstützung des Brotschimmels *Rhizopus arrhizus* das Problem des hohen Preises von Cortison. Nachdem sie erfolglos viele Organismen untersucht hatten, entdeckten die Chemiker, daß der Brotschimmel in der Lage war, Diosgenin, ein bei Pflanzen wie der tropischen Yams-Pflanze weit verbreitetes Steroid, in ein Zwischenprodukt umzuwandeln, aus dem man anschließend in sechs chemischen Schritten Cortison herstellen konnte. Die Methode hatte aber noch weitere Vorteile: Die von der Mikrobe zur Umwandlung von Diosgenin eingesetzten Enzyme arbeiteten unter milden Bedingungen, während für die vollständige chemische Synthese im krassen Gegensatz dazu hohe Temperaturen und Drücke erforderlich waren. Zudem wurden mit der biologischen Methode teure chemische Lösungsmittel eingespart.

Diese bemerkenswerte Kooperation zwischen Mensch und Mikrobe senkte nicht nur den Preis von Cortison, der bald auf sechs Dollar und 1980 auf nur noch 46 Cents pro Gramm fiel. Sie löste auch eine Welle des Interesses am Einsatz von Mikroorganismen zur Umwandlung billiger Rohstoffe in wertvolle Wirkstoffe aus. Zwei davon sind Prednisolon und Beta-Methason, die weit bessere antirheumatische Wirkung als Cortison zeigen und frei von Nebenwirkungen sind. Prednisolon wird aus einem Verwandten des Diphtheriebakteriums (Seite 162) gewonnen. Die Substanz wurde von der Schering Corporation in New Jersey entwickelt.

Die Arbeit Petersons löste eine Flut von Anwendungen zur Steroidherstellung für den medizinischen Bereich mit Hilfe von Mikroben aus. Die effektivsten Mikrobenarten stammen aus den beiden Pilzgattungen *Rhizopus* und *Aspergillus* sowie aus den Bakteriengattungen *Corynebacterium* und *Bacillus*. Alle diese Mikroorganismen werden einfach in Nährmedium mit einer billigen Nahrungsquelle kultiviert – einem Steroid aus Pflanzen wie Yams, Agave oder Soja. In vielen Fällen ist die Mikrobe in der Lage, bis zu 95 Prozent des Ausgangsmaterials in die gewünschte Substanz umzuwandeln.

Eine der über Jahre hinweg wichtigsten Anwendungen der mikrobiellen Steroidumwandler war die Synthese unterschiedlichster oraler Kontrazeptiva (Verhütungsmittel) aus Pflanzenmaterial. So startete die japanische Firma Mitsubishi im Jahre 1974 die Produktion des Empfängnisverhütungsmittels Norethisteron mit Hilfe einer neu entdeckten mikrobiellen Umwandlung von Cholesterin aus Wollfett oder Fischöl. Angesichts eines sinkenden Nachschubs an der mexikanischen Yams-Pflanze, die bis dahin das Ausgangsmaterial für die Herstellung der Pille lieferte, besann sich die Firma wieder einmal auf die Findigkeit der Mikroben zur Lösung des Problems. Und wenn einmal das Cholesterin knapp wird ...

Die Enzymhersteller
– weißer als weiß waschen

Mikroben verwenden Enzyme als Werkzeuge für ihre zahlreichen Aktivitäten, die im vorliegenden Buch beschrieben sind. Diese natürlichen Katalysatoren stellen in der Tat die Grundlage für praktisch alle Lebensprozesse sowie für das Wachstum und die Entwicklung sämtlicher Lebewesen auf unserem Planeten dar, ob Tier, Pflanze oder Mikrobe. Sie bewirken die chemische Umwandlung von einer Substanz in eine andere, bauen so neue lebende Gewebe auf und gewinnen die Bestandteile alter wieder zurück. Die etwa 7 000 verschiedenen in der Natur vorkommenden Enzyme sind mit ihrer hohen Spezifität und ihrer Effektivität der Maschinenpark des Stoffwechsels – sie formen, färben und aktivieren die belebte Umwelt. Mikrobielle Enzyme reinigen Abwasser, stellen Antibiotika her, treiben die Stoffkreisläufe der Elemente in der Biosphäre an, erzeugen Alkohol und Käse und bauen in lebenden Zellen Zucker ab, um deren Energie für Wachstum und Entwicklung freizusetzen.

Enzyme arbeiten, egal ob sie Auf- oder Abbau bewirken, häufig in Reaktionsketten. Enzymkomplexe verändern so in aufeinanderfolgenden Schritten eine Ausgangssubstanz. Viele von ihnen benötigen für ihre Funktion als zusätzlichen Faktor ein Nicht-Protein-Molekül. Dabei handelt es sich häufig um Metalle, Calcium und Coenzyme, die aus Vitaminen wie Riboflavin (Seite 259) gebildet werden. Eine Schlüsselrolle bei der Funktion von Enzymen üben die sogenannten aktiven Zentren innerhalb der gefalteten Proteinkette aus. Dabei handelt es sich um Taschen oder Höhlungen in den Enzymmolekülen, die genau zu bestimmten Oberflächenstrukturen der Substanzen – unter anderem Zucker, Stärke und Fette – passen, die sie umsetzen.

Ein Stoff, der zu einem Enzym paßt wie ein Schlüssel in das zugehörige Schloß, wird als Substrat bezeichnet. Ein Enzym erkennt ganz spezifisch sein Substrat und kein anderes, da die Höhlungen und Taschen an seiner Oberfläche genau mit entsprechenden Ausbuchtungen und Wölbungen auf dem Zielmolekül zusammenpassen. Sobald ein Enzym sein Substrat findet, lagern sich die beiden Moleküle fest aneinander, und das Enzym bewirkt eine Veränderung am Substrat. Durch die Enzym-Substrat-Bindung wird chemische Energie frei, die zur Spaltung und/oder zur Herstellung einer Bindung im Substrat genutzt wird. Dieses ist das zentrale Ereignis bei den Myriaden von Umwandlungen in der belebten Welt. Häufig entfernt ein Enzym einfach ein Stück des Substrats oder spaltet es in zwei Teile.

Solche Reaktionen laufen sehr schnell ab, und das Enzym geht aus der Reaktion unverändert hervor; es ist damit sofort zur Umsetzung eines weiteren Substratmoleküls bereit. Auf diese Weise vermag ein Enzymmolekül innerhalb kürzester Zeit und mit hoher Effizienz eine astronomische Zahl von Substratmolekülen zu verarbeiten. Viele der katalysierten Reaktionen würden in Abwesenheit von Enzymen, wenn überhaupt, nur sehr langsam ablaufen. In manchen Fällen ist die bewirkte Umwandlung auch auf chemischem Wege realisierbar. Doch dauert sie dann wesentlich länger. Teilweise erfordern solche chemischen Umsetzungen extreme Bedingungen, wie zum Beispiel den Einsatz starker Säuren oder hoher Temperaturen, die weit über dem Wirkungsoptimum der meisten Enzyme liegen.

Heutzutage finden Mikroben in der biotechnologischen Industrie überwiegend als Quellen von Enzymen für chemische Umwandlungen Anwendung. Die Zellen wachsen in Nährmedium in einem großen Behälter bis zu einer hohen Populationsdichte heran. Aus der Zellmasse wird das Enzym isoliert und aufgereinigt und dann in anderen Prozessen eingesetzt. Immer häufiger werden die Enzyme dazu an eine feste Oberfläche gebunden und immobilisiert. Als

Trägermaterialien dienen Glasperlen sowie künstliche oder natürliche Fasern wie etwa Cellulose. Das Produkt läßt sich entfernen, das Enzym bleibt an seinem Untergrund haften, um mit weiterem Substrat zu reagieren.

Bei den meisten Anwendungen spielen die mikrobiellen Enzyme eine wesentliche Rolle bei der Gestaltung des letztlich verkauften Endproduktes. Einige Enzyme werden aber auch selbst verkauft – zum Beispiel für die Fruchtreifung. Zu diesem Zweck werden sie entweder in flüssiger Form, als Körner oder als Pulver geliefert. Zu den sehr wenigen Enzymen, die sozusagen direkt über den Ladentisch den Endverbraucher erreichen, zählen die biologischen Detergentien. Das Konzept für diese Art der Anwendung entstand bereits zu Beginn dieses Jahrhunderts, als ein deutscher Chemiker Proteasen (proteinabbauende Enzyme) aus der Bauchspeicheldrüse von Tieren in ein Vorwaschmittel integrierte. Er hoffte, Trypsin und andere Proteasen würden Proteinflecken abbauen, die stark an Textilfasern haften, wie Blut, Ei, Gras oder Schweiß. Doch diese Versuche hatten nur in sehr begrenztem Umfang Erfolg.

Erst in den frühen sechziger Jahren kamen die ersten biologischen Detergentien in den Handel, als der weltweit größte Hersteller mikrobieller Enzyme, die dänische Firma Novo, ein Produkt mit dem Namen Alcalase auf den Markt brachte. Diese Protease baute nicht nur Proteinflecken ab, sie blieb zudem von den anderen Bestandteilen des Waschmittels unbehelligt und arbeitete auch bei den üblichen Waschtemperaturen. Die holländische Firma Kortmann & Schulte (heute ACP) band in Zusammenarbeit mit dem Unternehmen Gebrüder Schnyder aus der Schweiz Alcalase in das Waschmittel Biotex ein. Dies markierte einen großen Fortschritt bei den enzymatischen Detergentien. Während der siebziger Jahre gab es zwar einige Rückschläge, als die Enzymzusätze in Detergentien bei einigen wenigen Arbeitern, die am Herstellungsprozeß beteiligt waren, allergische Reaktionen auslösten. Dieses Problem ließ sich jedoch lösen, indem man die Enzyme in eine harte äußere Hülle einschloß.

In den zurückliegenden Jahren wurde Alcalase von der bereits genannten dänischen Firma (die heute unter dem Namen Novo Nordisk bekannt ist) durch zwei weitere Enzyme ergänzt, Esperase und Savinase. Diese entfernen Flecken bereits bei niedrigeren Temperaturen – eine wichtige Eigenschaft, die einen wesentlichen Beitrag zur Einsparung von Energie beim Waschen leistet. Dieser Trend zu niedrigeren Temperaturen verstärkt jedoch das Problem von fettigen Flecken in der Wäsche, wie sie etwa durch Butter, Soßen oder Lippenstift verursacht werden. Diese lösen sich allerdings mit Hilfe des neuesten in Waschpulvern enthaltenen Enzyms, der Lipolase von Novo Nordisk, die durch genetische Manipulation erzeugt wurde. Seit neuestem werden auch Amylasen (stärkespaltende Enzyme) zum Entfernen der Reste von Nahrungsmitteln wie Spaghetti oder Schokolade eingesetzt.

Einen ganz neuen Trend verdeutlicht die Einführung von Novo Nordisks Celluzym, das keine Flecken angreift, sondern die Struktur von Cellulosefasern in Baumwolle und Baumwollmischgeweben verändert. Celluzym besteht aus einer Mischung von Cellulasen – Enzymen, welche Cellulose angreifen, wenn auch in diesem Falle auf sehr sanfte Weise. Dadurch macht Celluzym das Gewebe weich und entfernt eingeschlossene Partikel. Mit dem Abbau von Mikrofibrillen, die sich zum Teil durch wiederholtes Waschen von der Hauptfaser abgelöst haben, wird auch die Farbe und die weiche Oberfläche von Gewebe, das filzig geworden ist, wiederhergestellt. Mikrobielle Enzyme helfen also nicht nur bei der Reinigung unserer Kleidung. Sie leisten auf raffinierte Weise inzwischen auch Beiträge zur Eleganz unserer Garderobe.

Clostridium botulinum
– ein tödliches Gift
verhindert Blindheit

Nach einer Infektion der Atemwege blieb eine 32 Jahre alte amerikanische Reisekauffrau seltsamerweise dauerhaft heiser. Nach einigen Monaten fiel ihr dann auf, daß sie ihre Stimme nicht mehr richtig kontrollieren konnte. Seltsame Veränderungen in der Tonhöhe und häufige Unterbrechungen im Sprachfluß waren die Folge. Die Frau nahm an einer Sprachtherapie teil, doch ohne jedes Anzeichen von Besserung. Daraufhin konsultierte sie einen Psychologen, da ihr Arzt vermutete, die merkwürdige Sprechstörung rühre möglicherweise von Streß im Beruf und ihrer erst kürzlich erfolgten Scheidung her. Doch auch diese Maßnahme brachte ihr keine Erholung von den störenden Sprechschwierigkeiten, die sich sogar innerhalb der folgenden zwei Jahre weiter verschlechterten.

Der Zustand blieb dann zwar stabil, eine Genesung stellte sich jedoch nicht ein. Während weiterer drei Jahre probierte die Patientin verschiedenste Mittel und Möglichkeiten aus, von Hypnose über Akupunktur bis hin zu Beruhigungsmitteln und anderen Medikamenten. Doch keine der Behandlungen schlug an, und die Frau war gezwungen, sich eine Arbeit zu suchen, bei der sie nicht sprechen mußte. Mit der Zeit baute sie auch ihre sozialen Kontakte ab, verfiel in Depressionen, deretwegen sie dauerhaft Medikamente einnehmen mußte.

Der behandelnde Psychiater überwies die Frau etwa in diesem Zustand an die National Institutes of Health (NIH) in Bethesda, Maryland. Dort blickte ein Kehlkopfspezialist mit Hilfe eines Endoskops in den Hals der Patientin und entdeckte, daß einige der Sprechmuskeln unkontrollierbar verkrampft waren. Obwohl die Stimmbänder völlig normal aussahen, zogen sie sich immer wieder krampfartig zusammen. Diese Krämpfe waren die Ursache für die sonderbaren Sprechausfälle und die Veränderungen in der Tonhöhe bei der Stimme der Frau.

Aufgrund dieser Entdeckung bot sich sofort ein Allheilmittel an – das Botulinustoxin A, eine der giftigsten natürlichen Substanzen, die bekannt sind. Äußerst geringe Mengen wurden in die betroffenen Kehlkopfmuskeln der Frau injiziert. Mit der Zeit ließen die Störungen nach, und ihre Anstrengungen beim Sprechen verminderten sich deutlich. Ihre Stimme wurde nicht mehr unterbrochen, die Stimmbänder verhielten sich wieder normal. Drei Monate später setzten die Störungen zwar wieder ein, stabilisierten sich allerdings auf einem weit weniger gravierenden Niveau und ließen sich durch eine erneute Toxinbehandlung wiederum verbessern. Die Therapie mußte zwar fortgesetzt werden, allerdings mit sinkenden Dosen des Toxins und in immer längeren Zeitabständen. Die Frau konnte ihre Arbeit im Reisebüro wieder aufnehmen und begann auch wieder, ihre sozialen Kontakte zu reaktivieren.

Diese Geschichte mag exotisch klingen, dennoch ist sie nur eines von vielen Beispielen für Erfolge, die während der zurückliegenden zehn Jahre durch den therapeutischen Einsatz sonst außerordentlich gefährlicher mikrobieller Substanzen erzielt wurden. Das Botulinustoxin A aus *Clostridium botulinum* verursacht Botulismus, eine seltene, aber häufig tödliche Lebensmittelvergiftung. Das Toxin verhindert die Freisetzung von Acetylcholin – einer chemischen Substanz zur Kommunikation zwischen Nervenzellen – an den Enden der Nervenzellen. Dadurch werden die von diesen Nerven kontrollierten Muskeln nicht mehr erregt und können sich nicht mehr kontrahieren. Getrübte Sicht oder Schielen sind die ersten Symptome von unbehandeltem Botulismus, in der Folge treten Schwierigkeiten beim Schlucken und Atmen auf.

Alan Scott von der Smith Kettlewell Eye Research Foundation in San Francisco erkannte als erster, daß sich diese potentiell tödliche Wirkung möglicherweise im positiven Sinne nutzen ließ, wobei sein Augenmerk der Behandlung des Schielens galt. Die Begründung für seine Idee war, daß eine minimale Dosis von Botulinustoxin A die übermäßig reagierenden Muskeln, die für die Fehlstellung der Augen verantwortlich sind, entspannen würde – und genau dieser Effekt stellte sich ein. Beim Einsatz an Patienten wurde also nicht nur diesen geholfen, sondern auch die Grundidee bestätigt. Diese Behandlungsart für das Schielen ist heute etabliert, wobei sie bisweilen mit chirurgischen Methoden kombiniert wird.

In Großbritannien wurde das Toxin 1983 zum ersten Male eingesetzt, und es zeigte sich, daß es bei anderen Krankheiten noch weit nützlicher war. Wie der Name der im gleichen Jahr gegründeten Gesellschaft für Dystonie andeutet, sind all diese anderen Störungen durch unkontrollierbare Muskelkrämpfe charakterisiert: Die sogenannte fokale Muskelschwäche betrifft einzelne Gliedmaßen oder andere Körperteile; beim spastischen Schiefhals (Torticollis spasmodicus) sind die Nackenmuskeln gelähmt, und der Kopf des Betroffenen schnellt zu einer Seite, nach vorne oder zurück. Die Blepharospasmie ist eine der anstrengendsten Muskelschwächen. Opfer dieser Krankheit zwinkern unkontrolliert mit den Augen. Sie können in besonders schweren Fällen nicht verhindern, daß ihre Augen ständig geschlossen bleiben, wodurch sie unausweichlich erblinden. In Großbritannien leben mehr als 4 000 Opfer allein dieser Krankheit, etwa 20 000 Menschen leiden an Muskelschwäche allgemein.

Botulinustoxin A, das in England von der Firma Porton Products Ltd. vertrieben wird, hat bereits Tausenden von Menschen geholfen, die von Muskelkrämpfen geplagt waren. Eine andere Behandlungsmethode für die häufig sehr schmerzhafte Krankheit, die die Betroffenen auch in ihrer Arbeit, ihren Freizeitaktivitäten und ihrem Sozialleben stark beeinträchte, gab und gibt es nicht. Bei fast einem Drittel der Blepharospasmiepatienten beseitigt das Toxin die Symptome vollständig. Ähnlich ermutigende Ergebnisse wurden bei der Behandlung von Krämpfen bei Schreibern und Dystonien bei Musikern bis hin zu „Zuckungen" bei Golf- und Krämpfen bei Dartspielern erzielt. Neueste Arbeiten am Columbia-Presbyterian Medical Center in New York zeigen, daß durch das Toxin bei einigen Stotterern die Sprachstörung deutlich nachläßt.

Erstaunlicherweise stellen sich bei der Verabreichung von Botulinustoxin, trotz seiner Herkunft und enormen Giftigkeit, keine der sonst den Einsatz hochwirksamer Medikamente einschränkenden Nebenwirkungen ein. Alle registrierten derartigen Effekte waren bisher gering, nur kurzfristig und von den Patienten leicht zu tolerieren. Mit speziellen Röntgenuntersuchungen konnte nachgewiesen werden, daß das Toxin sich über das Blut im gesamten Körper ausbreitet. Deshalb hat man als Folge der Verabreichung eine allgemeine Muskelschwächung erwartet. Doch eine solche Wirkung wurde nie beobachtet.

Einige mögliche Nachteile gibt es allerdings doch. Botulinustoxin ist gegenwärtig relativ teuer (bei Blepharospasmie ungefähr 100 britische Pfund pro Injektion). Desweiteren müssen die Injektionen in manchen Fällen drei- bis viermal pro Jahr wiederholt werden. Auch können im Blut Antikörper entstehen, welche das Toxin neutralisieren und seine Wirksamkeit dadurch einschränken. Trotzdem sprechen Patienten normalerweise auch nach fünf bis zehn Jahren Behandlung und nach 20 bis 30 Toxingaben immer noch an. Inzwischen gelang auch die Reinigung anderer Formen des Botulinustoxins, die bei Patienten, die Antikörper gegen Toxin A bilden, eingesetzt werden können. Ein Typ-F-Toxin wurde bereits erfolgreich bei Torticollis-Patienten getestet, deren Blut Antikörper gegen Typ A enthielt.

Betrachtet man die Fortschritte der zurückliegenden zehn Jahre, die wachsende Zahl von Krankheiten, die durch Botulinustoxin behandelt werden können, sowie die gegenwärtige Forschung an diesen Toxinen, so ist zu erwarten, daß *C. botulinum* in der Humanmedizin in Zukunft noch eine wichtige Rolle spielen wird.

V. Die Kunstfertigen

Mikroben, die unsere Zukunft gestalten könnten

Die bisherigen 60 Porträts in diesem Buch stellen nur einen winzigen Bruchteil der Vielfalt mikrobieller Aktivitäten vor. Diese Vielseitigkeit und ihre Auswirkungen, die nur angerissen werden konnten, straft jede Bezeichnung der Mikroben als „Niedere Organismen" Lügen. Egal, mit welchem Problem wir uns konfrontiert sehen, welche chemische Umwandlung wir durchführen, welche Krankheit wir bekämpfen, welche Veränderung in der Umwelt wir initiieren oder verhindern wollen: Uns wird immer mehr bewußt, daß es irgendwo Mikroben gibt, die uns helfen können, die Probleme zu lösen. Der letzte Abschnitt mit 15 weiteren Porträts stellt eine repräsentative Auswahl von Mikroorganismen vor, mit deren möglichem Einsatz sich Forscher zur Zeit beschäftigen. Mikroben haben unsere Vergangenheit und unsere Gegenwart geformt – sie werden auch unsere Zukunft formen.

Lactobacillus
– eine Mikrobe behindert das Wachstum einer anderen

Im Jahre 1909 erschien George Herschells Buch *Soured Milk and Pure Cultures of Lactic Acid Bacilli in the Treatment of Disease* („Saure Milch und Reinkulturen von Milchsäurebakterien zur Behandlung von Krankheiten"). Zwei Jahre später folgte *The Bacillus of Long Life* („Der Bazillus des langen Lebens"), in dem Loudon M. Douglas die Theorie des russischen Bakteriologen Elie Metchnikoff popularisierte, der Mensch könne durch den Konsum großer Mengen an Sauermilch oder Joghurt seine Lebensspanne deutlich verlängern. Alle drei Fachleute waren der Ansicht, daß die Milchsäurebakterien aus diesen Produkten sich im Darm des Essers vermehren, damit gefährliche Bakterien in ihrer Teilung hemmen und so dem Träger Gesundheit und Langlebigkeit sichern.

Diese Idee hat sich bis heute in der alternativen Heilkunde gehalten, symbolisiert durch Begriffe wie „Bio-Joghurt" in den Supermarktregalen. Die Vorstellung von Herschell, Douglas und Metchnikoff, daß wir durch fleißiges Trinken von Sauermilch Krankheiten vermeiden und unser Leben verlängern könnten, hat in konservativen Wissenschaftlerkreisen keine Unterstützung gefunden. Dieser Idee widerspricht die Tatsache, daß Lactobazillen bei Kontakt mit Magensaft aufgelöst werden. Somit können sie den Darm also gar nicht erst besiedeln.

Doch die Ansichten ändern sich – wenn auch nicht im Hinblick auf Sauermilch als Rezept für menschliche Langlebigkeit, so doch bezüglich der Nutzung von Organismen wie Lactobazillen zur Verhinderung von Infektionen bei Nutztieren. In den späten siebziger Jahren gab es den ersten Hinweis auf diese veränderte Haltung: Der Leiter des Finnischen Instituts für Veterinärmedizin in Helsinki, Esko Nurmi, stellte fest, daß die Besiedelung von Geflügeldärmen durch bestimmte Bakterien das Wachstum unangenehmerer Keime unterdrückt. Nurmi konnte zeigen, daß Hühnchen, die unter natürlichen Bedingungen schlüpften, relativ früh in ihrem Leben durch das Fressen der Ausscheidungen ihrer Mütter eine Mischung von Bakterien in ihrem Verdauungstrakt etablieren, welche die Wahrscheinlichkeit von Infektionen mit Keimen wie *Salmonella* (Seite 186) stark vermindert. Er nannte diesen Effekt „kompetitiver Ausschluß".

Unter den ultrahygienischen, beinahe sterilen Bedingungen moderner Hühnerhaltung scheinen die Tiere die schützenden Mikroben weit langsamer aufzunehmen. Nurmi wies nach, daß dies auch der Grund für verschiedene Ausbrüche von Salmonellosen in finnischen Hühnerfarmen war. Im Verdauungstrakt von Hühnern leben einige *Salmonella*-Stämme, ohne Krankheiten auszulösen. Diese

Stämme sind für eine Reihe von Lebensmittelvergiftungen verantwortlich, wenn die Hühner während oder nach der Schlachtung mit den Mikroben kontaminiert werden.

Der Nutzen des „kompetitiven Ausschlusses" ist inzwischen weitgehend anerkannt, die Firma Orion Corporation Farmos in Canterbury, England, bietet ein Produkt an, mit dem Bauern die gesunde Entwicklung der Darmflora ihrer Hühner unterstützen können: „Broilact" enthält eine Mischung der üblichen Darmbakterien, ergänzt durch Lactobazillen. Andere Firmen in England und in den USA wollen die natürliche Darmbesiedelung noch verbessern, indem sie einzelne, definierte Bakterienstämme einsetzen, um stärkere und besser vorhersehbare Effekte zu erzielen. Verschiedene solche Probiotika aus einzelnen Lactobazillenstämmen sind bereits auf dem Markt.

Doch haben wir solche Maßnahmen überhaupt nötig? Uns steht immerhin eine reiche Auswahl an Antibiotika zur Bekämpfung von Infektionen zur Verfügung. Wir brauchen sie dennoch. Trotz der großartigen Erfolge im Krieg gegen die Bakterien ist die Situation bedenklich, denn unaufhaltsam breiten sich Erreger aus, die gegen Antibiotika resistent sind. Dieser Umstand hat große medizinische Probleme mit sich gebracht und beruht darauf, daß Plasmide (Seite 254) mit den Genen für solche Resistenzen rasch innerhalb der Bakterienpopulation weitergegeben werden. Diese Plasmide verleihen vormals sensitiven Organismen Resistenz, und die sonst bei den entsprechenden Infektionen üblichen Antibiotika zeigen zusehends weniger Wirkung. Einige Vertreter der Enterobakterien und der Gattung *Pseudomonas*, die Infektionen des Verdauungstraktes und der Harnwege auslösen, sind inzwischen gegen beinahe alle der früheren Wunderwaffen resistent. Eine natürliche Regulation, wie es bei der biologischen Pestkontrolle der Fall ist, könnte dafür sorgen, daß Krankheitserreger sich von vornherein erst gar nicht etablieren oder ausbreiten und damit auch der Weitergabe von Resistenzen entgegenwirken.

Es gibt heute vermehrt konkrete Beweise dafür, daß harmlose Organismen bei Menschen und Tieren ernsthafte Darminfektionen verhindern können. Forscher des Food Directorate von Health and Welfare Canada in Ottawa konnten zeigen, daß die Bakterienpopulation aus den Ausscheidungen erwachsener Hennen frisch geschlüpfte Küken vor der Infektion durch einen pathogenen Stamm von *Escherichia coli* schützt, wenn die Küken diese Bakterien mit dem Futter aufgenommen haben. Der betreffende *E. coli*-Stamm hat beim Menschen bereits mehrere Fälle von Darmblutungen hervorgerufen. Die neue Beobachtung zeigt einen möglichen Weg für die Kontrolle dieser und anderer menschlicher Krankheitserreger auf.

Silvia N. Gonzalez vom Centro de Referencia para Lactobacillos in Chacabuco in Argentinien arbeitet mit ihrer Arbeitsgruppe an einem noch weit spannenderen Ansatz. Die Wissenschaftler um Gonzalez gehen, genau wie die Forscher in Ottawa, von der Tatsache aus, daß der Darm neugeborener Tiere keimfrei ist. Eine wesentliche Rolle bei der späteren Anfälligkeit für Erreger spielt die von der Mutter und aus anderen Quellen bezogene komplexe Bakterienpopulation. Das argentinische Team hat sich das Ziel gesetzt, eine Strategie zur Vorbeugung gegen menschliche Krankheiten zu entwickeln. Dafür werden definierte, reine Stämme verwendet.

Silvia Gonzalez und ihre Mitarbeiter arbeiten mit zwei aus menschlichem Stuhl isolierten Stämmen, und zwar einem *Lactobacillus casei*- und einem *L. acidophilus*-Stamm. Sie kultivieren die beiden Mikroorganismen im Labor und übertragen sie getrennt in aufgelöstes Magermilchpulver. Nach acht Stunden Inkubation vermischen sie die beiden Ansätze. Als pathogenen Stamm für die Tests wählte die Gruppe einen *Shigella sonnei*-Stamm, da die von diesem Organismus hervorgerufene Ruhr in Argentinien heimisch ist. Die von den beiden Stämmen *L. casei* und *L. acidophilus* fermentierte Milch verhinderte die Infektion mit *S. sonnei* mit hoher Effizienz. Von 30 Mäusen, die über acht Tage hinweg mit der

Milch gefüttert und denen der Keim oral verabreicht wurde, starb keine einzige. Von 30 Kontrolltieren starben dagegen 60 Prozent.

Eine Vorbehandlung mit der Milch behinderte auch signifikant die Besiedelung von Milz und Leber durch *S. sonnei*. Der Keim verschwand bis zum zehnten Tag aus diesen Organen, während er bei den unbehandelten Mäusen in hoher Zahl nachzuweisen war. Zudem wurden im Blut wie in der Darmflüssigkeit höhere Antikörperspiegel festgestellt. Möglicherweise unterstützt die fermentierte Milch also auch die spezifische Immunantwort. Diese Ergebnisse sind wahrlich beeindruckend. Ein Hinweis schließlich noch für diejenigen, die ihre Bedeutung für menschliche Krankheiten anzweifeln: Die argentinische Gruppe hat erste Hinweise dafür, daß die vergorene Milch auch Kinder vor Durchfall schützt oder ihn bekämpft.

Loudon Douglas' Theorie vom langen Leben mit Hilfe von Bakterien mag überholt sein. Dennoch dürften Lactobazillen eine große Zukunft bei der Behandlung und Verhinderung menschlicher und tierischer Infektionskrankheiten haben – eine Idee, die George Herschell bereits vor fast einem Jahrhundert formuliert hat.

Rhodococcus chlorophenolicus
– *Säuberung der Umwelt*

Eines der aufregendsten Charakteristika der mikrobiellen Welt besteht in der bereits häufig bestätigten Beobachtung, daß selbst die exotischsten und offenbar hartnäckigsten Stoffe, welche die chemische Industrie im Verlauf der zurückliegenden Jahrzehnte erdacht und synthetisiert hat, von irgendwelchen Mikroben angegriffen werden. Immer wieder gelingt Mikrobiologen die Isolierung von Organismen aus kontaminiertem Erdreich oder Wasser, die solche Substanzen abbauen. In den vergangenen Jahren führte diese Erkenntnis zum Konzept der „biologischen Sanierung". Abfallverwertende Mikroben sollen Orte wie zum Beispiel den Boden rund um frühere Raffinerien reinigen und von seiner Giftlast befreien.

Zwei Strategien sind möglich, um dieses Ziel zu erreichen (siehe auch Seite 250). Bei der ersten werden die Fähigkeiten jener Mikroben genutzt, die einen kontaminierten Ort bereits besiedeln. Sie sind möglicherweise nur in geringer Zahl anzutreffen und vermehren sich sehr langsam. Durch Maßnahmen wie die Zufuhr von Nährstoffen und die Begasung mit Luft kann die Teilung solcher Organismen und der Abbau des giftigen Materials, das sie umsetzen, beschleunigt werden.

Aus Finnland ist ein Fall bekannt, bei dem durch einen Brand ein Lagerhaus mit Pestiziden zerstört wurde. Die Folge war eine starke Verseuchung des Bodens und des Oberflächenwassers sowie eine mäßige Belastung des Grundwassers mit den Herbiziden 2,4-D und 4C2MP. Mikrobiologen isolierten daraufhin aus dem Grundwasser Bakterien, die diese Substanzen abbauen konnten, und überprüften sie zunächst im Labor. Es zeigte sich, daß sie auch im Oberflächenwasser 2,4-D umsetzen konnten: Der Gehalt des Herbizids verringerte sich innerhalb von drei bis vier Tagen bis unter die zulässige Höchstgrenze. Schwach verschmutztes Erdreich erfüllte nach drei bis vier Wochen ebenfalls dieses Kriterium.

Gleichzeitig wurden im Grundwasser auch Bakterien nachgewiesen, die mit hoher Effizienz 4C2MP abbauen. Die Konzentration dieses Pflanzengiftes verringerte sich innerhalb von sieben Tagen um 90 Prozent. Aufgrund dieser Entdeckungen entstanden Pläne für eine biologische Sanierung vor Ort, die hauptsächlich auf der Belüftung von Boden und Wasser sowie auf einem Kreislauf von gereinigtem Grundwasser beruhte, um die Vermehrung der vorhandenen Mikroben zu fördern. Die Mikroben arbeiteten vor Ort mit der gleichen Geschwindigkeit und Effizienz wie im Labor.

Dieser Ansatz birgt jedoch ein mögliches Risiko: Man unterstützt unbekannte und undefinierte Organismenpopulationen, die möglicherweise die vorhandenen toxischen Substanzen in ähnlich gefährliche oder gar noch giftigere Stoffe umsetzen. So können Tri- und Tetrachlorethylen in Vinylchlorid umgewandelt werden. Sicherer, abschätzbarer und spezifischer ist die andere Strategie, bei der man verseuchtes Material mit definierten und gut charakterisierten Stämmen beimpft. Bei einer besonders erfolgreichen Sanierungsmaßnahme verwendeten finnische Forscher *Rhodococcus chlorophenolicus* zur Dekontaminierung der Standorte von Sägewerken in ihrem Land, die mit großen Mengen an polychlorierten Phenolen (PCPs) verseucht waren.

Zwischen 1930 und 1984, als PCPs verboten wurden, kamen in Finnland 25 000 Tonnen dieser Chemikalie zum Einsatz. Die Kontamination des Bodens war an vielen Orten enorm, und selbst an Stellen, die bereits seit zehn Jahren stillgelegt waren, blieben hohe Konzentrationen zweier verschiedener PCPs nachweisbar. Zudem gelangten aus der Papierbleichung etwa 10 000 Tonnen organischer Chlorverbindungen jährlich in die Flüsse und Seen des Landes.

Zunächst fanden die Forscher heraus, daß *R. chlorophenolicus* im Labor PCPs vollständig zu Chlorid und Kohlendioxid abbaut. Danach setzten sie das Bakterium natürlichem Torfboden und sandigem Lehm zu, die mit bekannten Mengen PCPs verseucht waren. Sowohl im Torf als auch im Lehm reichten geringe Mengen der Bakterien, um innerhalb von vier Monaten den schwach kontaminierten und noch schneller sogar den stärker verschmutzten Boden von den PCPs zu befreien. Vor der Beimpfung gab es keine nachweisbaren Keime, die PCPs umsetzten, und in der vorhandenen Bakterienpopulation entwickelte sich diese Fähigkeit innerhalb der vier Monate des Testzeitraums auch nicht.

Obwohl die zugesetzten Bakterien hochgiftige Substanzen abbauten, beeinträchtigten diese Stoffe ihre Lebensfähigkeit nicht. Die Dichte an *R. chlorophenolicus* blieb über ein Jahr hinweg mehr oder weniger konstant. Dies ist ein Zeichen dafür, daß die Bakterien gegen eine andere Gruppe von Mikroben resistent sind – nämlich gegen Protozoen, die sich üblicherweise von Bakterien ernähren und damit deren Zahl reduzieren.

Die finnischen Wissenschaftler untersuchten die Enzyme, mit denen *R. chlorophenolicus* das PCP-Molekül in drei Schritten zerlegt. Sie reinigten diese Enzyme und zogen eine biologische Sanierung von verseuchten Böden in einem dreistufigen Prozeß in Erwägung, bei dem anstelle der Mikroben die Enzyme direkt zu verseuchten Böden gegeben werden. Der Zusatz von Enzymen anstatt von lebenden Zellen könnte nach Ansicht der finnischen Forscher eine besser kontrollierbare und damit sicherere Strategie darstellen.

Weiterhin eröffnet die genetische Manipulation, bei der Fähigkeiten von Bakterien nach Wunsch verändert werden können, Wege zur Erzeugung von Mikroorganismen, die bestimmte Gifte abbauen. Im Vergleich zur vorhandenen, natürlichen Population arbeiten solche Organismen mit höherer Präzision. Ihre Wirkung ist leichter abzusehen, wenn man weiß, wie sie sich verhalten, sobald sie einmal freigesetzt sind.

Die Verwendung lebender Mikroben im Umweltschutz, bei der Reinigung belasteter Gebiete oder der Verbesserung ihres Zustands könnte künftig eine wichtige Rolle in der Biotechnologie spielen. Bestimmte Gegenden in Osteuropa bieten großartige Experimentierfelder, denn dort wurden aufgrund fehlender Umweltgesetzgebung große Gebiete durch industrielle Aktivitäten mit riesigen Mengen gefährlicher Chemikalien verseucht. Ein weiteres Anwendungsgebiet ist die Bekämpfung von Ölteppichen auf See nach Tankerunglücken und ähnlich verheerenden Unfällen. Auch hier tragen in der Natur bereits vorhandene Mikroorganismen wesentlich zum Abbau der Gifte bei (Seite 250). Die Wirkungen dieser Mikroorganismen wurden nach der Havarie der *Exxon Valdez* im Jahre 1989 im Prinz-William-Sund vor der Küste Alaskas, sowie nach der größten bisher bekannten Ölkatastrophe – der absichtlichen Einleitung von 500 000 Tonnen Rohöl in den Arabischen Golf durch irakische Streitkräfte im Jahre 1990 – besonders deutlich.

Trotz technischer Erfolge wie beim Einsatz von *R. chlorophenolicus* in Finnland bleiben Fragen zu den vernünftigsten Strategien bei der Nutzung von Mikroben zur biologischen Sanierung offen. Soll man eher die am Standort bereits vorhandenen Mikroben ausnutzen, da dies den natürlichen Gegebenheiten am ehesten entspricht und damit sicherer ist? Oder wird die Beimpfung mit definierten und möglicherweise genetisch manipulierten Organismen die Oberhand gewinnen, da sie absehbarere Folgen hat – und aus diesem Grunde sicherer ist? Sind beide Ansätze sinnvoll? Die Zeit wird die Antwort geben. Es ist allerdings sehr wahrscheinlich, daß bei der Klärung dieser Frage die öffentliche Meinung und politische Ansichten eine ebenso wichtige Rolle spielen wie die Freßlust der eingesetzten Mikroben.

Das *Vaccinia*-Virus
– *ein universeller Schutz?*

Als Edward Jenner am 14. Mai 1796 den jungen James Phipps impfte, konnte er nicht ahnen, daß sein Experiment zwei Jahrhunderte später zur Entwicklung einer Methode führen würde, die nicht nur eine Immunität gegen Pocken, sondern auch gegen eine ganze Reihe weiterer Infektionen verleihen konnte. Damals hatte der in Berkeley, Gloucestershire, tätige Landarzt die Idee, einen traditionellen Glauben für die medizinische Anwendung umzusetzen. Man war zu jener Zeit nämlich überzeugt, eine Infektion durch den Eiter eines an Kuhpocken erkrankten Tieres würde vor einer Ansteckung mit den weit gefährlicheren Pocken schützen.

Jenner infizierte James Phipps mit Lymphe aus Kuhpockenbläschen von den Fingern einer Kuhmagd, und wie erwartet bildete sich an der Einstichstelle eine Pustel. Am 1. Juli infizierte er den Jungen mit Pockeneiter. Phipps bekam allerdings keine Pocken, und nach einigen Tests zur Bestätigung dieses Ergebnisses wurde die „Impfung" zu einer hochwirksamen Routineprozedur. Heute ist bekannt, daß Jenners Erfolg auf einem relativ seltenen Phänomen beruhte: daß nämlich die Infektion mit einer Mikrobe dem Betroffenen Resistenz gegen den Befall durch eine andere Mikrobe verleiht. Später entwickelten Louis Pasteur und andere Wissenschaftler Impfseren grundsätzlich unter Verwendung der für die betreffende Infektion verantwortlichen Mikrobe.

Jahre später wurde das für Jenners Erfolg verantwortliche Virus isoliert. Es ist heute unter dem Namen *Vaccinia* (Tafel XV) bekannt. Ein abgeschwächter Laborstamm dieses Virus wurde tatsächlich auch für die weltweite Impfkampagne gegen Pocken eingesetzt, an deren Ende die Krankheit im Jahre 1978 schließlich ausgelöscht war (Seite 75). Einige Jahre danach entstand mit dem

Aufkeimen der Genetik die Idee, das Virus als Träger von Antigenen aus anderen infektiösen Keimen zu verwenden. Antigene sind große Moleküle, speziell Proteine, die eine Immunreaktion und damit die Bildung von Antikörpern auslösen. Nach einer solchen Manipulation würde das Virus auch die Bildung von Antikörpern gegen die Antigene dieser anderen Keime induzieren. Die für solche Antigene verantwortlichen Erbanlagen aus Influenza-, Hepatitis-B-, Tollwut-, Rinderpest- und anderen Viren wurden in *Vaccinia* übertragen. Mit Hilfe dieser rekombinanten *Vaccinia*-Stämme sollte also eine Immunisierung gegen die entsprechenden Krankheiten möglich sein, und zwar auch gegen mehrere gleichzeitig.

Die Idee wurde erstmals mit Erfolg im Kampf gegen das Tollwutvirus und die durch diesen Erreger ausgelöste, schreckliche Infektionskrankheit in die Praxis umgesetzt. Denn das Tollwutvirus ist eine todbringende Mikrobe. Kürzlich wurde beispielsweise folgender Fall beschrieben: In Mercedes im US-Bundesstaat Texas hatte eine Fledermaus einen Mann in den rechten Zeigefinger gebissen. (Fledermäuse übertragen zwar das Virus, erkranken aber selbst nicht an Tollwut.) Mehr als einen Monat später wurde die Hand des Mannes schwach, und er ließ sie untersuchen. Sechs qualvolle Tage folgten, in denen die Schmerzen immer schlimmer wurden. Bevor der Mann in ein Koma fiel und schließlich starb, litt er an Halluzinationen und hohem Fieber, ständigem Speichelfluß, verschiedenen Lähmungen im Gesichts-, Nacken- und Mundbereich, Atemlosigkeit und Schluckbeschwerden, die ihn so sehr behinderten, daß er nicht einmal Wasser nippen konnte.

In Ländern wie der Türkei, wo Tollwut unter Hunden immer noch verbreitet ist, besteht auch weiterhin ein Infektionsrisiko. Auch wenn der Mensch, wie Louis Pasteur zeigen konnte (Seite 47), sogar noch nach einer Infektion durch eine Serie von Injektionen geschützt werden kann, so sind die Impfungen doch teuer und oft mit Nebenwirkungen verbunden. Solange das Virus noch nicht ausgerottet ist, müssen viele Menschen nach einem Hundebiß geimpft werden, wenn nicht bekannt ist, ob das Tier Tollwut hatte oder nicht.

Abgesehen von der besonderen Situation in der Türkei und der geringen Wahrscheinlichkeit, daß das Virus in einigen Ländern in Fledermäusen überdauern könnte, konzentrieren sich die Bemühungen zur Auslöschung in Europa auf den Fuchs, der in den zurückliegenden vier Jahrzehnten Hauptträger des Tollwutvirus war. Die erste Strategie hatte die Reduzierung der Populationsdichte des Fuchses zum Ziel, um auf diese Weise die Ausbreitung des Virus zu verhindern. Doch Maßnahmen wie Vergasung, Vergiftung und das Auslegen von Fallen führten nur teilweise zum Erfolg.

Die Alternative war die Impfung der Füchse. Für diesen Zweck ist eine Injektion, wie sie zum Schutz von Haustieren praktiziert wird, denkbar ungeeignet. Daher erzeugten einige Forschergruppen lebensfähige, aber abgeschwächte Stämme des Tollwutvirus. Zunächst wurden in der Schweiz, später auch in Frankreich und Deutschland, Hühnerköpfe mit den Impfstoffen in Gebieten mit infizierten Fuchsbeständen als Köder ausgelegt.

Diese Strategie führte in verschiedenen Ländern zu einem Rückgang der Tollwutinfektionen. Doch Bedenken gegen den abgeschwächten Lebendimpfstoff kamen auf: Die Viren zeigten noch eine gewisse Virulenz in Nagern, so daß sie theoretisch ihre Ansteckungsgefahr für Füchse und andere Tiere zurückgewinnen konnten. Dies veranlaßte Forscher von Transgene SA in Straßburg, von Rhone Merieux in Lyon sowie von der Universität Lüttich nach einem Impfstoff zu suchen, der diesen Nachteil nicht hatte. Sie wählten ein Protein aus der Hülle des Tollwutvirus aus und übertrugen das zugehörige Gen in das Genom des *Vaccinia*-Virus.

Ihre Rechnung ging auf. Vom Hubschrauber aus warf man über einem Gebiet von 2 200 Quadratkilometern in Belgien 25 000 Köder mit dem Impfstoff ab. Eine Überprüfung der Füchse einige Zeit später ergab, daß 81 Prozent der getesteten Tiere gegen Tollwut immun waren. Nach einer Modellrechnung zum Grad der notwendigen Immunität in der Fuchspopulation reichte dieser Prozentsatz aus, damit sich das Virus nicht mehr ausbreiten konnte. Die Tollwut verschwand auch tatsächlich aus diesem Gebiet.

Die Tollwutepidemie auf dem europäischen Festland, die zu den zahlreichen, jedem Englandreisenden vertrauten Plakaten und Quarantänemaßnahmen an britischen Häfen geführt hat, ging während des Zweiten Weltkrieges von Polen aus. Das Virus breitete sich in der Folgezeit sowohl nach Osten in die frühere Sowjetunion als auch nach Westen in Richtung der mittel- und westeuropäischen Länder aus. Die Bemühungen Italiens und Jugoslawiens, gemeinsam die Tollwut in ihrem Grenzland auszurotten, scheiterten 1992 am Ausbruch des Krieges. Doch dank der neuen Impfstoffe ist der Vormarsch des Virus in Richtung der französischen Westküste, der einst unaufhaltsam erschien, zum Stillstand gekommen. Weitere Impfungen in Regionen, wo das Virus noch überdauert, könnten die britischen Inseln bald vom drohenden Schreckgespenst von der anderen Kanalseite befreien.

Vielleicht finden auf *Vaccinia* beruhende Impfstoffe bald auch Anwendung beim Menschen. Doch einige Forscher mahnen zur Vorsicht. Sie weisen auf die Nebenwirkungen hin, die bei der Impfung gegen eine so gefährliche Krankheit wie die Pocken tolerierbar waren, jedoch bei harmloseren Infektionen nicht akzeptiert werden können. Andere Kritiker warnen vor dem Einsatz als Impfserum in Afrika, da dort viele Menschen mit dem AIDS-Virus infiziert sind und ihr Immunsystem dadurch geschwächt ist. Diese Bedenken ließen sich sicher ausräumen, wenn es gelänge, die für die unangenehmen Nebenwirkungen verantwortlichen Gene des *Vaccinia*-Virus zu entfernen oder zu modifizieren, was nicht sehr viel schwieriger sein sollte als das Einschleusen der Gene aus den anderen Erregern.

Alcaligenes eutrophus
– der Plastikhersteller

Wenn Sie in einem Lehrbuch für Studenten den Namen *Alcaligenes eutrophus* nachschlagen, lesen Sie dort als Besonderheit, daß das Bakterium seine Energie aus der Durchführung der sogenannten „Knallgasreaktion", das heißt aus der Oxidation von Wasserstoff zu Wasser bezieht.

A. eutrophus kann, wie viele andere Lebewesen und auch der Mensch, Kohlenhydrate und andere Nährstoffe als Energiequellen nutzen. Doch das Bakterium ist weit unabhängiger als die anderen Organismen, welche die wichtigsten Bausteine zum Aufbau ihrer Zellen vollständig aus externen Quellen beziehen. *Alcaligenes* zeichnet sich durch die spezielle Fähigkeit aus, die Energie aus der Oxidation von Wasserstoff zur Fixierung von Kohlendioxid zu nutzen und damit seine eigenen Kohlenhydrate herzustellen. Die Abfolge chemischer Umsetzungen ähnelt stark der Photosynthese der höheren Pflanzen, doch *Alcaligenes* benötigt dafür weder Chlorophyll noch Licht.

Dem Organismus fällt jedoch eine weitere bemerkenswerte Aufgabe in der Welt der Mikroben zu: Er gewinnt als Erzeuger biologisch abbaubaren Plastiks an Bedeutung. Auch wenn einige Mikroben sogar etliche der hartnäckigsten und widerstandsfähigsten chemischen Verbindungen angreifen (Seite 118), bleiben viele moderne Kunststoffe doch davon ausgenommen. Sie wurden schließlich ganz speziell als Verpackungsmaterial entwickelt, das Produkte vor der Zerstörung durch Mikroben, Sonnenstrahlen und Feuchtigkeit schützen soll. Infolgedessen sammeln sich an Stränden und unzähligen anderen Orten Plastikflaschen, -schachteln und -folien an, die nicht nur unser ästhetisches Empfinden stören, sondern auch eine Gefahr für Umwelt und Gesundheit darstellen.

Da die Empörung über diese Art der Umweltverschmutzung immer mehr zugenommen hat, wendet sich die Industrie seit einiger Zeit verstärkt Mikroben zu, die weniger widerstandsfähige Substanzen als Ersatzstoffe herstellen können. Das Ziel ist ein biologisch abbaubarer Stoff, der nach Erfüllung seiner Aufgabe komplett zersetzt wird, sei es in der freien Natur oder auch in speziellen Kompostierungsanlagen.

Das Unternehmen Imperial Chemical Industries (ICI) machte *A. eutrophus* zu einem Pionier bei der Erzeugung der neuen, umweltfreundlichen Generation von Kunststoffen. Während der siebziger Jahre begannen nämlich Wissenschaftler von ICI zu erforschen, wie sie die Mikrobe zur Abwandlung eines Prozesses bewegen könnten, den diese schon lange zur Speicherung von Energie nutzt. Wie auch immer Bakterien die Energie zur Herstellung neuer Substanzen und damit ganzer Zellen freisetzen – sie erzeugen dabei teilweise mehr Energie, als unmittelbar benötigt wird. Daher haben sie Wege ersonnen, diese überschüssige Energie in Form von großen Molekülen zu speichern. Diese können, genau wie das Fett beim Menschen, bei Bedarf zur Nutzung der Energie wieder abgebaut werden. Solche mikrobiellen Speicher sind im Mikroskop als Granula sichtbar, die in der ganzen Zelle verteilt sind. Ein bekanntes Beispiel hierfür sind Stärkekörner.

A. eutrophus speichert keine Stärke, sondern eine fettähnliche Substanz, nämlich Polyhydroxybuttersäure (PHB). Dieser Speicherstoff führte die Forscher von ICI zu ihrer Grundidee, den Organismus ein biologisch abbaubares Polymer bilden zu lassen. Solche Polymere bestehen aus einer großen Anzahl kleinerer entweder nur linear oder mit Quervernetzungen verknüpfter Moleküle. PHB besteht aus Hydroxybuttersäuremolekülen und weist die gewünschten Eigenschaften nicht auf. Doch vielleicht könnte *A. eutrophus* dazu veranlaßt werden, durch Fütterung mit geeigneten Grundbausteinen ein Polymer mit einer völlig anderen Struktur zu erzeugen?

Die Forscher hatten richtig kalkuliert. Beim Zusatz von Valeriansäure zum Nährmedium akkumulierte *A. eutrophus* Polyhydroxybuttersäure-Cohydroxyvaleriansäure (PHBV), ein Polymer mit den Eigenschaften von Kunststoffen, das jedoch biologisch abbaubar ist. Heute wissen wir, daß *A. eutrophus* nicht nur PHB durch die Verknüpfung von Buttersäure herstellt, sondern daß das Bakterium, genau wie einige nicht mit ihm verwandte Arten, aus anderen Untereinheiten auch andere Polymere bauen kann. Die Monomere können dabei gemischt sein, wie das Beispiel von PHBV verdeutlicht. Sowohl das Mischungsverhältnis zwischen den Komponenten als auch die Größe des entstehenden Moleküls variieren, und damit auch seine Eigenschaften.

Das neue Erzeugnis, vertrieben unter dem Markennamen „Biopol", ist mindestens genauso robust und wasserfest wie konventionelle Kunststoffe. Doch Bodenbakterien zersetzen es schnell und vollständig zu Kohlendioxid und Wasser. Biopol verschwindet, mit Abwasser kompostiert oder auf eine Deponie gebracht, zum Teil innerhalb weniger Wochen. Selbst wenn das neue Biopolymer verbrannt wird anstatt zu verrotten, hat es den Vorteil, daß dabei keine gefährlichen Chemikalien frei werden, wie dies bei vielen anderen vom Menschen hergestellten Stoffen der Fall ist.

Die deutsche Haarpflegefirma Wella verwendete Biopol erstmals zur Herstellung einer kommerziellen Verpackung. Es handelte sich dabei um eine Shampooflasche für die Produktreihe „Sanara". ICI stellt Biopol heute unter Nutzung von *A. eutrophus* in seiner Niederlassung Billingham im englischen Teesside her; das Produkt ist allerdings immer noch wesentlich teurer als herkömmliche Kunststoffe. Sobald jedoch das Produktionsvolumen wesentlich erhöht werden kann, sollten die Herstellungskosten und damit die Preise fallen. Werkstoffe wie Biopol werden sicher einen Boom erleben, sei es durch die Bereitschaft der Verbraucher, für ein ökologisch sinnvolles Erzeugnis auch höhere Preise zu zahlen, oder aber durch Vorschriften, die Hersteller für bestimmte Zwecke zur Verwendung biologisch abbaubarer Kunststoffe verpflichten.

Auch in der Medizin besteht die Aussicht für den Einsatz einer neuen Generation von Polymeren. So könnten Platten und Schrauben aus PHBV für den Zusammenhalt gebrochener Knochen eingesetzt werden. Sie würden nach Einpflanzung so lange im Körper überdauern, bis der Knochen geheilt und damit ihr Zweck erfüllt ist, und dann abgebaut werden.

Die Forschung an PHBV und vergleichbaren Materialien ist inzwischen in eine neue, gentechnische Phase eingetreten. Vor einigen Jahren entdeckte Douglas Dennis von der James-Madison-Universität in Virginia die Gene, auf denen die Fähigkeit zur PHB-Synthese von *A. eutrophus* beruht. Dies veranlaßte wiederum weitere Wissenschaftler dazu, diese Gene in andere Bakterien, wie zum Beispiel *Escherichia coli*, einzuschleusen, die das Polymer billiger und effektiver synthetisieren. Eine weitere Möglichkeit besteht in der Veränderung der Gene selbst, so daß sie die Entstehung von Polymeren mit neuen Eigenschaften vermitteln, die sich durch die einfache Variation der chemischen Grundbausteine nicht erreichen lassen. Auf diese Weise könnte man eine große Palette an Kunststoffen für viele verschiedene Arten von Verpackungen und andere Anwendungen erzeugen – alle mit der gemeinsamen und wünschenswerten Eigenschaft der biologischen Abbaubarkeit.

Bakteriophagen
– *eine clevere Alternative zu Antibiotika*

»Wollen Sie damit etwa behaupten, Sie hätten vielleicht eine anstekkende Krankheit bei Bakterien entdeckt? Und das haben Sie mir nicht erzählt? Mein lieber Junge, ich glaube, Sie haben nicht erkannt, daß Sie eine phantastische Möglichkeit zur Bekämpfung pathogener Bakterien gefunden haben.«

Ein Dreivierteljahrhundert, nachdem Sinclair Lewis dem Helden seiner Erzählung *Martin Arrowsmith* diese Worte in den Mund gelegt hat, ist die dahintersteckende Idee auf dem besten Wege, aus dem Reich der Fabel in die praktische Wirklichkeit überzuwechseln. Dadurch eröffnet sich eine völlig neue Möglichkeit zur Bekämpfung infektiöser Bakterien, die besonders im Einsatz gegen Darminfektionen, die in der Dritten Welt Leiden, Schwächung und Tod bedeuten, sehr segensreich sein könnte.

Die Geschichte begann im Jahre 1915 damit, daß Frederick Twort von der Browning Institution in London von einem »durchsichtigen, auflösenden Material« berichtete, das offensichtlich Bakterien angriff. Danach beschrieb der Kanadier Felix d'Herelle, der am Pasteur-Institut in Paris arbeitete, eine Mikrobe, die antagonistisch zum Erreger der Ruhr wirkte. Twort und d'Herelle erkannten schnell, daß sie beide auf eine bis dahin unbekannte Gruppe von Viren gestoßen waren, ähnlich denen, die Tiere und Pflanzen befallen. Beide begannen daraufhin, die Möglichkeit zu erforschen, mit Hilfe dieser „Bakteriophagen" bakterielle Krankheiten von Menschen und Tieren zu bekämpfen.

Doch während die Theorie vielversprechend klang, waren die praktischen Ergebnisse eher unbefriedigend. Obwohl die Phagen in Laborkulturen auf spektakuläre Weise Bakterien zerstörten, versagten die Mikroparasiten beim Menschen, selbst wenn sie von Patienten in großen Mengen geschluckt wurden. Mit der Entwicklung verbesserter Methoden zur Isolierung, Reinigung und Selektion von Phagen schrieben jedoch Wissenschaftler von der Geflügelforschungsstation in Houghton, Großbritannien, in den achtziger Jahren ein neues Kapitel in dieser Geschichte. Die bei Farmtieren erzielten Ergebnisse könnten eine noch viel weitergehende Bedeutung erhalten – nicht zuletzt deshalb, weil von den hocheffektiven Antibiotika zur Behandlung bakterieller Infektionen einige inzwischen aufgrund von Resistenzausbildungen bei bestimmten Erregern keine Wirkung mehr zeigen.

Im Mittelpunkt der ersten Bemühungen der Forscher in Houghton stand *Escherichia coli* – ein harmloser Bewohner des menschlichen und tierischen Verdauungstraktes, der manchmal allerdings in virulenter Form auftritt und dann ernsthafte Erkrankungen auslösen kann. Die Wissenschaftler arbeiteten mit einem *E. coli*-Stamm, der bei einem Säugling eine potentiell tödliche Hirnhautentzündung verursacht hatte. Nachdem ihnen die Kultivierung des Bakteriums im Labor gelungen war, begaben sie sich auf die Suche nach einem geeigneten Phagen – indem sie Abwasserproben durchtesteten. Abwasser enthält nämlich grundsätzlich eine enorme Vielfalt an Phagen. Nachdem die Wissenschaftler einen Phagen isoliert hatten, der in Labortests vernichtende Auswirkungen auf das Zielbakterium zeigte, injizierten sie ihn in Mäuse, die mit eben diesem Bakterium infiziert waren.

Der Phage heilte die Mäuse nicht nur. Er erwies sich im Vergleich zu fünf verschiedenen Antibiotika, die normalerweise bei einer derartigen Infektion angewendet werden, in vier Fällen als deutlich wirksamer. Zwar überstanden einige *E. coli*-Mutanten, die gegen den Phagen immun waren, die Behandlung, sie zeigten jedoch kaum Virulenz. Dies war eine deutliche Verbesserung gegenüber einer Behandlung mit Antibiotika, da hier die resistenten Mu-

tanten immer mindestens genauso virulent sind wie die Ausgangs-
stämme, wenn nicht sogar virulenter.

Nächstes Ziel der Forscher waren Bakterien, die Darminfekte
verursachen. Sie wählten *E. coli*-Stämme, die für Bauern große
finanzielle Verluste verursachten, indem sie verheerende Epidemi-
en unter Kälbern, Ferkeln und Lämmern auslösten. In einer Ver-
suchsserie infizierten sie Kälber mit letalen Dosen eines *E. coli*-
Stammes. Sie konnten zeigen, daß eine Mischung von zwei Phagen
die Tiere gegen diese ansonsten tödliche Infektion schützte, wenn
sie vor (nicht jedoch nach) dem Eintreten des Durchfalles verabreicht wurden. Die Phagen (die gemeinsam verabreicht wurden,
um das erwähnte geringe Risiko der Resistenzausbildung noch
weiter zu verringern) verhinderten von vornherein eine Besiedelung des Darmes durch die gefährlichen Bakterien.

Im Gegensatz zu den Experimenten von Twort und d'Herelle
schien einer der beiden Phagen bei infizierten Tieren sogar größere
Wirkung zu zeigen als in Laborkulturen. Als sein Partner durch
einen anderen, dritten Phagen ersetzt wurde, wirkte diese Mischung auch dann, wenn die Kälber bereits infiziert waren und an
starkem Durchfall litten. Durch die mühevolle Untersuchung vieler
verschiedener Abwasserproben hatten die Forscher in Houghton
bald eine Sammlung von hocheffizienten Phagen gegen die meisten für Darminfektionen bei Kälbern und Lämmern verantwortlichen Bakterienstämme beisammen. Schon die Aufzucht von Kälbern in Ställen, in denen zuvor geimpfte Tieren gehalten und die
danach nicht gereinigt worden waren, genügte zum Schutz vor den
Krankheiten.

Diese Ansätze weisen einen Weg zur Bekämpfung bakterieller
Erkrankungen, der heutigen Therapieformen in verschiedener Hinsicht überlegen ist. Zunächst müssen Phagen nur einmal verabreicht werden. Im Gegensatz zu Antibiotika, die durch das Blut
und andere Körperflüssigkeiten verdünnt werden und bald verschwinden, vermehren sich Phagen in ihren Wirtsbakterien und

nehmen so in ihrer Konzentration astronomisch zu. Diese Vermehrung findet genau an der Stelle statt, wo die Phagen gebraucht werden – nämlich dort, wo die Infektion erfolgt. Sie hält zudem so lange an, bis die schädlichen Bakterien vollständig vernichtet sind (die Phagen selbst sterben aus, sobald keine Wirtsbakterien mehr vorhanden sind). Des weiteren scheinen alle Bakterienstämme, die eine Immunität gegen Phagen entwickelt haben, weit weniger virulent zu sein als ihre Elternstämme.

Beinahe alle bisher erforschten Bakterien können von einem oder mehreren Phagen infiziert werden. Daher lassen sich Phagen bei Epidemien zur Identifizierung von Krankheitserregern heranziehen. Die Einsatzmöglichkeiten für Phagentherapien sind also sehr weitreichend und insbesondere bei Infektionskrankheiten wie Cholera, bei der sich die Erreger frei im Darm vermehren, sehr vielversprechend.

Stefan Slopek und seine Kollegen an der Polnischen Akademie der Wissenschaften in Breslau haben Phagen entdeckt, die bei der Kontrolle von Infektionen des Blutes mit Bakterien, die nicht auf Antibiotika reagieren, von unschätzbarem Wert sind. In vielen Fällen wurden durch eine Behandlung mit diesen Phagen selbst bei hartnäckigen, eiternden und langwierigen Wundinfektionen durchschlagende Erfolge erzielt.

Verschiedene Arbeitsgruppen mustern inzwischen Abwasser und andere potentielle Quellen nach Phagen durch, die gegen eine ganze Reihe von Bakterien gleichzeitig wirken. Die Alternative dazu bilden, wie die Forschungen in Houghton demonstrieren, Mischungen von Phagen, die alle weit verbreiteten infektiösen Bakterien angreifen. Der neue Aufschwung der Phagentherapie könnte ein ähnlich wichtiger Meilenstein sein wie die Entdeckung von Penicillin und Streptomycin in der ersten Hälfte des 20. Jahrhunderts.

Crinalium epipsammum
– *Hemmung der Küstenerosion*

Eines der schönsten Bücher in meiner Sammlung ist *De Nederlandse Delta*, eine wunderschön illustrierte Darstellung des unablässigen Kampfes, den die Holländer gegen die anbrandenden Wellen der Nordsee führen. Jeder, der schon einmal mit dem Flugzeug auf dem Schiphol-Flughafen in Amsterdam gelandet ist, weiß, daß es in den Niederlanden an sich bereits eine ganze Menge Wasser gibt. Weniger augenfällig ist jedoch die Tatsache, daß die meisten Bewohner dieses pittoresken Landes der Tulpen und des Käses ihr gesamtes Leben auf Land verbringen, das unterhalb des Meeresspiegels liegt. Da einige Teile des Landes um bis zu 20 Zentimeter im Jahrhundert absinken, haben die Holländer mehr als alle anderen Europäer guten Grund zur Besorgnis wegen des Treibhauseffekts.

Milliarden von Gulden sind bereits in Dämme, Deiche und andere Vorrichtungen investiert worden, die das Land gegen die Macht des Ozeans schützen sollen. Bereits im 16. Jahrhundert beherrschten holländische Deich- und Polderbauer die Techniken zur Bändigung der Meeresgewalten und zur Trockenlegung von Seen und Marschland. In der Moderne wurden die riesigen hydraulischen Anlagen zunehmend durch angewandte Biologie ergänzt, indem man Dünen als natürliche Barrieren zwischen Meer und Festland stabilisierte. Strandhafer und andere Gräser werden darauf angepflanzt. Sie besiedeln die Dünen und halten den Sand an Ort und Stelle zusammen, so daß der Wind ihn nicht mehr wegtragen kann. Doch die Widerstandskraft der Dünen gegen Wind und Wellen muß ständig gesteigert werden – nicht zuletzt, weil einige Landgewinnungspläne die Erosion beschleunigen, indem sie die Richtung und den Druck der Gezeiten verändern.

In *De Nederlandse Delta* steht wenig über Mikroorganismen, sieht man einmal vom Plankton der Küstengewässer und seinem Verhältnis zu Temperatur und gelöstem Sauerstoff beziehungsweise seiner Rolle in den marinen Nahrungsketten ab. Als dieses Buch 1982 anläßlich des 25jährigen Jubiläums des Delta-Instituts für Hydrobiologische Forschung veröffentlicht wurde, hatte noch niemand einen Gedanken an die Idee verschwendet, daß Mikroben bei der Stabilisierung der Dünen in den Niederlanden oder in anderen „Tiefländern" irgendeine Rolle spielen könnten. Doch dank Forschungsarbeiten an der Universität Amsterdam, die durch die Stiftung für geographische Forschung unterstützt werden, ändert sich dieses Bild zur Zeit schlagartig. Jüngste Untersuchungen verdeutlichen, daß Bakterien und Algen eine Schlüsselrolle bei den komplexen Vorgängen zur Stabilisierung von Dünen und anderen Sandformationen zukommt. Und nicht nur das. Die Wissenschaftler haben bereits damit begonnen, die beteiligten Mikroben, unter denen sich einige noch unbekannte Arten befinden, zu identifizieren. Sie wollen nun ihr Wachstum und ihre Aktivitäten noch genauer untersuchen, um sie in der Zukunft praktisch nutzbar zu machen.

Luuc Mur und seine Kollegen vom Mikrobiologischen Institut der Universität Amsterdam haben von ihren häufigen Streifzügen entlang der holländischen Nordseeküste Mikroben mitgebracht und charakterisiert, die in den grobkörnigem Silikatsanddünen entlang der Küste Krusten bilden. In ihren Proben fanden sie regelmäßig die relativ primitive Grünalge *Klebsormidium flaccidum* und einige Cyanobakterien, darunter *Oscillatoria*- und *Microcoleus*-Arten. Kürzlich jedoch entdeckten Mur und seine Mitarbeiter, daß in den mikrobiellen Gemeinschaften der Krusten in den Frühstadien ihrer Entstehung ein ungewöhnliches und bis dahin unbekanntes, filamentöses Cyanobakterium mit ellipsoiden statt kugelförmigen Zellen dominiert. Mit der Zeit wurde auch klar, daß die Besiedelung des Sandes mit der Kombination aus Algen und Cyanobakterien eine wesentliche Rolle beim Schutz der Dünen vor Erosion spielt.

Besondere Aufmerksamkeit gilt den Cyanobakterien. Diese phototrophen Organismen betreiben Photosynthese und erzeugen dabei genau wie grüne Pflanzen Sauerstoff. Einige von ihnen fixieren auch Stickstoff aus der Luft. Besonders zahlreich sind sie in Flüssen und Seen mit hohem Nährstoffgehalt, doch sie tauchen auch an unwirtlichen Standorten auf. Obwohl sich offenbar nur einige wenige Cyanobakterien an das Leben im Meer angepaßt haben, dominieren sie dort unter extremen Bedingungen doch oft die Biomasse.

Sanddünen werden periodisch durchfeuchtet, die meiste Zeit des Jahres sind sie jedoch längeren Trockenperioden ausgesetzt. Die Amsterdamer Forscher waren daher besonders daran interessiert, wie die speziellen Anpassungen der krustenbildenden phototrophen Organismen aussehen, die sie so widerstandsfähig gegen Austrocknung machen. Die Untersuchungen konzentrierten sich dabei auf die neu entdeckten filamentösen Cyanobakterien mit den ellipsoiden Zellen. Luuc Mur und seine Mitarbeiter Ben de Winder und Lucas Stal gaben dieser Mikrobe den Namen *Crinalium epipsammum* (nach dem lateinischen *crinalis* für „Haar" und dem griechischen *psammos* für „Sand").

Die neue Art unterscheidet sich von anderen Cyanobakterien nicht nur durch ihre atypisch geformten Zellen, sondern auch durch ihre extrem dicke Zellwand. Diese besteht aus einer ungewöhnlichen Cellulose, und ihr Aufbau ähnelt der Wand von Pflanzenzellen. Beide Eigenschaften scheinen eine Anpassung an das Leben im Dünensand zu sein, in dem Wasser- und Lichtmangel das wichtigste Problem für das Überleben der Organismen darstellen. Reine Cellulose kann große Mengen Wasser aufsaugen und speichern, wodurch die Zellwand nach dem Austrocknen viel effektiver Feuchtigkeit aufnehmen kann als die Schleimscheiden anderer terrestrischer Cyanobakterien. Die hydrophilen („wasserliebenden") Eigenschaften der Zellwand von *C. epipsammum* scheinen also die Fähigkeit des Organismus zur Speicherung von Wasser zu verstärken.

Auf welche Art und Weise *C. epipsammum* und die anderen krustenbildenden Cyanobakterien zusammen mit den Grünalgen die Abtragung der Dünen durch Wind und andere Elemente verhindern, ist noch nicht bekannt. Möglicherweise liegt die Antwort in der Hydrophilie der Zellwand und in der Organisation in Zellfäden (Trichome), einschließlich der Reproduktion durch zufälliges Brechen dieser Fäden. Auch die physikalisch-chemischen Wechselwirkungen zwischen den Oberflächen der krustenbildenden Bakterien und denen der Sandkörner und anderer Organismen müssen eine Bedeutung haben. Eine weitere, in diesem Zusammenhang möglicherweise wichtige Besonderheit von *C. epipsammum* ist, daß sie sich im Gegensatz zu vielen anderen Cyanobakterien nicht fortbewegen.

Wenn Cyanobakterien tatsächlich eine wesentliche Rolle bei der Verfestigung der Sanddünen spielen, liegt eine genetische Manipulation der Organismen zur Verstärkung dieser Fähigkeit auf der Hand. Sie könnten dann genau dort in die Umwelt freigesetzt werden, wo diese Fähigkeit gefragt ist. Doch solche Ideen müssen mit aller gebotenen Vorsicht diskutiert werden. Vor nicht allzu vielen Jahren wurde das Gras *Spartina anglica* angepflanzt, um Land zurückzugewinnen. Es erwies sich jedoch bald als regelrechte Plage, indem es Wasserläufe verengte und noch andere Umweltschäden anrichtete. Trotz alledem könnten aus Luuc Murs Arbeiten an den Nordseedünen neue Strategien zur Nutzung einer weiteren, vorher unbekannten Fähigkeit der Mikroben bei der Bekämpfung der Küstenerosion erwachsen.

Enterobacter agglomerans
– Lebensmittelkonservierer

Bacteriocine sind, genau wie Antibiotika, bakterielle Produkte, die andere Bakterien angreifen oder zumindest in ihrem Wachstum behindern können. Sind diese besonderen bakteriellen Proteine auch bei der Bekämpfung von Krankheitserregern einsetzbar? Die Mitglieder einer Arbeitsgruppe an der Universität von Talca in Chile vertreten die Ansicht, daß dies möglich ist. Sie haben sich zum Ziel gesetzt, Bacteriocine auf einen möglichen Einsatz gegen pathogene Bakterien im Brunnenwasser hin zu untersuchen, und entwickeln derzeit einen ausgeklügelten Ansatz, bei dem geschickt sanfte Technologien mit den neuesten Techniken der Genmanipulation kombiniert werden.

Bacteriocine sind bereits genauso lange bekannt wie Antibiotika, und ihre Wirkung beruht auch auf ähnlichen Mechanismen. Einer davon ist die Unterbindung der lebensnotwendigen Proteinbiosynthese in sensitiven Bakterienzellen. Das Wirkspektrum der Bacteriocine ist allerdings wesentlich begrenzter als das von sogenannten Breitbandantibiotika wie etwa Tetracyclin, die viele verschiedene Bakterienarten angreifen. Bestimmte Bacteriocine wirken nur gegen ganz bestimmte Bakterienstämme. Daher eignen sie sich ganz allgemein zur Identifizierung von Bakterienstämmen – speziell bei Lebensmittelvergiftungen, aber auch, um die Ausbreitung von Keimen bei Epidemien verfolgen zu können. Versuche zur Nutzung dieser Proteine bei der Behandlung von Krankheiten sind jedoch bislang allesamt gescheitert. Zum Teil lag dies daran, daß Bacteriocine bei oraler Aufnahme den Magen nicht passieren, sondern verdaut werden.

Vor wenigen Jahren begannen nun Wissenschaftler an der Universität von Talca die Einsatzmöglichkeiten von Bacteriocin als billige und saubere Alternative zu Chemikalien für die Desinfektion von Brunnenwasser in abgelegenen Gebieten Chiles zu untersuchen, das stark mit Erregern von Ruhr, von Lebensmittelvergiftungen und anderen Darmkrankheiten belastet ist. Verschiedene vorangegangene Studien hatten gezeigt, daß Bacteriocine in der Natur eine wesentliche Rolle bei der Kontrolle der Keimzahl im Mund und im Verdauungstrakt des Menschen spielen. Wenn das gleiche auch in natürlichen Wassersystemen gilt, wäre dies ein Argument für die Ankurbelung und Beschleunigung der Bacteriocinproduktion, um eine effektive ökologische Methode zur Dekontaminierung zu erhalten.

Genau wie Biotechnologen Organismen mit der Fähigkeit zum Abbau bestimmter toxischer Substanzen zunächst in Boden- und Wasserproben suchen, die bereits mit der Substanz kontaminiert sind (Seite 286), studierten die chilenischen Forscher zuerst die Bakterienpopulation in den Sedimenten von Trinkwasserbrunnen in einer Region ihrer Heimat. Sie nahmen Proben aus den Sedimenten von 20 Brunnen in einer Tiefe von etwa fünf Zentimetern und untersuchten die darin vorhandenen Mikroben auf ihre Fähigkeit zur Bacteriocinbildung gegen fünf andere Bakterienstämme (die selbst keine Bacteriocine bilden). Drei dieser Zielorganismen waren Stämme von *Salmonella typhi*, isoliert aus einer typhuskranken Frau, *Shigella flexneri* (ein Ruhrerreger) aus einem Mann mit akutem Durchfall und ein toxinproduzierender *Escherichia coli*-Stamm aus einem Jungen, der an Darmkatarrh litt. Die beiden anderen Stämme waren der bekannte Auslöser für Lebensmittelvergiftungen, *Salmonella typhimurium*, und *Shigella sonnei*, ein weiterer Ruhrerreger.

Aus den Proben konnten 25 verschiedene Bakterienarten isoliert werden. *E. coli* war in den Proben am häufigsten anzutreffen, von ihm wurden allein 36 verschiedene Stämme identifiziert. Die nächstgrößeren Gruppen waren *Aeromonas hydrophila* (26 Stämme), *Pseudomonas putida* und *Bacillus subtilis* (jeweils 24 Stämme). Von den insgeamt 412 isolierten Stämmen bildeten 14 Bacteriocine. Die meisten positiven Stämme kamen aus der Gattung *Enterobacter*, speziell aus der Art *E. agglomerans*. Die Mehrzahl der gefundenen Bacteriocine war nur gegen einen oder zwei der überprüften Stämme wirksam. *E. agglomerans* bildete jedoch Bacteriocine, die gegen drei Stämme wirkten. Die Wissenschaftler waren sich nicht sicher, ob ein Breitbandbacteriocin oder aber mehrere gleichzeitig vorliegende Wirksubstanzen für diesen Effekt verantwortlich waren. Die höchste Empfindlichkeit gegen die gefundenen Bacteriocine zeigten *E. coli* und *S. flexneri*, doch jeder der Zielorganismen wurde in mehr oder weniger starkem Ausmaß von einigen der Proteine beeinträchtigt.

Die Gruppe an der Universität von Talca möchte nun als nächstes die bacteriocinproduzierenden Stämme genetisch manipulieren, um sie später als biologisches Werkzeug gegen Krankheitserreger in Brunnen freisetzen zu können. Sie haben bereits in ersten molekularbiologischen Studien herausgefunden, daß die meisten der Bacteriocine von Genen im bakteriellen Chromosom codiert werden. Nur in drei Stämmen lag die genetische Information auf Plasmiden. Unter Verwendung von DNA-Rekombinationstechniken sollen die Gene für ein breites Spektrum von Bacteriocinen in ein Bakterium eingebracht werden. Ein weiteres Ziel ist die Identifizierung und Einschleusung von Genen, welche die Bacteriocinproduktion in hohen Konzentrationen vermitteln. Schließlich müssen die Bakterien, die zur Freisetzung der Bacteriocine eingesetzt werden sollen, an ihr neues Habitat gut angepaßt sein. Sie müssen in einer Umgebung mit niedriger Temperatur und geringem Nährstoffangebot zurechtkommen.

Dieses Arbeitsprogramm erscheint ziemlich umfangreich – verglichen beispielsweise mit der Einführung eines menschlichen Wachstumshormongens in ein Bakterium, das damit befähigt wird, dieses Hormon herzustellen (Seite 254). Doch die erforderlichen Bakterienstämme sind bereits aus den chilenischen Brunnen isoliert und die Bacteriocingene identifiziert. Einige der genannten Voraussetzungen sind also bereits erfüllt. Einen geeigneten Stamm und die richtigen Gene miteinander zu kombinieren sollte eigentlich auch nicht schwieriger sein als viele der in den zurückliegenden zehn Jahren bereits erzielten Leistungen bei der Genmanipulation anderer Organismen zu sonstigen Zwecken.

Ein Beispiel ist ein Forschungsprojekt, bei dem in Kalifornien vor einigen Jahren sogenannte „Eis-minus"-Bakterien erzeugt wurden, um Frostschäden an Kartoffeln und Erdbeeren zu verhindern. Zunächst mußten die Wissenschaftler herausfinden, welche Eigenschaften in oder auf natürlich vorkommenden Bakterien die Eiskristallbildung auf Pflanzen auslösen. Ein bestimmtes Protein wurde dafür verantwortlich gemacht. Dann mußte das Gen für dieses Protein gefunden und schließlich aus dem Genom des Bakteriums entfernt werden. Selbst dann war es noch keinesfalls sicher, daß die veränderten Bakterien, auf Kartoffeln gesprüht, diese vor der Eiskristallbildung bewahren würden. Doch es funktionierte.

Die moderne Biotechnologie ist aus solchen Träumen gemacht. Warum sollte das chilenische Projekt nicht ähnlich erfolgreich sein?

Photobacterium phosphoreum
– *der Umweltüberwacher*

Die Tiefsee ist bei weitem nicht so undurchdringlich schwarz, wie wir denken. Zwar dringt tatsächlich kein Sonnenlicht von der Meeresoberfläche in die großen Tiefen der Ozeane vor, weshalb dort auch keine grünen Pflanzen wachsen können. Doch dank der Mikrobe *Photobacterium phosphoreum* spielt in manchen Teilen der Welt auf dem Meeresgrund Licht für einige Lebensformen eine ebenso wichtige Rolle wie an Land. Fische können nämlich, durch Nutzung der bemerkenswerten Fähigkeit von *P. phosphoreum* zur Biolumineszenz, Lichtblitze aussenden, die sie zum Anlocken von Beute, zur Täuschung ihrer Freßfeinde, zur sexuellen Kommunikation und zu anderen Zwecken verwenden.

Die Symbiose, der wechselseitige Nutzen zweier oder mehrerer Organismen aus einer engen Vergesellschaftung, ist ein in der belebten Welt allgemein verbreitetes Prinzip. Häufig bilden Mikroben den einen Teil einer solchen Vergesellschaftung – beispielsweise stickstofffixierende Bakterien in den Wurzelknöllchen der Leguminosen (Seite 217) oder die am Celluloseabbau beteiligten Bakterien im Pansen von Wiederkäuern (Seite 234). Wenige dieser Symbiosen sind allerdings derartig verblüffend wie die, bei der Leuchtbakterien über Äonen der Evolution hinweg spezielle Organe in der Haut der Tiefseefische erobert haben.

Einer der Wirtsfische heißt *Anomalops katoptron*. Er bewohnt die Meere um Indonesien. Unter seinen Augen befindet sich jeweils eine große, nierenförmige Öffnung, die von einer Membran bedeckt ist und die der Fisch von Zeit zu Zeit öffnet, um durch die darin lebenden Bakterien einen Lichtblitz auszusenden. Viele andere Tiefseefische besitzen ähnliche Organe, die häufig komplizierte Verschlüsse, Linsen und Reflektoren zur Kontrolle der Lichtemission aufweisen. Der Fisch bedankt sich bei den Bakterien mit der Bereitstellung einer geschützten Umgebung und der Zufuhr von Nährstoffen.

Die Geschichte wird allerdings noch kurioser: Inzwischen beginnen Menschen nämlich damit, Leuchtbakterien für praktische Zwecke zu nutzen. An den Universitäten von Brighton und Nottingham in England werden in Zusammenarbeit mit der Firma Amersham Untersuchungen durchgeführt, die zu der Hoffnung Anlaß geben, daß Biolumineszenz die Grundlage für eine neue Nachweistechnik werden könnte, mit der sich in natürlichen Gewässern und in Nahrungsmitteln verschwindend geringe Mengen an Verschmutzungen sowie Bakterien aufspüren lassen, deren Anwesenheit ein Gesundheitsrisiko anzeigt.

Die Arbeit an dem Projekt begann vor einigen Jahren, als Wissenschaftler darüber nachdachten, daß jede Substanz, die lebenswichtige Funktionen im Inneren eines Leuchtbakteriums wie *P. phosphoreum* unterbindet, auch automatisch seine Lichtaussendung verhindern müßte. Jede einzelne dieser Bakterienzellen erzeugt eine beträchtliche Menge an Licht, und toxische Substanzen unterbinden die Lichtproduktion beinahe schlagartig. Aus diesem Grunde könnte die Mikrobe als zentrales Organ in einem Biosensor zum Nachweis verschiedener Chemikalien, ja sogar zur Messung von deren Konzentrationen in der Umwelt verwendet werden. Das von der kalifornischen Firma Microbics vertriebene Microtox-System beruht auf genau diesem einfachen Prinzip, denn es nutzt die Leuchtfähigkeit von *P. phosphoreum* zum Nachweis unterschiedlicher Gifte.

Genetiker sind inzwischen in der Lage, die sogenannten *lux*-Gene, die für das Leuchten verantwortlich sind, in andere Bakterien einzuschleusen, die normalerweise „dunkel" sind, aber auf Veränderungen in ihrer Umwelt auf potentiell nutzbare Weise reagieren. So wurden bereits etliche Systemen zur Messung einer großen Palette von Stoffen entwickelt, von toxischem Cadmium in Wasser bis hin zu Antibiotika in Milch.

Gordon Stewart von der Universität Nottingham ist ganz speziell von der Idee erfaßt, solche Systeme durch Genmanipulation nicht nur empfindlicher, sondern auch spezifischer zu machen. Stewart hat zusammen mit Stephen Denyer, der zu der Zeit am Polytechnikum in Brighton arbeitete, ein System entwickelt, das sich eines leuchtenden *E. coli*-Stammes zur Messung von Desinfektionsmitteln in Kühlwasser bedient. Hintergrund für diese Neuerung war das Auftauchen der Legionärskrankheit (Seite 142), die zu einer strengeren Reinigung von Kühltürmen führte, in denen sich die für diese letale Form der Lungenentzündung verantwortlichen Bakterien ansammeln. Mit dem Test können die Desinfektionsmaßnahmen überwacht werden.

Eine ganz andere Strategie besteht darin, die *lux*-Gene in Bakteriophagen anstatt in Bakterien einzuschleusen. Bakteriophagen sind Viren, die ganz bestimmte Bakterienstämme angreifen (Seite 298). Sie besitzen keinen eigenen Stoffwechsel, leuchten also auch dann nicht, wenn sie die entsprechenden Gene im Genom tragen. Wenn sie allerdings die *lux*-Gene bei der Infektion in ihre Wirtsbakterien einschleusen, werden diese hell. Mit solchen modifizierten Phagen, die spezifisch Krankheitserreger wie zum Beispiel *Salmonella*- oder *Campylobacter*-Stämme in verdorbenen Lebensmitteln infizieren, könnten mikrobiologische Tests in der Lebensmittelindustrie revolutioniert werden. Eine weitere Anwendungsmöglichkeit betrifft die traditionelle „Auszählung coliformer Keime" bei Wasseruntersuchungen. Bei diesem Test auf Darmbakterien, speziell *E. coli* und andere sogenannte coliforme Keime, werden Bakterien gezählt, die selbst nicht pathogen sind, aber auf eine Verunreinigung durch Fäkalien schließen lassen. Stewart und seinen Mitarbeitern ist es mit ihrem System bereits gelungen, solche Mikroben sehr schnell auf den Oberflächen einer

Fleischverarbeitungsanlage in einer Lebensmittelfabrik nachzuweisen.

Die auf bakterieller Lumineszenz beruhenden Tests werden vielleicht nicht die bereits bestehenden Methoden zur Erkennung und Quantifizierung unerwünschter Bakterien ersetzen. Doch sowohl bei der bakteriologischen Überwachung als auch bei der Kontrolle chemischer Verschmutzungen haben sie durch ihre Einfachheit und ihre Möglichkeit zum Vor-Ort-Einsatz enorme Vorteile, denn Biolumineszenztests sind leicht durchzuführen.

Zudem handelt es sich dabei um eine umweltfreundliche Technologie. Die öffentliche und die politische Meinung favorisieren solche relativ natürlichen Lösungen für Probleme in den Bereichen Umweltschutz und Nahrungsmittelkontrolle. Meinungsumfragen wie das „Eurobarometer" der Europäischen Gemeinschaft, das 1992 veröffentlicht wurde, zeigen eine große Unwissenheit in der allgemeinen Öffentlichkeit bezüglich der modernen biologischen Forschung, aus der oft starke Vorbehalte resultieren. Es ist kaum verwunderlich, daß sich viele Menschen vor Entwicklungen fürchten, die sie selbst nicht richtig verstehen.

Doch solche Umfragen zeigen auch immer wieder die breite Anerkennung für den wichtigen Beitrag von Wissenschaftlern zur medizinischen und landwirtschaftlichen Entwicklung und damit zum menschlichen Wohl. Sie sind auch nicht, wie manche irrenden Vertreter bestimmter Industriezweige glauben wollen, als Anzeichen für eine wachsende Feindschaft gegenüber Wissenschaft und Technologie zu werten. Doch eines ist klar: Die Technologie von morgen soll die Ganzheit der Biosphäre schützen, anstatt sie zu stören. Und was könnte besser in dieses Konzept passen als der Einsatz natürlich auftretender Bakterien zur Überwachung und zum Schutz unserer Umwelt?

313

Das Herpes-Virus
– auf den Spuren des Nervensystems

Eines der Bücher, das meine Phantasie als Student am meisten beflügelte, war *The Microbe's Contribution to Biology* („Der Beitrag der Mikrobe zur Biologie") von A. J. Kluyver und C. B. van Niel. Ich besitze mein Exemplar heute noch, und obwohl der grüne Einband schon stark ausgeblichen ist, ist mir das Buch noch immer so lieb wie eine gerne getragene Krawatte. Cornelius Bernardus van Niel wird in dem Buch zwar als amerikanischer Mikrobiologe vorgestellt, doch er wurde im Jahre 1897 in der niederländischen Stadt Haarlem geboren. Seine mikrobiologische Laufbahn begann 1922 an der technischen Universität von Delft, wo Jan Kluyver, der ihn die folgenden elf Jahre lang betreute, eben zum Professor berufen worden war. Das im Jahre 1956 veröffentlichte Buch war die gedruckte Version einer zwei Jahre zuvor von diesem ideenreichen Duo gegebenen Vorlesungsreihe an der Harvard-Universität.

Diese Darstellung der »Entwicklungen in der mikrobiologischen Forschung, die … unser Wissen von den grundlegenden Eigenschaften lebender Organismen signifikant erweitert haben«, war eine Arbeit von seltener intellektueller Prägnanz. Die Autoren versicherten in ihrem Buch: »Mikroben spielen möglicherweise eine wesentliche Rolle bei der Bildung grundlegender biologischer Konzepte.« Im Rückblick lieferten sie weit mehr als eine Zusammenfassung von Fakten über das Leben, die verschiedene Personen (von Louis Pasteur bis zum amerikanischen Genetikprofessor Joshua Lederberg) beim Studium von Laborkulturen gesammelt haben. Kluyver und van Niel deuteten nämlich auch bereits die zu erwartende Explosion des Wissens über die Regulation des Stoffwechsels und die zugrundeliegenden genetischen Mechanismen an

– auch wenn dann diese wesentlich früher eintreten sollte, als sie vorausgesehen hatten.

Nachfolgende Autoren haben dieses Thema von Zeit zu Zeit weiter ausgeführt. Boris Magasanik vom Massachusetts Institute of Technology faßte in einem Artikel in der Zeitschrift *Science* im Jahre 1988 die immensen Beiträge von Bakterien zur Entwicklung der Genetik, der Biochemie und der Physiologie während der Zeit zusammen, die seit dem Erscheinen von Kluyvers und van Niels Buch vergangen war. In der gleichen Ausgabe von *Science* verfaßten zwei andere Biologen vom gleichen Institut, David Botstein und Gerald Fink, ein Loblied auf die einzigartigen Verdienste der Hefen als experimentelle Organismen. Andere Fachleute haben ihre Dankbarkeit gegenüber Schleimpilzen, *Penicillium*-Arten und anderen Vertretern der mikrobiellen Welt zum Ausdruck gebracht.

Selten ist jedoch etwas zu lesen über die Anwendung von Viren bei der Untersuchung höherer Organismen. Tatsächlich sind ihre Verdienste um das menschliche Wohl im allgemeinen weit geringer als die von Bakterien. Zu den wenigen positiven Beiträgen zählen die vom „Tulpenmosaikvirus" verursachten Muster auf den Blütenblättern von Tulpen. Verglichen mit Bakterien kommen Viren im Labor auch weit seltener zum Einsatz.

Eine große Ausnahme von dieser Verallgemeinerung bilden die Bakteriophagen, für die viele verschiedene nutzbringende Anwendungen entdeckt wurden – von der Identifizierung von Salmonellen in Lebensmitteln (Seite 310) bis zur Übertragung von Genen in der Genetik (Seite 254). Sie waren die Grundlage für die sogenannte „Phagenschule" der vierziger und der frühen fünfziger Jahre, die essentiell für die Entstehung der Molekularbiologie war. Doch die eigentlichen Viren, wie die Erreger der Maul- und Klauenseuche bei Rindern oder die Verursacher der Krautfäule bei Tomaten, werden immer noch als gänzlich unnütz und böswillig betrachtet. Es ist daher kein Zufall, daß das aggressivste der anarchistischen Magazine, die ich während meiner vielen Reisen durch

Europa aufgabelte, den Titel *Virus* trug. Auch die Computerviren, die Datenbanken „infizieren" und zerstören, haben ihren Namen nicht von ungefähr erhalten.

Hans Kuypers, der 1989 verstorbene, angesehene Neurologe, hätte diese Verleumdung der Viren sicher zurückgewiesen. Denn Kuypers erdachte in den letzten Jahren seines Lebens eine außerordentlich präzise Technik zur Verfolgung der komplizierten Netzwerke und Verschaltungen des Nervensystems von Säugern. Er arbeitete mit Gabriella Ugolini an der Universität von Cambridge zusammen, und sie konnten speziell mit Herpesviren einige erstaunliche Resultate erzielen. Eine Veröffentlichung der beiden Anatomen in der Zeitschrift *Trends in Neurosciences* verdeutlicht sowohl die Stärken dieser neuen Technik als auch die Tatsache, daß ihr Potential erst noch vollständig ausgelotet werden muß.

Kuypers interessierte sich ganz besonders für die Feinsteuerung der Finger, die bei den Primaten so ausgeprägt ist. Er versuchte zu verstehen, wie diese Bewegungen über neuronale Bahnen vom Gehirn aus gesteuert werden, und suchte daher noch feinere Methoden zum Sichtbarmachen von Nervenfasern und zur Verfolgung ihrer Verknüpfungen. Als einer der ersten Neurologen hatte er die Fähigkeit lebender Nervenfasern zur Aufnahme und zum Transport von Proteinen erkannt, darunter auch von gewissen Enzymen, die als Marker dienen können. Eine weitere seiner Neuerungen war die sogenannte Doppelmarkierung zur Untersuchung von Verzweigungen im Nervensystem. Diese beruht auf der Anwendung von zwei verschiedenen Fluoreszenzfarbstoffen, die jeweils von einem anderen Zweig aufgenommen werden.

Doch diese Ansätze stoßen bei der Nachzeichnung ganzer neuronaler Netzwerke an ihre Grenzen. Für diesen Zweck brauchen Forscher sogenannte transneuronale Tracer (Markierungsmoleküle). Das sind Stoffe, die an einem Ende einer Kette hintereinandergeschalteter Nervenzellen eingeführt und dann auf ihrem Weg bis zum Ende der Kette verfolgt werden können. Mögliche Kandidaten sind bestimmte Teile des tödlichen Toxins, das von Tetanuserregern erzeugt wird (Seite 94), doch werden nur geringe Spuren dieses Toxins von einer Nervenzelle zur nächsten übertragen, und die Markierung ist entsprechend schwach. Kuypers, Ugolini und ihren Kollegen gelang die Entwicklung von Tracern, die bei dem Transport von Zelle zu Zelle nicht verdünnt werden. Im Gegenteil, sie werden sogar vermehrt. Das Geheimnis lag in der Verwendung von aktiven Viren, die speziell das Nervensystem infizieren.

Ein Herpesvirus (von der Art, die für sogenannte „kalte" Entzündungen verantwortlich ist), ein Tollwutvirus und ein Pseudotollwutvirus erwiesen sich als besonders geeignet. Sie wandern sowohl zu den Enden der langen Nervenfortsätze, die von Neuronen ausgehen und Kontakt zu den Nachbarzellen aufnehmen, als auch zurück in den Zellkörper der Nervenzelle. Antigene auf der Oberfläche dieser Viren (also Teile ihrer Außenstruktur, gegen die Antikörper gebildet werden) können mit etablierten Färbetechniken sichtbar gemacht werden. Der Nachweis funktioniert sowohl im Reagenzglas als auch in lebenden Tieren. Bei solch schwierigen Aufgaben wie der Nachzeichnung der Verbindungen zwischen den peripheren Nerven und den Neuronen im Gehirn werden diese Viren bereits mit großem Erfolg eingesetzt.

Über Jahrzehnte hinweg hatten die Verfechter der Mikrobiologie nichts Positives über Viren zu berichten, außer daß sie für die schönen Infektionen auf Rembrandttulpen verantwortlich zeichnen. Jetzt können sie sie endlich wegen ihrer extremen Empfindlichkeit als Werkzeuge für die Lösung einiger der schwierigsten verbliebenen Probleme in der Biologie preisen.

Arthrobacter globiformis
– Tieftemperatur-Biotechnologie

Von den Eiswüsten der Arktis bis zu den heißen Quellen des Yellowstone-Nationalparks haben sich, wenn überhaupt, nur wenige Lebensräume als unbewohnbar für Mikroben erwiesen. Diese Bandbreite der Lebensräume war vor einigen Jahrzehnten Anlaß dazu, Bakterien und Pilze basierend auf der Temperatur, bei der sie wachsen können, drei Kategorien zuzuordnen. Thermophile Mikroorganismen leben – und gedeihen tatsächlich auch – bei extremer Hitze. Psychrophile bevorzugen die Kälte und mesophile mittlere Temperaturbereiche.

Über Jahrzehnte hinweg wurden mesophile Mikroorganismen als chemische Arbeitspferde eingesetzt – ob bei der Antibiotikaherstellung (Seite 230), der Vitaminproduktion (Seite 254) oder der Umwandlung von Steroiden (Seite 267). Die Thermophilen werden seit kurzem aus zwei Gründen von Biotechnologen genutzt: Ihre Enzyme katalysieren Reaktionen bei weit höheren Temperaturen als die der Mesophilen und sie arbeiten daher viel schneller. Außerdem sind diese Enzyme bei mittleren Temperaturen deutlich stabiler, so daß sie viel länger funktionieren, bis sie ersetzt werden müssen.

Inzwischen zieht auch die dritte Gruppe von Mikroorganismen aufgrund der einmaligen Beiträge, die das Leben bei niedriger Temperatur zu biotechnologischen Prozessen leisten kann, die Aufmerksamkeit auf sich. So paradox es klingen mag, doch das Interesse an der Fähigkeit von Mikroben, bei Kühlschranktemperaturen wachsen zu können, rührt von ihren ernsthaften Auswirkungen auf die allgemeine Gesundheit her. Das nahrungsmittelvergiftende Bakterium *Listeria monocytogenes* ist ein solcher psychrophiler Organismus, der in Kühlschränken selbst bei 0 °C überlebt und sich vermehrt. Unter diesen Bedingungen produziert *Listeria* zudem verstärkt Listeriolysin, ein Enzym, das Zellen im Verdauungstrakt angreift und das der Grund für die Virulenz der Mikrobe im Menschen ist.

Psychrophile Organismen sind in der biotechnologischen Industrie potentiell von großem Nutzen, da sie möglicherweise die Lösung eines Problems darstellen, das die Entwicklung von Methoden zur Herstellung verschiedener kommerziell und medizinisch nützlicher Substanzen erschwert. Wir haben bereits gesehen (Seite 254), daß es vergleichsweise einfach ist, ein Gen für ein Hormon oder ein anderes Protein in *Escherichia coli* einzuschleusen und dafür zu sorgen, daß das betreffende Protein auch hergestellt wird. Auf diese Weise werden Produkte wie der menschliche Wachstumsfaktor oder Insulin heute routinemäßig hergestellt.

Doch ernsthafte Schwierigkeiten treten immer dann auf, wenn ein Protein direkt nach der Bildung von Enzymen angegriffen und zerstört wird, die gleichzeitig in dem Bakterium gebildet werden. Ein Beispiel ist das menschliche Interferon alpha-2, das zur Behandlung gewisser Tumoren und Infektionen wie Hepatitis B weithin Anwendung findet. Das Gen kann in *E. coli* eingeführt und dort auch exprimiert werden. Wenn das Bakterium allerdings bei seiner optimalen Wachstumstemperatur von 37 °C kultiviert wird, bildet es auch Enzyme, die das Interferon sehr schnell abbauen.

Selbst ohne die Gentechnik sind für den Einsatz bei niedriger Temperatur geeignete Organismen recht leicht zu finden. In den zurückliegenden Jahren wurden in den Eiswüsten unserer Erde – Habitaten, in denen es nicht nur an Wärme, sondern auch an wesentlichen Dingen wie Nährstoffen mangelt, die für das normale, mesophile Leben so wichtig sind – einige bemerkenswerte Entdeckungen gemacht. Flechten und andere Mikroorganismen wachsen in dem extrem kalten und trockenen Sandstein der antarktischen Ross-Wüste. Algen betreiben eine außerordentlich effiziente Photosynthese in den ständig zugefrorenen, arktischen Gewässern,

wo sie nur 0,01 Prozent des Lichtes erhalten, das auf die Eisober-
fläche trifft. Auf dem Grund der nur schwach beleuchteten, ständig
mit Eis bedeckten Seen der antarktischen Trockentäler wachsen
prächtige Matten von *Phormidium frigidum*, die den Stromatolithen aus dem Präkambrium ähneln (Seite 30). Und in den eiskalten
Tiefen des kanadischen, arktischen Archipels gedeihen reiche Gemeinschaften von Bakterien.

Die Forschergruppe von Alan Hipkiss am King's College in
London untersucht in Zusammenarbeit mit Patrick Potier und dessen Kollegen an der Universität Claude-Bernard-Lyon in Villeur-
banne, Frankreich, die Möglichkeiten zur Nutzung psychrophiler
Organismen, um das oben beschriebene Problem der Proteinzerstö-
rung bei biotechnologischen Herstellungsverfahren zu vermeiden.
Ihr Studienobjekt ist *Arthrobacter globiformis*, ein Bakterium mit
einem Wachstumsbereich zwischen −5 °C und 32 °C und einem
Optimum zwischen 20 und 25 °C. Sie isolierten dieses Bakterium
aus einer skandinavischen, arktischen Gletscherregion, in der die
Oberflächentemperaturen stark schwanken. Man sollte erwarten,
daß ein solcher Organismus eine hohe Anpassungsfähigkeit besitzt
und seine Stoffwechselaktivitäten an den vorherrschenden Bedingungen ausrichtet.

Potier, Hipkiss und ihre Mitarbeiter kultivierten *A. globiformis*
bei verschiedenen Temperaturen (10, 20, 32 °C). Zusätzlich untersuchten sie auch Kulturen, die sie bei 10 °C gezogen und dann bei
32 °C weiterkultiviert hatten. Sie stellten aus allen Kulturen zell-
freie Extrakte her und testeten deren Abbauaktivität bezüglich
zweier verschiedener Proteine, nämlich Casein und Insulin. Sie
stellten fest, daß die Wirkung auf beide Proteine bei den höheren
Temperaturen am größten war. Dies galt auch für die von 10 °C auf
32 °C übertragene Kultur.

Hipkiss und seine Mitarbeiter fanden ebenfalls heraus, daß Interferon alpha-2 nicht abgebaut wird, wenn der produzierende
E. coli-Stamm bei 29 °C anstatt bei 37 °C wächst. Für den Einsatz

solcher Organismen zur biotechnologischen Herstellung einer bunten Palette an Pharmaka und anderen Proteinen könnte es ein beträchtliches Potential geben. Vielleicht finden sogar Verwandte des Krankheitserregers *Listeria* – der zwar an sich psychrophil, aber dennoch relativ tolerant gegenüber höheren Temperaturen ist – Anwendung in der Biotechnologie.

Auch die Milchindustrie könnte von Organismen profitieren, die bei tiefen Temperaturen wirken – nicht zuletzt, um die Möglichkeit einer Kontamination durch mesophile Organismen zu verringern. Ein Beispiel ist der Einsatz von Enzymen aus *Aspergillus* zur Spaltung von Lactose (Milchzucker) in Glucose und Galactose, wodurch die Milch süßer und leichter verdaulich wird. Diese Umwandlung wird durch Erhitzen der Milch auf 30 bis 40°C für etwa vier Stunden erreicht. Doch bei diesen Bedingungen vermehren sich unerwünschte mesophile Bakterien besonders gut. Wird die Temperatur auf 5 bis 10°C abgesenkt, brauchen die Enzyme mindestens viermal so lang, um 75 Prozent der Lactose zu spalten. Die ideale Lösung für dieses und auch andere Probleme bestünde in der Verwendung von psychrophilen Mikroorganismen oder ihren Enzymen.

Trichoderma
– grüne Schädlingsbekämpfung?

In einigen Ländern ist es zum Volkssport geworden, frühere Versäumnisse und verpaßte Chancen in der wissenschaftlichen Forschung zu beklagen. Weit weniger verbreitet ist ein zufriedener Rückblick auf Fehler der Vergangenheit. Eine solche Reaktion scheint allerdings im Falle einer ausgezeichneten Forschungsarbeit, die in den späten vierziger Jahren im Rahmen der Bekämpfung von Getreidekrankheiten an der Versuchsstation Chesthunt in Hertfordshire, England, durchgeführt wurde, durchaus angebracht zu sein. Das Projekt war ein Beispiel für den Versuch zur biologischen Schädlingskontrolle bei Pflanzen. Beim biologischen Pflanzenschutz werden an Stelle von Chemikalien andere lebende Organismen verwendet, um die Schädlinge von Getreide und anderen Pflanzen zu bekämpfen.

Auf besonderen Optimismus stieß die Idee, die sogenannte „Umfallkrankheit" bei Tomaten mit Hilfe des Pilzes *Penicillium patulum*, der das Antibiotikum Patulin bildet, zu bekämpfen. (Umfallkrankheiten werden von Pilzen verursacht, die Jungpflanzen angreifen und vertrocknen lassen. Ihre Entstehung wird begünstigt, wenn Setzlinge unter feuchten Bedingungen zu dicht gepflanzt sind.) Die angesehene Wissenschaftlerin Erna Grossbard berichtete damals im *Journal of General Microbiology*, die Mikrobe und ihr Antibiotikum seien zweifellos gut geeignet, um teuren Infektionen an Tomaten und möglicherweise auch an anderen Pflanzen vorzubeugen. Was im Jahre 1952 allerdings noch nicht bekannt war, doch während der nächsten zehn Jahre deutlich wurde, war die Tatsache, daß Patulin zwei entscheidende Nachteile für den Einsatz in der Landwirtschaft und im Gartenbau hat: Es ist nämlich giftig und kann Krebs verursachen.

Bei unserem heutigen Wissensstand und mit den Möglichkeiten der Gentechnik sollte inzwischen jedoch die Zeit gekommen sein, einen anderen mikroskopisch kleinen Pilz als Waffe zur biologischen Schädlingsbekämpfung einzusetzen. Diese Ansicht vertritt zumindest Jim Lynch, der bis vor kurzem noch bei Horticultural Research International, einem Zentrum des Agricultural and Food Research Council und Nachfolgerin des alten Chesthunt-Labors in Littlehampton in der Grafschaft Sussex arbeitete. Sein Optimismus wird dadurch genährt, daß Chemikalien (wie zum Beispiel Methylbromid), die aus Umweltschutzgründen in den vergangenen Jahren immer weniger akzeptabel wurden, weil sie im Boden überdauern und in die Nahrungskette gelangen, durch andere Methoden ersetzt werden müssen. Die Möglichkeit, mit Hilfe von Pilzen auch Pflanzenschädlinge bekämpfen zu können, gegen die man nie chemische Abwehrstoffe entwickelt hat, ist für ihn genauso wichtig. Er hat dabei Mikroben im Sinn, deren Schäden scheinbar nicht hoch genug waren, um die Kosten für die Entwicklung und die aufwendigen Prozeduren bis zur Zulassung biologischer Bekämpfungsmethoden im Freiland zu rechtfertigen.

Lynch und seine Arbeitsgruppe befaßten sich mit den Möglichkeiten zum Einsatz verschiedener Arten des Pilzes *Trichoderma* (Tafel XVI) zur Bekämpfung der Umfallkrankheit bei Salat, die von Pilzen wie *Pythium ultimum* und *Rhizoctonia solani* verursacht wird. *Trichoderma viride* wurde in der Vergangenheit zur Behandlung verschiedener Krankheiten wie der holländischen Ulmenkrankheit und der Silberblattkrankheit bei Obstbäumen verkauft. Ein weiterer Pilz, nämlich *Peniophora gigantea*, wurde auf abgeschnittene Baumstümpfe gestrichen, um eine Infektion mit *Heterobasidion annosum*, dem Erreger der Wurzelfäule bei Kiefern, zu vermeiden. Obwohl diese Produkte eine breite Anwendung vor allem in Osteuropa fanden (allein in Bulgarien stellten elf Labors *T. viride* zur Kontrolle von Schädlingen wie *Botrytis cinerea* auf

Erdbeeren her), wird die Zuverlässigkeit solcher Präparate heute stark angezweifelt.

Doch es gab noch einen weiteren Grund für Jim Lynch und seine Kollegen, einen neuen Anlauf zum möglichen Einsatz von Pilzen als biologische Pestizide zu wagen. Frühere Arbeiten ließen nämlich vermuten, daß bei bestimmten *Trichoderma*-Stämmen die biozide Aktivität mit der Fähigkeit zur Wachstumsförderung bei gewissen Pflanzen kombiniert sein könnte. Doch einige dieser Berichte waren unvollständig oder in sich widersprüchlich. Daher beschloß Lynch, zu testen, ob von elf Stämmen des Pilzes irgendeiner das Wachstum von gesunden Salatpflanzen beeinflußt.

Tatsächlich war dies der Fall. Er kultivierte die Pilze in einem Molassemedium und brachte sie dann in ein Torf-Sand-Gemisch, in das er anschließend Salat pflanzte. Einige der Stämme hatten gar keinen oder sogar einen hemmenden Einfluß auf Wachstum und Entwicklung der Pflanzen. Bei zweien der Stämme zeigte sich allerdings, daß sie sehr erfolgreich die Keimung beschleunigten und zu einem insgesamt größeren Wuchs der Pflanzen führten. Überdies stimmten die Ergebnisse in 20 verschiedenen Ansätzen überein – die Pilze erhöhten den durchschnittlichen Gesamtertrag, bezogen auf das Frischgewicht, um 54 Prozent. Auch andere Pflanzenarten reagierten positiv. *Trichoderma*-Stämme verkürzten die Zeit bis zur Blüte bei Petunien und erhöhten Größe und Gewicht von Ringelblumen um bis zu 100 Prozent.

Obwohl Jim Lynch das Potential von *Trichoderma* und anderen Pilzen, die antagonistisch zu Pflanzenschädlingen wirken, positiv einschätzt, betrachtet er die neue Begeisterung für das Thema mit einer gewissen Skepsis. Er betont zum Beispiel, daß es nicht schwierig ist, Pilze zu isolieren, die das Wachstum von Pflanzenschädlingen hemmen, vor allem, wenn sie unter künstlichen Bedingungen getestet werden. Wesentlich schwieriger ist es dann jedoch, die jeweiligen Laborergebnisse im Freiland erfolgreich umzusetzen.

Mit anderen Worten, der erfolgreiche Einsatz biologischer Schädlingsbekämpfungsmittel in Landwirtschaft und Gartenbau hängt von mehr ab als nur vor der Wirkung einer Mikrobe auf einen bestimmten Zielorganismus. Mindestens genauso wichtig sind Eigenschaften wie die Lagerungsfähigkeit der Mikrobe sowie ihr Verhalten und ihr Überdauern nach der Freisetzung. Um dies alles zu erforschen, ist die Zusammenarbeit von Spezialisten verschiedenster Disziplinen erforderlich, in diesem Fall zum Beispiel von Bodenkundlern und Pflanzenphysiologen.

Arten der Gattung *Trichoderma* sind sicher für solche Anwendungen sehr gut geeignet. Neben Jim Lynchs Arbeiten zur Wachstumsförderung deuten auch einige weitere Faktoren auf eine vielversprechende Zukunft für ihren Einsatz. Zum ersten besetzt *T. viride* bereits eine, wenn auch kleine und umstrittene, kommerzielle Nische. Zum zweiten wissen wir inzwischen mehr Grundlegendes über die Ökologie einiger *Trichoderma*-Arten. Diese Kenntnisse lassen Schlüsse auf ihr Verhalten nach einer Freisetzung zu und sind deshalb besonders wichtig. Der vielleicht wichtigste Aspekt ist die Tatsache, daß Genetiker ihre Techniken inzwischen erfolgreich bei *Trichoderma* anwenden. Dies verbessert die Chancen, daß durch Transfer der Gene, die für die biologische Schädlingsbekämpfung wichtig sind, effektivere Stämme erzeugt werden können.

Nach Ansicht von Lynch ist die Zeit reif für eine internationale Erforschung von *Trichoderma*. Er verweist dabei auf das intensive Studium von *Escherichia coli* vor etwa 20 Jahren, das damals im Zentrum der gerade aufkeimenden Molekularbiologie stand (Seite 254). Doch ist er da (wie er selbst vergnügt anmerkt) wohl etwas voreingenommen.

Escherichia coli
– Antikörper auf Bestellung

»Am Mittwoch Morgen wurde mit dem Wissen um die rapide Verschlechterung von Jordi Casals' Zustand im Raum 608 der Bibliothek
des Arbovirus-Labors der Yale-Universität eine größere Versammlung anberaumt. Direkt vor der Versammlung telefonierte Wil Downs
mit seinem Kollegen Dr. Karl Johnson, einem führenden internationalen Virologen. Johnson befand sich im Auftrag der US-Gesund-
heitsbehörde in Panama, wo er am Machupo-Virus, dem Erreger des
bolivianischen Fiebers, arbeitete.

Downs wußte, daß Johnson in Panama mit dem gleichen Problem
kämpfte. Die Menschen starben wie die Fliegen am Machupo-Virus,
und Johnson hatte die harte Entscheidung getroffen, Immunserum aus
Patienten, die sich von der Infektion erholt hatten, zu gewinnen und
zur Impfung zu verabreichen. In einigen Fällen funktionierte diese
Strategie, in anderen nicht. Doch einer Sache war sich Johnson bewußt: Wenn er zu lange wartete, war das Serum wertlos.«

Viel aufregender als jede Science-Fiction-Erzählung über Killervi-
ren und rätselhafte Epidemien beschreibt John G. Fullers Buch
Fever! („Fieber!") aus dem Jahre 1974 mit atmosphärischer Span-
nung das Auftauchen des Lassa-Fiebers in Nigeria fünf Jahre zuvor. Keines der Ereignisse in dieser fesselnden Erzählung ist so
bildhaft beschrieben wie die Situation, als ein Opfer sich von einem verheerenden Anfall des Lassa-Fiebers leicht erholt hat und
die Ärzte daraufhin entscheiden müssen, ob sie Blutserum (die
flüssige Fraktion des Blutes nach der Gerinnung) aus diesem Patienten in einen anderen stark erkrankten Patienten übertragen sollen, der vermutlich an der gleichen Infektion leidet. Theoretisch
hätten die Antikörper aus dem Serum des ersten Patienten das
Immunsystem des zweiten bei seinem Kampf gegen die Krankheit
unterstützen können. Doch versprechen konnte diese Wirkung niemand, und nach den Erfahrungen der Ärzte setzte die tödliche

Wirkung des Fiebers schneller ein, als die Diagnose durch Labortests überprüft werden konnte.

Und noch schlimmer – der zweite Patient konnte an einer ganz anderen Krankheit leiden. Dann wäre nicht nur das wertvolle Serum sinnlos verschwendet, sondern es bestand auch die Gefahr, daß er sich erst durch die Transfusion das Lassa-Fieber zuzog, falls noch intakte Viruspartikel im Blutstrom und damit auch in dem Serum enthalten waren. Überdies war die Transfusion als solche, obwohl ein Routinevorgang, nicht frei von Risiken. So konnte es beispielsweise zu einem potentiell tödlichen anaphylaktischen Schock kommen, einer Überreaktion des Immunsystems. Nicht auszuschließen war auch die mögliche Übertragung des Hepatitis-B-Virus (und, wie heute bekannt ist, des AIDS-Erregers; Seite 206). Es gab auch Gefahren für den Spender, denn dieser war noch längst nicht vollständig genesen. Des weiteren zu bedenken war, daß die vielleicht bereits ausgelöste Immunantwort des Patienten gegen das Lassa-Fieber durch die Gabe von Antikörpern möglicherweise gestört werden konnte.

Das Team entschied sich nach langem Hin und Her für die Übertragung des Serums – und es funktionierte. Doch Spezialisten geraten beim Umgang mit ansteckenden Krankheiten immer wieder in diese Situation, denn das Waffenarsenal gegen virale Infekte ist noch immer sehr begrenzt. Die aktive Immunisierung – die Bildung schützender Antikörper als Antwort auf einen Lebendimpfstoff – stellt unverändert die wichtigste Strategie bei der Bekämpfung von Viruserkrankungen dar. Die passive Immunisierung mit antikörperhaltigem Serum aus Patienten, die sich von einer Viruserkrankung erholt haben, findet immer dann Anwendung, wenn eine neue Virusinfektion mit hoher Erkrankungsrate und Letalität auftaucht. Zusätzlich zu den Gefahren und Risiken, welche die Lassa-Forscher zu berücksichtigen hatten, kann ein leicht übertragbarer Erreger den Ärzten bei der Entscheidung, wie mit dem wertvollen Serum umzugehen sei, enorme Schwierigkeiten bereiten.

V. Die Kunstfertigen

Das Ergebnis der Arbeit von Greg Winter und seinen Kollegen vom molekularbiologischen Labor des Medical Research Council in Cambridge, Großbritannien, könnte einen Ausweg aus dem Dilemma weisen. Anstatt auf die übliche Weise die Bildung von Antikörpern in Tieren zu induzieren, gelang es den Wissenschaftlern, einzelne Antikörperdomänen (*single-domain-antibodies*, dABs) von *Escherichia coli* herstellen zu lassen. Diese dABs bestehen nur aus einem Teil eines kompletten Antikörpermoleküls, binden aber auf die gleiche Weise an Antigene wie die vollständigen Antikörper.

Der Ansatz bei den Versuchen in Cambridge beginnt mit der Immunisierung eines Tieres auf herkömmliche Art und Weise gegen ein spezielles Antigen. Aus den Milzzellen dieses Tieres werden dann die Gene für die wichtigsten Teile des betreffenden Antikörpers isoliert und anschließend in *E. coli* exprimiert. Die Bakterien erzeugen nun die entsprechenden Proteine in großen Mengen. Bereits innerhalb von zwei Tagen nach dem Ernten der Milzzellen können die Antikörper produziert und isoliert werden, während dies auf konventionellem Wege etwa einen Monat dauert. Ein weiterer Vorteil der Methode, die beträchtliche soziale und politische Bedeutung hat, liegt darin, daß der Bedarf an Tieren erheblich reduziert ist. Die Anzucht von Bakterien ist nicht nur billiger, sie stellt auch im Vergleich mit der Verwendung von Mäusen oder Ratten die ethisch vertretbarere Lösung dar.

Die dABs finden sowohl in der Forschung als auch in der medizinischen Praxis breite Anwendung. Sie können für diagnostische Zwecke, aber auch für die Aufreinigung von Proteinen verwendet werden. Weitere Einsatzmöglichkeiten sind die Entsorgung von Toxinen im Körper und die gezielte Verabreichung von Substanzen zur Bekämpfung maligner Gewebe. DABs sind wesentlich kleiner als komplette Antikörper. Sie können daher besser in infizierte und maligne Gewebe eindringen und auch in die Oberfläche eines Viruspartikels versenkte Antigene erreichen.

328

Mit der eben beschriebenen Technik lassen sich schnell riesige Mengen reiner, spezifischer Antikörper herstellen. Diese könnten Ärzte aus dem klassischen, hier am Beispiel des Lassa-Fiebers geschilderten Dilemma befreien, in das sie beim Auftauchen neuer Infektionen bisher unweigerlich geraten. Sähen sie sich wieder einem Virus mit der gleichen Letalität wie dem Erreger des Lassa-Fiebers gegenüber, könnten sie heute die Menge an Antikörpern, die ein einzelner Patient ausbildet, der sich von der Krankheit erholt, schlagartig – und nahezu unendlich – vermehren.

Als erstes müßten sie die entscheidenden Gene aus den Milzzellen des Patienten klonieren – oder, noch einfacher, aus Lymphocyten, die im Blut zirkulieren. Sie würden die Gene dann in *E. coli* einschleusen, das Bakterium in Massen kultivieren und unbegrenzte Mengen der benötigten dABs erzeugen. Mit diesen könnte nicht nur eine beliebige Anzahl an Patienten behandelt werden; die Patienten wären auch nicht den genannten Risiken ausgesetzt, die mit einer Transfusion menschlichen Serums verbunden sind. Die Gefahr einer unabsichtlichen Übertragung von Hepatitis B oder HIV wäre ausgeschlossen, und durch die extrem kleinen Antikörper ist weiterhin das Risiko eines anaphylaktischen Schocks stark verringert. Die Zukunft wird zeigen, ob diese Vision Realität wird. Die Aussicht ist jedenfalls verlockend.

L-Formen
– die Arbeitstiere von morgen?

Die Gentechnik hat in den zurückliegenden Jahren die Biotechnologie derartig beherrscht und belebt, daß viele Menschen die beiden Begriffe beinahe für Synonyme halten. Ob im Labor oder in einer industriellen Pilotanlage: Man findet kaum noch Wissenschaftler, die nicht versuchen, eine Entdeckung oder einen Vorgang durch den Einsatz einer genetisch veränderten Mikrobe, die dadurch eine spezielle Fähigkeit erlangt hat, zu beschleunigen oder zu erleichtern. Ungeachtet der Nutzen der Gentechnik wird sich so mancher fragen, ob diese Vorgehensweise insgesamt betrachtet klug ist. Ist es möglich, daß wegen der Macht und der Vielseitigkeit der genetischen Methoden andere, ähnlich nützliche, doch bislang nicht ausprobierte Methoden zur Beeinflussung des Lebens zu sehr vernachlässigt werden?

Alan Paton von der Universität Aberdeen in Schottland zählt zu den Leuten, die genau diese Ansicht vertreten. Bereits seit mehr als zehn Jahren verfolgt er mit seinen Mitarbeitern eine alternative Strategie, die nicht auf der Vermischung von Genen aus verschiedenen Organismen, sondern auf der Vermischung bakterieller, pflanzlicher und anderer Zellen beruht. Anfangs von der weitsichtigen Venture Research Unit der British Petroleum (BP) unterstützt, haben die Forscher nun durch ständig wachsende Erfolge den Punkt erreicht, an dem sie ihre Techniken für vielversprechend genug halten, um sie als echte Alternative zur Genmanipulation in der Biotechnologie, vor allem in der Landwirtschaft und in ihr verwandten Branchen, zu betrachten.

Den Ausgangspunkt der Arbeit Patons bildeten die L-Formen von Bakterien, die zuerst von der Mikrobiologin Emmy Klieneberger (später Klieneberger-Nobel) beschrieben wurden, nachdem sie im Jahre 1933 aus Nazi-Deutschland nach England geflüchtet war. Die L-Formen tragen ihre Bezeichnung in Erinnerung an das Lister-Institut in London, an dem Emmy Klieneberger viele Jahre arbeitete. Die L-Bakterien haben vorübergehend oder auf Dauer die Fähigkeit zur Bildung der Bestandteile ihrer Zellwand verloren. Sie ähneln dann Pflanzenprotoplasten – Pflanzenzellen, von denen die dicke Zellwand entfernt wurde und die nur noch von ihrer Zellmembran umhüllt sind, die normalerweise unter der Zellwand liegt. Auch L-Formen sind nur von ihrer Membran umgeben und daher sehr empfindlich; sie können leicht zerstört werden. Ihre zarten Membranen platzen und die Zellen sterben, wenn sie nicht in einem speziellen Medium gehalten werden, welches die gleiche Menge an Salz enthält wie sie selbst.

Diese seltsamen, untypischen und empfindlichen Bakterien zeigen allerdings ganz erstaunliche Verhaltensweisen. Zahlreiche L-Formen durchlaufen komplexe Lebenszyklen, vergleichbar mit denen viel zäherer und scheinbar komplizierterer Bakterien. Während dieser Zyklen verändern sie ihre Form oft auf drastische Weise. In einer Phase treten sie zum Beispiel als außerordentlich winzige Granula auf. Diese können, genau wie Viren, sehr enge Filter passieren. Die meisten Bakterien lassen sich durch Behandlung mit Penicillin oder Lysozym (einer antimikrobiellen Substanz, die in Tränen, Speichel oder anderen Sekreten zu finden ist) in unstabile L-Formen überführen, einige von ihnen können sogar in dieser Phase stabilisiert werden.

Bei der Untersuchung der Weichfäule von Kartoffeln, Karotten und Rüben konnten aus dem kranken Pflanzengewebe Zellen isoliert werden, die mit Bakterien vollgepackt waren. Diese Beobachtung verwirrte die Forscher. Anschließende Untersuchungen deuteten darauf hin, daß diese Bakterien als L-Form-Granula durch Öffnungen eingedrungen waren, die den größeren, „normalen" Zellen keinen Durchlaß erlaubten. Eine solche Penetration war nicht nur bei Krankheitserregern möglich. L-Formen zahlreicher Bakterien

wurden im Labor zu Zellgeweben gegeben, auf Wurzelhaare auf-
gebracht oder in Stengel injiziert; die meisten wanderten daraufhin
in lebende Pflanzenzellen ein und bildeten mit diesen neuartige,
stabile und lebensfähige Gemeinschaften. Besonders interessant
war die Beobachtung, daß sich manche der Stoffwechselvorgänge
der Bakterien teilweise auch innerhalb der Zellen der Wirtspflan-
zen zeigen.

Diese Technik und einige weitere, raffinierte Methoden wie die
Injektion „normaler" Bakterien zusammen mit Penicillin und Lysozym in Pflanzengewebe haben es der Arbeitsgruppe in Aberdeen
bis jetzt ermöglicht, eine große Zahl von Gemeinschaften aus Bakterien und Pflanzenzellen zu erzeugen. Sie haben dabei die beiden
großen Gruppen der Bakterien (grampositive und gramnegative)
mit den beiden großen Pflanzengruppen, den Einkeimblättrigen
und den Zweikeimblättrigen, kombiniert. Die Stoffwechselaktivitäten der Bakterien, wie zum Beispiel die Antibiotikaproduktion,
setzen sich in den symbiontischen Gemeinschaften fort. Pilze, darunter auch Hefen, bilden ebenfalls stabile Vereinigungen mit L-
Formen.

Alan Paton ist überzeugt davon, daß auf diese Art und Weise
beliebige Kombinationen zwischen Bakterien und sogenannten
„höheren" Organismen möglich sind. Eine der aus dieser Technik
erwachsenden möglichen Anwendungen ist die der biologischen
Schädlingsbekämpfung durch vom mikrobiellen Partner gebildete
Substanzen. Weitere Ziele könnten zum Beispiel die Erzeugung
trocken- oder kälteresistenter Pflanzen sowie eine Steigerung des
Nährwerts bestimmter Getreidearten sein. Intern gebildete Stoffe
könnten das Wachstum der Pflanze steuern oder anregen. Schließlich könnten bakterielle Stoffwechselprodukte in Pflanzen gebildet
und zusammen mit diesen geerntet werden.

Dieser Ansatz zur Erzeugung veränderter Organismen mit neuen
Eigenschaften hat gegenüber anderen Methoden einen weiteren
Vorteil. Für die Behörden, die heute die Biotechnologie in vielen

Ländern überwachen, könnte er als Alternative zu den künstlichen Methoden der Genmanipulation eine besondere Anziehungskraft besitzen. Obwohl frühere Befürchtungen bezüglich der Gefahren bei der Übertragung von Genen aus einer lebenden Zelle in eine andere inzwischen weitgehend ausgeräumt sind und in den vergangenen 20 Jahren kein folgenschwerer Unfall zu verzeichnen war, ist die Angst vor der Genmanipulation noch lange nicht komplett ausgelöscht. Viele Vorbehalte, die sich während der letzten beiden Jahrzehnte manifestierten, rühren von der Tatsache her, daß genetische Experimente und industrielle Produktion mit veränderten Lebewesen bisher noch weitgehend unter Verschluß stattfanden – also in Apparaten und Labors, in denen solche Organismen sicher verwahrt sind. Die Lage verändert sich heute, da genetisch veränderte Bakterien und Pflanzen für landwirtschaftliche wie auch für andere Zwecke in die Umwelt freigesetzt werden sollen.

Die Behörden in den meisten Ländern sind daher bei der Erlaubnis von solchen Freisetzungen sehr vorsichtig. Den Genehmigungen gehen äußerst sorgfältige Abschätzungen der ökologischen Auswirkungen voran. Einige Außenseiter unter den Wissenschaftlern haben viel zum öffentlichen Mißtrauen beigetragen, indem sie Freisetzungen durchführten, ohne eine entsprechende Genehmigung abzuwarten. Sollte das öffentliche Vertrauen in genetische Manipulationen ernstlich schwinden, könnte Patons Alternative sehr an Attraktivität gewinnen. Bei einer Versammlung der britischen Gesellschaft für angewandte Bakteriologie in London am 7. Januar 1987 erzählte er den Zuhörern: »Robert Koch wird zugeschrieben, daß er das Glück hatte, Gold am Wegesrand gefunden zu haben. Ich dagegen habe nur faule Kartoffeln gefunden. Es liegt an Ihnen, sie in Gold zu verwandeln.«

V. Die Kunstfertigen

Methylosinus trichosporium
– der Schutz der Ozonschicht

Eine der schillerndsten und reizvollsten Ideen der zurückliegenden Jahre in der Welt der Wissenschaft ist die „Gaia"-Hypothese. Der Begriff Gaia steht für ein Konzept, das der englische Wissenschaftler James Lovelock und die amerikanische Biologin Lynn Margulis in den siebziger Jahren entwickelt haben. Dieses Konzept betrachtet die Erde als einzelnen, lebenden Organismus mit einer ausgeprägten Fähigkeit zur Selbstkorrektur für die Erhaltung der eigenen Stabilität. In dem Buch *The Ages of Gaia* (deutscher Titel: *Das GAIA-Prinzip*) blickte Lovelock 1988 zurück:

> »Die Gaia-Hypothese ... geht davon aus, daß die Atmosphäre, die Weltmeere, das Klima und die Erdkruste durch das Verhalten lebender Organismen in einem Zustand verbleibt, der Leben ermöglicht ... Die Temperatur, der Sauerstoffgehalt, die Azidität und gewisse Aspekte der Gesteine und der Gewässer werden zu jeder Zeit konstant gehalten. Diese Gleichmäßigkeit wird durch aktive Rückkopplungsprozesse, automatisch und ohne von den Lebewesen wahrgenommen zu werden, beibehalten ... Das Leben und seine Umwelt sind so eng miteinander verbunden, daß die Evolution Gaia betrifft, und nicht die Organismen oder die Umwelt als einzelnes.«

Die Begeisterung für Gaia wurde nicht von allen wissenschaftlichen Kollegen Lovelocks geteilt. Die Hypothese wurde zum einen aus fachlichen Gründen kritisiert, zum anderen, weil sie zwei völlig kontroverse Interpretationen zuläßt. Die Theorie kann uns durch die Betonung der Wechselwirkungen zwischen den zahllosen Komponenten der Biosphäre und ihrer Verknüpfung mit der physikalischen Welt vor Augen führen, wie dumm es ist, die Umwelt weiter als unbegrenzte Deponie für unsere Gifte und Abwässer zu betrachten. Gaias Flexibilität kann andererseits zu dem

Schluß verführen, sie könne vor allem langfristig mit jedem chemischen oder physikalischen Abfall fertig werden, den ihr die moderne Industriegesellschaft zumutet.

Methylosinus trichosporium gehört zu einer Gruppe natürlicher Mikroben, die ihre Energie aus der Oxidation von Methan zu Methanol gewinnen. Das Bakterium besitzt aber eine Eigenschaft, die lange übersehen wurde und durch die es seit kurzem verstärktes Interesse weckt. Es vermag nämlich bestimmte Produkte aus der chemischen Industrie abzubauen, die wegen ihres negativen Einflusses auf die unsere Erde schützende Ozonschicht verrufen sind. Die Entdeckung einer bis dahin unbekannten Fähigkeit einer der Myriaden von Lebensformen dieser Erde ist immer ein deutlicher Hinweis auf unsere Unwissenheit, was die in der freien Natur ablaufenden Vorgänge betrifft. Sie ist aber auch ein Zeichen dafür, wie unklug es ist, solche Fertigkeiten durch den plumpen Umgang mit unserer Umwelt aufs Spiel zu setzen. Zum anderen ist die Feststellung, daß *M. trichosporium* und womöglich noch andere, weiter verbreitete Mikroben eine gewisse Bandbreite an Giften umsetzen können, aber auch sehr beruhigend. Eine solche Beruhigung kann jedoch allzu schnell in Bequemlichkeit umschlagen.

Diese Geschichte handelt von den Fluorchlorkohlenwasserstoffen (FCKWs), den Gasen, die seit den dreißiger Jahren in Kühlschränken, Klimaanlagen und in jüngerer Zeit auch als Treibgase sowie in Füllschäumen für Verpackungen verwendet wurden. Als umweltfreundlichere Varianten wurden in den zurückliegenden zehn Jahren noch die Hydrofluorkohlenwasserstoffe (HFKWs) und die Hydrofluorchlorkohlenwasserstoffe (HFCKWs) eingeführt. Auch wenn sie bisweilen als typisches Beispiel für die verschwenderische Einstellung der Industrieländer im Umgang mit Energie und Rohstoffen beschimpft wurden, sorgten FCKWs doch auch für viele positive Entwicklungen – so bei der Konservierung lebensrettender Impfstoffe während ihres Transports in entlegene Teile der Welt. Seit Mitte der siebziger Jahre sind sie allerdings als Zerstörer der Ozonschicht, die den Planeten Erde vor den gefährlichen Auswirkungen der ultravioletten Strahlung der Sonne schützt, stark in Verruf geraten.

Das Montreal-Abkommen aus dem Jahre 1987 und andere Maßnahmen legen inzwischen vertraglich fest, daß FCKWs bis zum Ende des Jahrhunderts nicht mehr hergestellt und verwendet werden dürfen. Mögliche Ersatzstoffe sind die genannten HFCKWs, die weit weniger zerstörerisch auf die Ozonschicht wirken, oder die HFKWs, die das Ozon überhaupt nicht angreifen – dafür aber (wie Kohlendioxid und Wasserdampf) im Verdacht stehen, zum Treibhauseffekt beizutragen.

Aus diesen Gründen stellen HFCKWs und HFKWs zwar keine ideale Alternative dar, doch aufgrund eines anderen wesentlichen Unterschieds gelten sie als ökologisch vertretbar. FCKWs sind chemisch derartig träge, daß sie durch keinen bekannten biologischen Prozeß abgebaut werden. Chemiker haben berechnet, daß nahezu die gesamte in den zurückliegenden 60 Jahren freigesetzte Menge an FCKWs noch in der Atmosphäre vorhanden ist. Solch eine nachhaltige Belastung durch ein Umweltgift wäre im Falle der HFCKWs und HFKWs sehr unwahrscheinlich. Denn Mary De-Flaun und ihre Arbeitskollegen von der Firma Envirogen Inc. in Lawrenceville, New Jersey, berichteten im Dezember 1992 in der Zeitschrift *Bio/Technology*, daß diese potentiellen Ersatzstoffe keineswegs so unangreifbar sind, wie ursprünglich angenommen wurde. Sie unterliegen sogar mikrobiellem Abbau.

Mary DeFlaun und ihre Gruppe begannen mit der genaueren Untersuchung von *M. trichosporium*, als sie in diesem Organismus Enzyme entdeckten, die Moleküle mit einer ähnlichen chemischen Struktur wie FCKWs abbauen. Sie fügten dem Kulturmedium der Bakterien drei verschiedene HFKWs und fünf verschiedene HFCKWs hinzu. Von den drei HFKWs wurde einer, von den fünf HFCKWs sogar drei von dem Pilz abgebaut. Damit war der Versuch zwar nicht zu 100 Prozent erfolgreich, er brachte jedoch den

Nachweis, daß einige der Ersatzstoffe für die FCKWs biologisch umgesetzt werden. *M. trichosporium* und andere Methanoxidierer könnten auf natürlichem Wege zur Entsorgung dieser Substanzen beitragen.

Denn *M. trichosporium* ist nur ein Vertreter (und die Forscher von Envirogen Inc. haben zudem bloß einen Stamm dieser Art untersucht) aus einer ganzen Gruppe von Bakterien, die in der Natur weit verbreitet sind. Methanoxidierer leben im Boden, in Seen, Sümpfen, Wassergräben, Reisfeldern und anderen Habitaten mit Kontakt zur Atmosphäre. Zu ihnen zählen auch die Gattungen *Methylocystis* und *Methylobacter*, die bis vor kurzem noch kaum untersucht waren. Es ist daher durchaus möglich, daß Vertreter dieser Gruppe eine ganze Reihe von HFCKWs und HFKWs verwerten können.

Mary DeFlaun ist davon überzeugt, daß Mikroben wie *M. trichosporium* unter bestimmten Bedingungen zur Entsorgung von Kühlmitteln genutzt werden können. Beispielsweise könnten sie in Produktions- und Recyclinganlagen zur Vermeidung von HFCKW- und HFKW-Emissionen eingesetzt werden, so wie andere Mikroben verschmutzte Abwässer reinigen. Doch die wichtigste Frage ist, ob Behörden die breit angelegte Nutzung solcher Chemikalien billigen und auf die Aktivitäten von Mikroben im Boden zum Abbau dieser Substanzen vertrauen sollen. Sollte Gaia nicht auf Fragen dieser Art eindeutige Antworten geben?

Synechococcus
– Schutz vor globaler Erwärmung

Die Kurzbeschreibungen in diesem Buch sollten veranschaulichen, daß Mikroben auf die Gestaltung unserer heutigen Welt mindestens genauso großen Einfluß hatten, haben und haben werden wie *Homo sapiens* und die physikalischen Kräfte der Natur. Mikroben haben wesentlich zur Erzeugung von Erdöl beigetragen und die medizinische Praxis revolutioniert. Ganze Völker fielen ihnen zum Opfer. Der Fortschritt in den modernen Wissenschaften wurde durch sie erleichtert; sie sind zum Beispiel für das Aufkeimen der Biotechnologie und der Gentechnik verantwortlich. Sie stellen viele unserer wohlschmeckendsten Speisen und Getränke her, zerstören aber auch unsere Gebäude und Denkmäler, bedrohen unsere Gesundheit und unser Wohlergehen. Sie verwerten unsere Abfälle und erhalten nicht nur die Landwirtschaft, sondern sämtliche Voraussetzungen für das Leben auf der Erde.

Dies sind enorme Leistungen. Daher erscheint es paradox, daß jeder Vorschlag zur Nutzung der Fähigkeiten von Mikroorganismen bei der Lösung echter Probleme auf der Erde fast immer von Skepsis und Spott begleitet wird. Dieser Widerspruch ergibt sich nicht nur aus dem Kontrast, der zwischen den zukünftigen Möglichkeiten und den bisherigen Errungenschaften dieser Organismen einerseits und ihrer Unsichtbarkeit andererseits besteht. Er beruht auch auf der Tatsache, daß die Lösung für ein Problem wirklich globalen Ausmaßes wohl nur durch den Einsatz astronomischer Populationen lebender Organismen möglich ist – also Mikroben.

Die globale Erwärmung könnte zu solch einem Problem werden. Die Schätzungen gehen zwar auseinander, doch deuten viele Fakten darauf hin, daß die Erde sich mit einer unerfreulichen Geschwindigkeit erwärmt und die Temperatur am Ende des nächsten

Jahrhunderts zwischen 1,5 und 4,5 °C höher als heute liegen wird. Die Ursachen dafür reichen von der Emission von Kohlendioxid und anderen „Treibhausgasen" in die Atmosphäre bis hin zu groß-angelegten Waldrodungen und sich wandelnder Methoden der Landnutzung.

Der Treibhauseffekt als solcher soll hier nicht das Thema sein. Nehmen wir an, die genannten Schätzungen treten ein: Die Durch-schnittstemperatur auf der Erde steigt von 15 auf 18 °C an. Das Problem besteht in der Zunahme der Treibhausgase bis zu einem Punkt, an dem die sozialen und wirtschaftlichen Strukturen von nachhaltigen Störungen bedroht sind. Die Weltmeere dehnen sich aus, ihr Wasserspiegel steigt um bis zu einem Meter an, sie tragen Küstenlinien ab und zerstören sie, überfluten ausgedehnte Land-striche und lassen manche Inselstaaten schlichtweg versinken. Die Erwärmung der Polkappen reduziert die Eismenge und die jahres-zeitliche Schneedecke, was für das Weltklima tiefgreifende Konse-quenzen hat. Die Regenfälle verändern sich überall. In einigen Landstrichen ist keine Landwirtschaft mehr möglich. Ökosysteme verändern drastisch ihr Gesicht, einige Arten werden in bestimm-ten Gegenden ausgerottet, während andere – darunter mikrobielle Krankheitserreger sowie ihre Überträger (zum Beispiel Insekten) – gedeihen und sich ausbreiten wie nie zuvor.

Können Mikroben uns auch vor diesem Alptraum-Szenario be-wahren? Zwei japanische Mikrobiologen glauben fest daran, wie sie am 28. März 1991 in der Zeitschrift *Nature* schrieben. Tadashi Matsunaga und Shigetoh Miyachi knüpfen ihre Hoffnungen an das Bakterium *Synechococcus*, das ihrer Ansicht nach zum Abfangen des Kohlendioxids aus Kraftwerken und Industrieanlagen und da-mit zum Stopp oder gar zur Umkehr des Treibhauseffekts beitragen kann. *Synechococcus* gehört zu der großen Gruppe der Cyanobak-terien (Seite 302). Diese leben in Seen, in Flüssen, aber auch an Land. Einige Vertreter der Gruppe treten immer dann ins öffentli-che Bewußtsein, wenn sie „Wasserblüten" im Meer oder in Süßwasser bilden und dabei Toxine freisetzen, die für Fische und andere Tiere gefährlich sind.

Matsunaga und Miyachi sind zuversichtlich, daß sich *Synechococcus* in riesigen Bioreaktoren kultivieren läßt, um dort gewaltige Mengen an Kohlendioxid zu fixieren. Frühere Bemühungen zur Anzucht von photosynthetischen Bakterien oder von Algen in solchen Behältern, um sie als Tierfutter zu verwerten, scheiterten regelmäßig an der Tatsache, daß nur die nahe am Licht schwimmenden Mikroben gut wachsen. Die grünen Zellen verhindern das Vordringen des Lichtes in tiefere Zonen der Kultur. Matsunaga, der an der Universität für Landwirtschaft und Technologie in Koganei bei Tokio arbeitet, hat – unterstützt durch ein ungewöhnliches Firmenkonsortium, darunter Onoda-Zement und der Kugelschreiberhersteller Pentel – den Prototyp eines Bioreaktors gebaut, der diese Schwierigkeit umgeht.

Sein Zweiliter-Bioreaktor enthält nicht nur Wasser und die Bakterien, sondern auch 600 sehr dünne Faseroptik-Röhren. Im Gegensatz zu den üblichen Lichtleitern strahlen diese über ihre ganze Länge hinweg Licht aus und sorgen damit für eine ausreichende Lichtversorgung in dem Gefäß. Daher wachsen sämtliche Zellen eines gentechnisch veränderten *Synechococcus*-Stammes darin optimal. Das bedeutet, daß die Kultur pro Minute das Kohlendioxid aus 300 Millilitern Luft entfernen kann.

Dies ist zwar eine imposante Leistung, doch gilt es noch mindestens eine weitere große Hürde zu überwinden. Der Anteil an Kohlendioxid in den Emissionen von Kraftwerken und Fabriken ist meist wesentlich höher als die 0,03 Prozent in der Luft. Doch obwohl das Kohlendioxid lebenswichtig für photosynthetische Organismen ist, behindern höhere Konzentrationen das Wachstum. Shigetoh Miyachi und seine Kollegen in den Labors für marine Biotechnologie in Kamaishi und Shimizu arbeiten an einem möglichen Ausweg. Aus Meerwasser gelang ihnen die Isolierung einer Grünalge, die in einer Atmosphäre mit bis zu 20 Prozent Kohlendioxid noch gedeiht. Sollte es ihnen gelingen, die Gene zu finden, die für die Toleranz gegenüber dem Gas verantwortlich sind, könnten sie diese in *Synechococcus* übertragen und den Cyanobakterien damit die gleiche Toleranz verleihen.

Doch was macht man mit den riesigen Mengen an Bakterienzellen, die solch ein Bioreaktor in einem Kraftwerk Stunde um Stunde, Tag für Tag ausstößt? Eine der vielen Möglichkeiten, die Matsunaga und Miyachi untersuchen wollen, hat die Entwicklung von *Synechococcus*-Stämmen zum Ziel, die den größten Teil der verfügbaren Energie und der erzeugten Materialien in sinnvolle Produkte umwandeln, anstatt sie für die eigene Vermehrung zu nutzen. Japanische Mikrobiologen setzen schon seit langer Zeit Bakterien zur Produktion von Aminosäuren als Nahrungsergänzung ein. Matsunaga hat bereits einen genetisch veränderten *Synechococcus*-Stamm erzeugt, der Glutaminsäure produziert. Dies gibt Anlaß zu der Hoffnung, daß *Synechococcus* in absehbarer Zeit in der Lage sein wird, nicht nur Aminosäuren, sondern auch Antibiotika und andere wertvolle Produkte herzustellen.

Es wäre in der Tat eine wunderbare Verbindung der Interessen, wenn ein einziger genetisch manipulierter Organismus einen wesentlichen Beitrag zur Verringerung der globalen Krise leisten und gleichzeitig Erzeugnisse von gastronomischem oder pharmazeutischem Wert herstellen könnte. Das wäre wahrhaftig eine großartige Mikrobe.

Glossar

Antibiotikum   Stoffwechselprodukt eines Organismus (normalerweise eines Pilzes oder Bakteriums), das auf andere Organismen hemmend oder tödlich wirkt.

Antigen   Ein großes Molekül, das die Bildung eines entsprechenden Antikörpers induziert, sobald es in den Blutstrom eindringt. Einige Antigene sind Teil der Hülle eines Bakteriums, andere sind bakterielle Produkte (wie zum Beispiel Toxine).

Antikörper   Ein von einem Tier als Reaktion des Immunsystems auf ein fremdes Antigen, beispielsweise ein Oberflächenprotein eines Bakteriums, gebildetes Globulin (eine Art von Protein). Ein Antikörper erkennt spezifisch das entsprechende Antigen und hilft dem Körper bei dessen Inaktivierung und Entsorgung.

Bacteriocin   Ein von einem Bakterium gebildetes toxisches Protein, das gegen nah verwandte Bakterien wirkt. Einige Bacteriocine – wie die Colicine von *Escherichia coli* – werden zur Identifizierung verschiedener Stämme verwendet.

Bakterium   Eine Mikrobe ohne echten, wie bei Tieren und Pflanzen von einer Membran umgebenen Zellkern.

Bazillus   Allgemeine Bezeichnung für stäbchenförmige Bakterien. Es gibt auch die Gattung *Bacillus*, die Mikroben wie den Milzbranderreger *B. anthracis* umfaßt.

Biotechnologie Der Einsatz lebender Zellen zur Herstellung von Produkten oder zur Optimierung von Prozessen für industrielle Zwecke. In der Vergangenheit wurden vor allem Mikroben, speziell Bakterien und Pilze, für solche Prozesse genutzt, während heute auch tierische und pflanzliche Zellen zum Einsatz kommen. Die Techniken zur genetischen Manipulation haben die Möglichkeiten der Biotechnologie stark erweitert.

Cyanobakterien Eine Klasse von Bakterien, früher als Blaualgen bezeichnet, die, genau wie Pflanzen, Photosynthese betreiben und dabei Sauerstoff erzeugen.

DNA Desoxyribonucleinsäure, auch DNS (englisch: *deoxyribonucleic acid*), ein langkettiges doppelt helikales Molekül, welches die Erbinformation in codierter Form trägt. Teilt sich eine Zelle, werden die beiden Stränge entwunden, getrennt und neu ergänzt, so daß jede Tochterzelle mit einem der beiden Doppelstränge die gesamte Erbinformation erhält. Alle Lebewesen enthalten DNA, abgesehen von bestimmten Viren, deren Erbinformation in Form von RNA (Ribonucleinsäure) codiert ist.

Enzym Ein von einer Zelle gebildetes Protein, das eine bestimmte chemische Reaktion beschleunigt. Die Reaktion läuft dann unter weit milderen Bedingungen ab als im chemischen Labor. Das Enzym geht unverändert aus der Reaktion hervor.

Gen Abschnitt der DNA, der ein Protein codiert und damit eine Eigenschaft eines Organismus maßgeblich beeinflußt. Einige Gene sind mit der Regulation von Stoffwechselvorgängen betraut; sie schalten die notwendigen Gene für einen Stoffwechselweg an oder ab.

Genexpression Die Umsetzung der Information eines bestimmten Gens in das codierte Protein (das daraufhin seine Funktion, beispielsweise als Enzym, übernimmt).

Gentechnik Transfer genetischen Materials von einem Organismus in einen anderen, um dessen Eigenschaften zu verändern.

gramnegativ Bezeichnung für Bakterien, die sich durch die von dem dänischen Arzt Christian Gram im Jahr 1884 entwickelte Färbemethode für die Mikroskopie nicht anfärben lassen.

grampositiv Bezeichnung für Bakterien, die sich nach der oben genannten Färbemethode für die Mikroskopie sichtbar machen lassen.

Hefen Pilze, die normalerweise nur als Einzelzellen auftreten und sich durch Knospung oder durch Querteilung vermehren.

Immunisierung Verabreichung eines Impfstoffes, oral oder durch Injektion, mit dem Ziel, die Bildung von Antikörpern zu induzieren und damit ein Individuum gegen eine spezielle Infektion immun zu machen. Bei passiver Immunisierung werden Antikörper (beispielsweise aus dem Blut eines genesenen Patienten) direkt injiziert. Bei aktiver Immunisierung wird ein Antigen verabreicht.

Inokulation „Infektion" eines Menschen (zum Zweck der Impfung), eines Tieres oder eines Nährmediums mit einer lebenden Mikrobe, um diese zu kultivieren.

Klonierung Vermehrung eines Gens in einer Zellinie. Ein Klon ist eine Gemeinschaft erbgleicher Organismen. Mit Klonierung wird aber normalerweise der Vorgang der Isolierung eines Gens oder auch der Insertion eines Gens oder DNA-Fragments in einen Vektor bezeichnet.

Kokkus   Ein kugeliges Bakterium.

Mikroben   Organismen, die nur unter dem Mikroskop sichtbar sind (auch wenn Kolonien, die aus einer astronomischen Anzahl von Mikroben bestehen, für das unbewaffnete Auge erkennbar sind).

Mycel   Fädige Wuchsform vieler Pilze.

Phage (**Bakteriophage**)   Ein Virus, das Bakterien befällt, sich in ihnen vermehrt und sie dabei normalerweise abtötet.

Pilz   Allgemeine Bezeichnung für eine große Gruppe von Organismen, die (neben eßbaren und giftigen Pilzen) Mikroben wie Schimmelpilze und Hefen umfaßt. Im Gegensatz zu Bakterien sind Pilze meist nicht einzellig. Sie wachsen in fädiger Form, die man auch als Mycel bezeichnet.

Plasmid   Ringförmiges DNA-Stück außerhalb des Chromosoms bei manchen Bakterien und Hefen. Plasmide tragen häufig die Gene für spezielle Eigenschaften wie zum Beispiel die Resistenz gegen bestimmte Antibiotika. Sie werden oft als Vektoren in der Gentechnik verwendet.

Proteine   Die Produkte, die bei der Umsetzung der Erbinformation gebildet werden. Einige Proteine formen Strukturen wie Muskeln, andere sind Enzyme, wieder andere Hormone (Insulin). Spezialisierte Proteine übernehmen Sonderfunktionen (Hämoglobin transportiert zum Beispiel Sauerstoff im Blut). Proteine sind die Hauptbestandteile unserer Nahrung.

Protozoen Einzellige, komplexe, eukaryotische Mikroben. Einige Protozoen verursachen Krankheiten wie Malaria (Seite 170), doch grundsätzlich nehmen sie eher selten Einfluß auf menschliche Belange.

rekombinante DNA Miteinander verknüpfte DNA-Stücke aus verschiedenen Organismen, zum Beispiel eine Bakterien-DNA, in die das menschliche Insulingen eingebaut wurde.

Schimmel Pilze, die an einer Oberfläche ein sichtbares Mycel bilden, wie zum Beispiel der Brotschimmel *Penicillium glaucum*.

Stamm Ein von anderen Vertretern derselben Art verschiedener Organismus. Es gibt beispielsweise unterschiedliche Stämme von Nahrungsmittel vergiftenden Bakterien wie *Salmonella typhimurium*, die im Labor differenziert werden können. Dadurch läßt sich die Ausbreitung von Krankheitserregern verfolgen.

Toxin Giftiges Protein, das üblicherweise von einer Mikrobe hergestellt wird. Beispiele sind Diphtherie- (Seite 162), Tetanus- (Seite 94) und Botulinustoxin (Seite 275).

Vakzination Anwendung eines Vakzins oder Impfstoffes – ein Begriff, der heute gleichbedeutend mit Immunisierung verwendet wird.

Vakzin(e) Eine abgetötete oder lebende, aber abgeschwächte Mikrobe, ein Teil einer Mikrobe oder ein mikrobielles Produkt, das verabreicht wird, um Immunität gegen die Mikrobe zu induzieren.

Vektor Ein Gegenstand zum Transfer einer Sache von einem Ort zu einem anderen. Insekten sind Vektoren für Krankheiten (zum

Beispiel Stechmücken, die Malaria übertragen); Plasmide oder Phagen fungieren als Vektoren zur Übertragung von Genen.

Virus   Eine winzige Menge an Erbinformation (üblicherweise DNA, manchmal RNA), umgeben von einer Proteinhülle. Viren vermehren sich durch Infektion lebender Zellen. Viren infizieren Pflanzen, Tiere und Menschen, Phagen infizieren Bakterien.

Literatur

Die folgende Literaturliste erhebt keinen Anspruch auf Vollständigkeit, denn bei den vielen für das Buch verwendeten Quellen handelte es sich meist nicht um populärwissenschaftliche Veröffentlichungen, sondern um Artikel in Fachzeitschriften. Daher sind in dieser Liste vor allem neuere Bücher zusammengestellt, die zusätzliche, vertiefende Informationen aus verschiedenen Bereichen liefern, außerdem wichtige Biographien; im Text zitierte Werke sowie entscheidende historische Publikationen sind ebenfalls enthalten, auch wenn diese längst nicht mehr gedruckt vorliegen.

Alberts, B. *Molekularbiologie der Zelle*. 2. Aufl. Weinheim (VCH) 1990.

Andrewes, C. H. *The Natural History of Viruses*. London (Weidenfeld & Nicholson) 1967.

Andrewes, C. H. *In Pursuit of the Common Cold*. London (Heinemann Medical Books) 1973.

Bains, W. *Biotechnology from A to Z*. Oxford (Oxford University Press) 1993.

Baldry, P. *The Battle Against Bacteria – A Fresh Look*. Cambridge (Cambridge University Press) 1976.

Balfour, A.; Scott, H. H. *Health Problems of the Empire*. London (British Books) 1924.

Baumler, E. *Paul Ehrlich: Scientist for Life*. New York (Holmes & Meier) 1984.

Buchanan, R. E.; Gibbons, N. E. *Bergey's Manual of Determinative Bacteriology*. 8. Aufl. Baltimore (Williams & Wilkins) 1975.

Bud, R. *The Uses of Life: A History of Biotechnology*. Cambridge (Cambridge University Press) 1993.

Bulloch, W. *The History of Bacteriology*. Oxford (Oxford University Press) 1938.

Carefoot, G. L.; Sprott, E. R. *Famine on the Wind: Plant Diseases and Human History*. London (Angus & Robertson) 1969.

Chadwick, Sir E. *General Report on the Sanitary Conditions of the Labouring Population of Great Britain*. London (HMSO) 1938.

Cherfas, J. *Man Made Life: A Genetic Engineering Primer*. Oxford (Basil Blackwell) 1982.

Clark, R. W. *The Life of Ernst Chain: Penicillin and Beyond*. London (Weidenfeld & Nicholson) 1985.

Cloudsley-Thompson, J. L. *Insects and History*. London (Weidenfeld and Nicholson) 1976.

Clowes, R. C.; Hayes, W. *Experiments in Microbial Genetics*. Oxford (Blackwell) 1968.

Collard, P. *The Development of Microbiology*. Cambridge (Cambridge University Press) 1976.

Collier, R. *The Plague of the Spanish Lady: The Influenza Pandemic of 1918–19*. London (Macmillan) 1974.

Connor, S.; Kingman, S. *The Search of the Virus: The Scientific Discovery of AIDS and the Quest for a Cure*. 2. Aufl. London (Penguin Books) 1989.

Creighton, C. *A History of Epidemics in Great Britain*. Cambridge (Cambridge University Press) 1894.

De Kruif, P. *Microbe Hunters*. New York (Harcourt Brace) 1954. [Erstveröffentlichung 1927.]

Desowitz, R. S. *New Guinea Tapeworms and Jewish Grandmothers: Tales of Parasites and People*. New York (Avon Books) 1983.

Desowitz, R. S. *The Malaria Capers: More Tales of Parasites and People, Research and Reality*. New York (W. W. Norton) 1991.

Dobell, C. *Antony van Leeuwenhoek and his „Little Animals“*. London (Staples Press) 1932.

Douglas, L. M. *The Bacillus of Long Life*. London (T. C. & E. C. Jack) 1911.

Dubos, R. J. *Louis Pasteur: Free Lance of Science*. London (Gollancz) 1950.

Dubos, R.; Dubos, J. *The White Plague: On Tuberculosis – For Laymen and Scientists*. London (Gollancz) 1953.

Federspiel, J. F. *The Ballad of Typhoid Mary*. London (André Deutsch) 1984.

Fenner, F.; Henderson, D. A.; Arita, I.; Jezek, Z.; Ladnyi, I. D. *Smallpox and Its Eradication*. Geneva (World Health Organization) 1988.

Fuller, J. G. *Fever!* London (Hart-Davis, MacGibbon) 1974.

Gale, A. H. *Epidemic Diseases*. London (Penguin Books) 1959

Gasquet, F. A. *The Great Pestilence (1348–49) Now Commonly Known as the Black Death*. London (Simpkin Marshall, Hamilton, Kent & Co.) 1983.

Gassen, H. G.; Kemme, M. *Gentechnik - Wachstumsbranche der Zukunft*. Frankfurt (Fischer) 1995.

Hare, R. *Pomp and Pestilence: Infectious Disease. Its Origins and Conquest*. London (Gollancz) 1954.

Harrison, G. *Mosquitoes, Malaria and Man: A History of Hostilities Since 1880*. London (Murray) 1978.

Hegner, R. *Big Fleas Have Little Fleas or Who's Who Among the Protozoa*. New York (Dover Publications) 1968. [Erstveröffentlichung 1938.]

Herschell, G. *Soured Milk and Pure Cultures of Lactic Acid Bacilli in the Treatment of Disease*. London (Henry J. Glaisher) 1909.

Kayser, F. H. et. al. *Medizinische Mikrobiologie. Immunologie, Bakteriologie, Mykologie, Virologie, Parasitologie*. 8. überarb. Aufl. Stuttgart (Thieme) 1993.

Klein, J. *Immunologie*. Weinheim (VCH) 1991.

Kluyver, A. J.; van Niel, C. B. *The Microbe's Contribution to Biology.* Cambridge, Mass. (Harvard University Press) 1956.

Large, E. C. *The Advance of the Fungi.* London (Jonathan Cape) 1940.

Lewin, B. *Gene.* 2. Aufl. Weinheim (VCH) 1991.

Lewis, S. *Martin Arrowsmith.* London (Jonathan Cape) 1925.

Lloyd, G. D. *War Memoirs.* London (Odhams Press) 1934.

Longmate, N. *King Cholera: The Biography of a Disease.* London (Hamish Hamilton) 1966.

MacFarlane, G. *Howard Florey: The Making of a Great Scientist.* Oxford (Oxford University Press) 1979.

MacFarlane, G. *Alexander Fleming: The Man and the Myth.* London (Chatto & Windus) 1984.

Marx, J. L. (Hrsg.) *A Revolution in Biotechnology.* Cambridge (Cambridge University Press) 1989.

McNeill, W. H. *Plagues and People.* Oxford (Basil Blackwell) 1977.

Nossal, G. J. V.; Coppel, R. L. *Reshaping Life: Key Issues in Genetic Engineering.* 2. Aufl. Cambridge (Cambridge University Press) 1989. [Deutsche Ausgabe: *Thema Gentechnik.* Heidelberg (Spektrum Akademischer Verlag) 1992.]

Old, R. W.; Primrose, S. B. *Gentechnologie. Eine Einführung.* Stuttgart (Thieme) 1992.

Oparin, A. I. *The Origin of Life on the Earth.* 3. Aufl. Edinburgh (Oliver and Boyd) 1957. [Erstveröffentlichung 1924.]

Osborn, J. (Hrsg.) *Influenza in America 1818–1976.* New York (Prodist) 1977.

Parish, H. J. *Victory with Vaccines: The Story of Immunisation.* Edinburgh (E. & S. Livingstone) 1968.

Postgate, J. *Microbes and Man.* 3. Aufl. Cambridge (Cambridge University Press) 1992. [Deutsche Ausgabe: *Mikroben und Menschen.* Heidelberg (Spektrum Akademischer Verlag) 1994.]

Prentiss, S. *Biotechnology: A New Industrial Revolution*. London (Orbis) 1985.

Radetsky, P. *The Invisible Invaders: The Story of the Emerging Age of Viruses*. Boston (Little, Brown & Co.) 1991.

Rolle, M.; Mayr, A. *Medizinische Mikrobiologie, Infektions- und Seuchenlehre für Tierärzte, Biologen und Agrarwissenschaftler und Interessierte aus benachbarten Fachgebieten*. 2. neubearb. Aufl. Stuttgart (Enke) 1993.

Rosebury, T. *Life on Man*. London (Paladin) 1972.

Rosebury, T. *Microbes and Morals: The Strange Story of Venereal Disease*. London (Secker and Warburg) 1972.

Ryan, F. *Tuberculosis: The Greatest Story Never Told*. Brownsgrove (Swift Publishers) 1992.

Schierbeek, A. *Measuring the Invisible World*. London (Abelard Schuman) 1959.

Schlegel, H. G. *Allgemeine Mikrobiologie*. 7. überarb. Aufl. Stuttgart (Thieme) 1992.

Scott, A. *The Creation of Life: From Chemical to Animal*. Oxford (Basil Blackwell) 1988.

Shaw, B. *The Doctor's Dilemma*. (Penguin) 1958. [Erstveröffentlichung 1911]

van Heyningen, W. E. *The Key to Lockjaw: An Autobiography*. Gerrards Cross (Colin Smythe) 1987.

Wainwright, M. *Miracle Cure: The Story of Antibiotics*. Oxford (Basil Blackwell) 1990.

Waksman, S. *My Life With the Microbes: Discoverer of Streptomycin*. London (Robert Hale) 1958.

Waterson, A. P.; Wilkinson, L. *An Introduction to the History of Virology*. Cambridge (Cambridge University Press) 1978.

Weizmann, C. *Trial and Error: The Autobiography of Chaim Weizmann*. London (Hamish Hamilton) 1949.

Williams, G. *Virus Hunters*. New York (Alfred Knopf) 1961.

Witt, S. C. *Biotechnology, Microbes and the Environment.* San Francisco (Center for Science Information) 1990.

Ziegler, P. *The Black Death.* London (Collins) 1969.

Zinsser, H. *Rats, Lice, and History.* London (George Routledge & Sons) 1935.

Index

E

Eier, *Salmonella*-Infektion 190

„Ein-Gen-ein-Enzym"-Prinzip 73f

Einkeimblättrige 332

Einzellerproteine (*single cell proteins*) 264

„Eis-minus"-Bakterien 309

Eissturmvogel 95

Eiswüsten 319

Eizelle 25

Elektronenmikroskopie 111, 201

Email, Erosion 174

Endosymbiontenhypothese 27

Energie, Speicherung 295

English, C. 212

Enterobacter 308

Enterobacter agglomerans 306–309

Enterobakterien 283
pathogene 198

Entzündungen, Hemmung 268

„enzymatische Sanierung" 288

Enzyme 73, 271–274
Definition 271
Immobilisierung 272
Isolierung 272

Enzym-Substrat-Komplex 272

Erbkrankheiten, Erkennung 258

Erdbeeren 324

Erdöl
Entstehung 30f
Gewinnung 30

Eremothecium ashbyii 261

Erle (*Alnus*) 219

Erwärmung, globale 338–341

Erythritol 117

Escherichia coli 205, 247, 284, 297, 299
Biolumineszenz 312
Darmkatarrh 307
Gentechnik 254–258
Herstellung von dABs 326–329
tierpathogene Stämme 300

Esperase 274

Evolution 27
chemische 28
horizontale 120

Evolutionstheorie 28

Extremophile 31

F

Faseroptik-Röhren 340

FCKWs (Fluorchlorkohlen-wasserstoffe) 335–337
Ersatzstoffe 336
Nutzen 335f

Federspiel, J. F. 182

361

N